U0546264

基礎建設全圖解
ENGINEERING IN PLAIN SIGHT

秒懂 STEM！

160張精緻彩圖、50組關鍵詞，
掌握超厲害人造設施的運作原理

格雷迪・希爾豪斯 ◎著　林東翰 ◎譯
Grady Hillhouse

獻給克莉絲朵

目 錄

前言 INTRODUCTION　　　　　　　　　　　　　　　x

電網 ELECTRICAL GRID

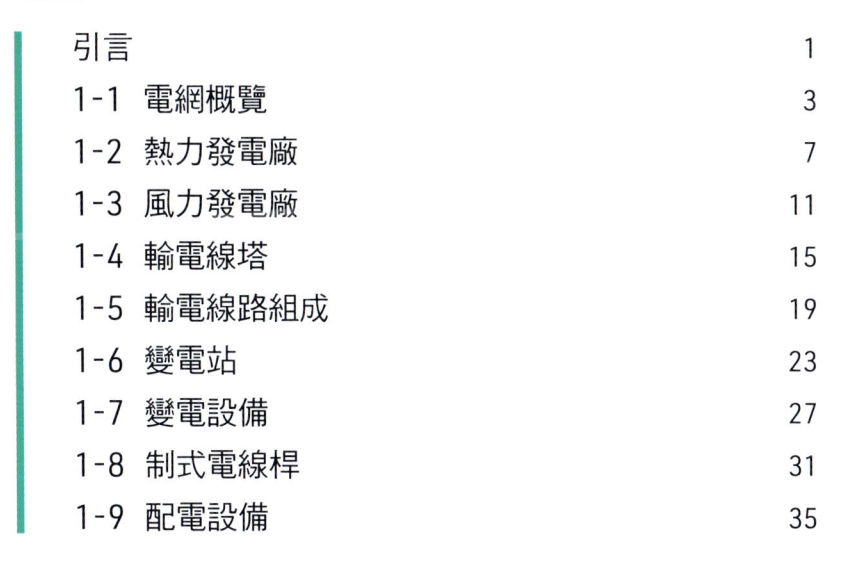

引言　　　　　　　　　　　　　　　1
1-1　電網概覽　　　　　　　　　　3
1-2　熱力發電廠　　　　　　　　　7
1-3　風力發電廠　　　　　　　　　11
1-4　輸電線塔　　　　　　　　　　15
1-5　輸電線路組成　　　　　　　　19
1-6　變電站　　　　　　　　　　　23
1-7　變電設備　　　　　　　　　　27
1-8　制式電線桿　　　　　　　　　31
1-9　配電設備　　　　　　　　　　35

通訊 COMMUNICATION

引言　　　　　　　　　　　　　　　39
2-1　高架電信通訊　　　　　　　　41
2-2　地下的電信通訊　　　　　　　45
2-3　無線電天線塔　　　　　　　　49
2-4　衛星通訊　　　　　　　　　　53
2-5　行動電話通訊　　　　　　　　57

道路 ROADWAYS

引言　　　　　　　　　　　　　　　61
3-1　城市主幹道和集散道路　　　　63
3-2　行人和自行車基礎設施　　　　67
3-3　交通號誌　　　　　　　　　　71
3-4　交通標誌和標線　　　　　　　75

3-5	公路土方工程和擋土牆	79
3-6	典型的高速公路斷面	83
3-7	典型的高速公路布局	87
3-8	交流道	91

橋梁與隧道 BRIDGES AND TUNNELS

引言		95
4-1	橋梁的種類	97
4-2	典型的橋梁斷面	101
4-3	隧道概述	105
4-4	隧道橫斷面	109

鐵路 RAILWAYS

引言		113
5-1	鐵軌	115
5-2	轉轍器和信號	119
5-3	平交道路口	123
5-4	電氣化鐵路	127

水壩、防洪堤和海岸防護結構 DAMS, LEVEES, AND COASTAL STRUCTURES

引言		131
6-1	海岸防護結構	133
6-2	港口	137
6-3	船閘	141
6-4	堤壩和防洪牆	145
6-5	混凝土壩	149
6-6	堤壩	153
6-7	溢洪道和排水工程	157

城市供水與廢水
Municipal Water and Wastewater

引言	161
7-1 取水口和抽水站	163
7-2 井	167
7-3 輸水管路和渡槽	171
7-4 水處理廠	175
7-5 配水系統	179
7-6 水塔和水箱	183
7-7 汙水下水道和升水站	187
7-8 廢水處理廠	191
7-9 雨水收集	195

營建 CONSTRUCTION

引言	199
8-1 典型的施工現場	201
8-2 起重機	205
8-3 施工機械	209
致謝	212
詞彙表	213

前言
INTRODUCTION

2009年年中，全球剛剛度過自1930年代之後最嚴重的經濟危機，我帶著文科學位離開了大學，眼看著往後似乎不太可能靠這行賺錢吃飯。我下了個決定，與其在這個可怕的就業市場上冒險，不如多投資一點時間（與更多的錢）提升自己的教育程度。面對大學文憑無法保證找得到工作的窘境，我盡可能將自己的各種興趣跟它們的出路做對照，把我的就業之路重新調整到更可靠、更明確的方向。我選擇了看來似乎很刺激卻又責任重大、然而我幾乎完全陌生的一門學科——土木工程。沒想到我居然被第一志願的研究所錄取了，也在那年秋天開始了研究所學業。

在基礎數學和科學學科一達到研究所同學的程度，我就開始了工程學課程。我向來對於科學、技術與萬物的運作方式很好奇。儘管如此，我完全沒有料到日後的學習竟會全面翻轉我的觀念。結構設計課使我在參觀每一棟新建築時，會盯著每一根梁柱。電路實驗室讓我了解了輸電線路和變電站的細節和複雜性。雨水工程課則使我注意到每一條排水管、人孔、管道，並且在城裡騎自行車或開車時注意到滯洪池。每堂課都好像開了一盞燈，照亮了我以前在建築環境裡從未注意到的一些不起眼的地方。我深深著迷。

取得土木工程學位後我不僅找到了工作，而且以一種全新的方式看世界。沒過多久，對基礎建設的熱愛與興奮之情，就滲透到我個人的生活裡了，包括我的愛好：YouTube頻道。這個頻道一開始是拿來跟其他製造商與工匠分享我的木工作品，後來慢慢轉變成我向世界介紹工程類主題的管道。現在我全職製作教育影片，YouTube頻道《實用工程學》每月有數百萬人觀看。

即使是建築環境裡最普通的地方，也是數百個工程實務問題解決方式的紀念碑。就算僅僅理解了這些難題及其解決方法的一小部分，也足以令我既驚訝又敬畏，而且這種感覺從未消失。如今，我的整個生活基本上

就是在這個人造世界裡尋寶，尋找任何有趣的小細節。我會不由自主的在每座大壩和橋梁上停下來，拍拍照或是更仔細端詳，這經常把同行出遊的妻子搞到快瘋掉。當我在散步時注意到一些新穎或不一樣的基礎建設，經常會受到吸引以致分神，忘了原本要做什麼。無論我在哪兒或正在做什麼，腦子裡總有一小部分注意力觀察著雨水在地面上流動的路徑。工程學讓我更清楚的看到這些圍繞著、支撐著我們現代生活的基礎建設。如果這本書有傳遞出一絲這種熱切的感覺，我就算是成功了。

這不是一本全面的現場指南。世界各地的基礎設施，外形和形式都各不相同。本書以美國為主，然而即使在美國各州、各郡和各個城鎮，建築工程的樣貌也天差地遠。試圖把這些東西全部記錄下是不切實際的，此外那樣做也很煞風景。「發現基礎設施」的部分樂趣在於，對於你隨機遇到的點點滴滴，運用推理技巧來推斷它們有何用途。我希望接下來的內容能夠激起這種樂趣，讓你在興致勃勃看著建築環境的過程裡，得以探索得更加深入。

——格雷迪・希爾豪斯

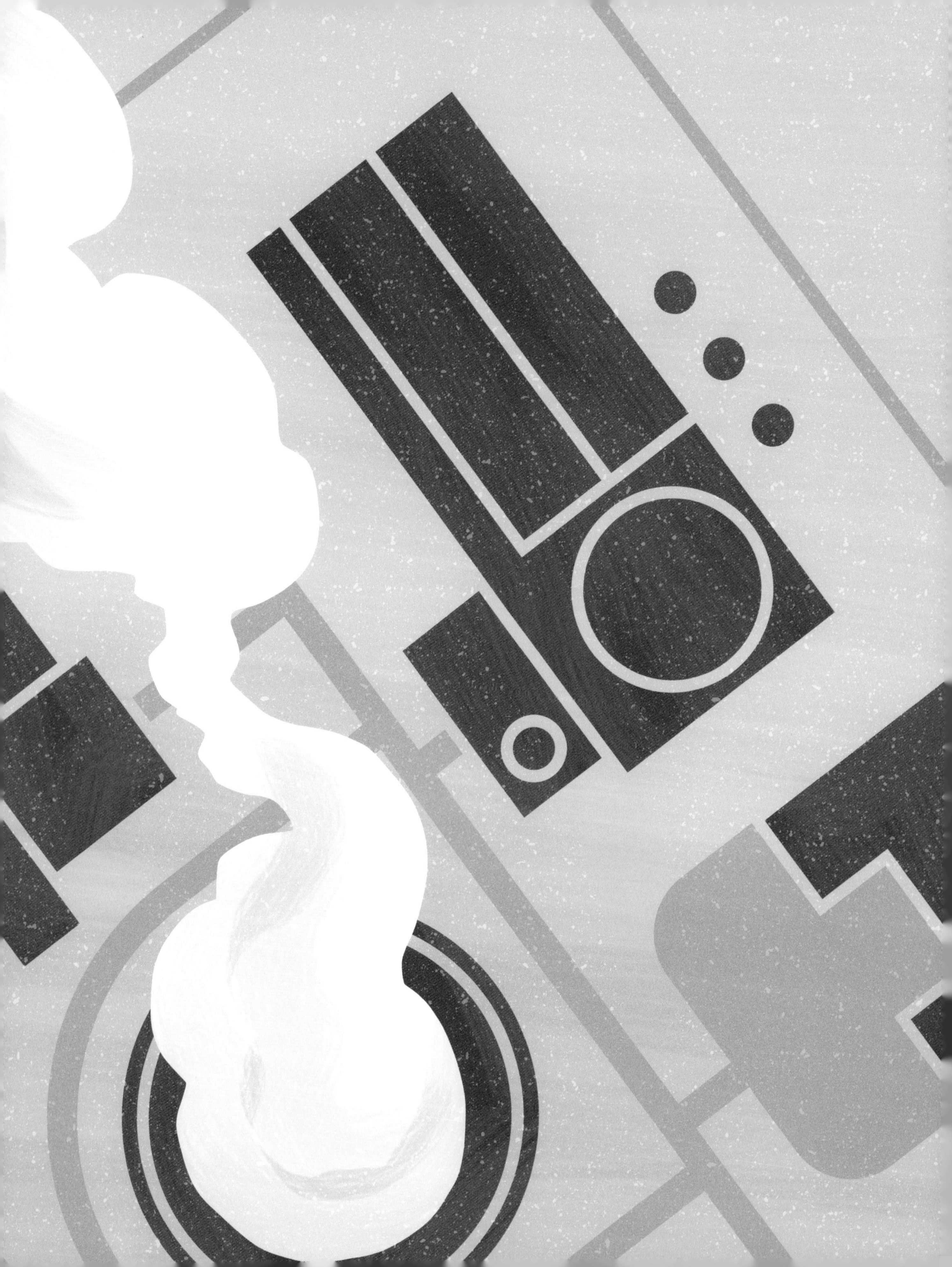

電網
ELECTRICAL GRID

引言

　　運用電力是人類極為偉大的成就，這種一百年前的奢侈品，到現在幾乎已經成為確保每個人的安全、繁榮與幸福的重要資源。在還沒有多久之前，人力和馬力幾乎是唯一的動力，困難的工作得透過活生生的生物力量來完成，也難怪我們人類一直試圖掌握自己身體以外的能源。如今，當代世界幾乎各個方面都要用到能源，從最基本的生理需求到最尖端的技術，都因能源而得以實現。

　　能源的形式取決於我們如何利用、儲存、分配和使用它們。在地球上，幾乎我們的所有能源都可以溯源到太陽。風和波浪是由地球大氣層加熱產生的。太陽能可以直接利用。甚至像汽油這類化石燃料也是從太陽獲得能量。史前植物藉由光合作用得到了這種太陽能，然後被埋在地下數百萬年，只能透過油井開採、抽取、提煉，在引擎內引爆，把太陽的熱量（連同其他許多會造成汙染的副產品）再度釋放到這個星球上。

　　人類經常為了方便和實用性，把能量從某種形式轉換成另一種形式，但沒有什麼能量比得上電力，電力幾乎讓每個人都能夠擁有個人的動力來源。

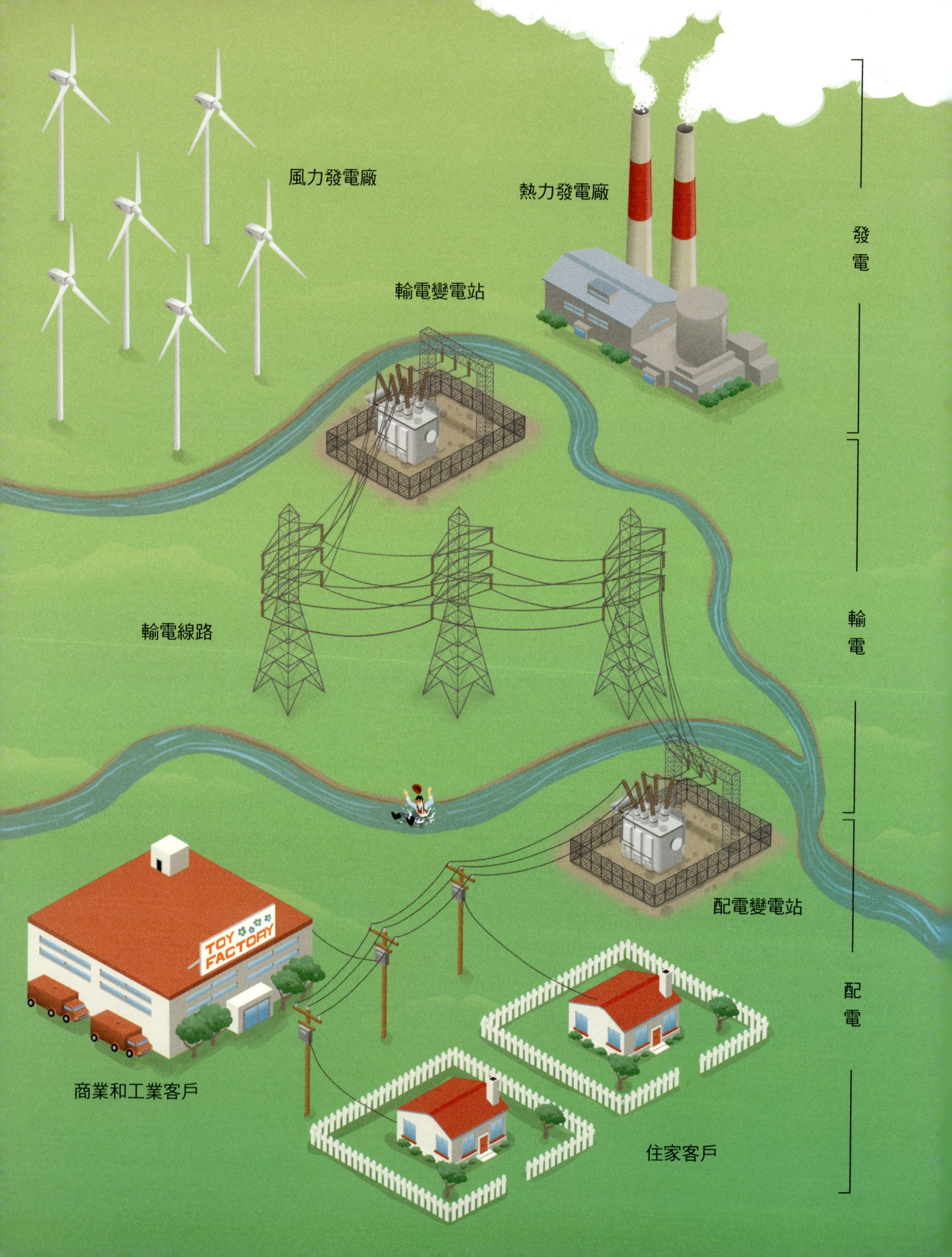

風力發電廠　熱力發電廠　輸電變電站　輸電線路　配電變電站　商業和工業客戶　住家客戶

發電　輸電　配電

1-1 電網概覽

電力很明顯和其他所有類型的能源不同。我們沒辦法把電拿在手上，也無法直接看到電。然而，電幾乎可以一瞬間完成驚人的工作成果——從物理上的成就到計算，不一而足。和燃料這類有形的能源形式不同，電是一種更為短暫的能源，只需要用金屬線連接就能傳輸。由於能夠很簡單的把電從一個地方傳送到另一處，也因此催生了電網，也就是將電力製造者和用戶相互連結的龐大網絡。為了達到應有的規模，涵蓋整個北美地區只用到五個大規模的電網，而且世界上有許多非常大的供電網是涵蓋多個國家的。

一般而言，電力透過電網上一連串的離散階段，分為三個部分：**發電**（生產電力）、**輸電**（把電力從集中式電廠輸送到人口稠密地區）和**配電**（把電力輸送到所有個人用戶）。**變電站**則擔任重要部分之間的連接點。建立這些大型互相連結點能立即解決很多難題。讓更多用戶和發電廠共同分攤昂貴的基礎建設可以創造能效，因為電力可以經由很多不同的路線傳送到每個地點，而且如果另一個發電廠斷電，各個發電廠也可以介入，可靠性也提高了。最後，互相連結也有助於緩和電力的流動。

不同於其他公共事業，大規模儲存電力是非常艱難的任務，這也表示必須在同一個時刻製造、傳輸、供應和使用電力。通過你家或辦公室電線的能量，在幾毫秒前是太陽能電池板上的一縷陽光、一個鈾原子，或蒸汽鍋爐裡的煤或天然氣。單一家庭使用的電力可能相當分散，可以連結在一起的用戶越多，每個人的用電高峰和波動就會更平均。

要為形形色色的電力用戶與製造業者打造出一套全體通用的巨大電網，絕不是什麼簡單的事。你可以把電網想像成一列要開上山的貨運列車，機車頭代表發電，運送的貨物代表電力需求。所有發動機必須完美同步運作來分擔載重，如果有一具發動機比其他發動機慢或快，它就可能毀掉整列列車。更大的難關是，對電網的需求會隨著時間，像大自然的山谷山峰那樣，一直有起伏變化。用電的人不需要通知供電的單位，隨意的開

關電器。在人們使用大量電力的白天裡，尤其是在很多人使用冷氣或暖氣的大熱天或寒冷的日子，電力需求會達到高峰。為避免造成**限電**和**停電**的狀況，必須不斷向上或向下調整發電量以配合電網的電力需求。這個過程叫做**負載跟隨**，就像火車機車頭會根據沿途坡度的變化調整出力。

電力客戶用不同的方式使用電力。商業和工業客戶會根據波動的電價調整它們的用量，時常讓機器通宵運轉，好利用更便宜的電能。住家客戶通常支付固定價格，可能不太會關注全電網需求的起伏，都是在對自己最方便的時候使用電力。

同樣的，不同類型的發電廠能夠以不同的方式發電。太陽能發電廠在太陽高掛時可以製造大量電力，但是在日落之後不會產生任何電力。**風力發電廠**得看老天爺臉色來發電，在強風和持續有風時能達到最高發電量。核電廠能產生穩定的電力，幾乎不會大起大落，而其他像是燃煤或天然氣發電廠這些類型的**熱力發電廠**，可以根據不斷變動的需電量，稍微調整其輸電量。水力發電廠反應最靈敏，通常在數秒或數分鐘之內就能夠啟動和停止發電。

電網的管理者會仔細預測發電量和需電量，以確保這兩者之間能夠維持均衡。他們必須考慮發電廠和**輸電線路**要安排在什麼時間停機以進行維護，而且在發電設施因為損壞或其他問題而無預警跳機時，能夠迅速調整。他們同時考慮到電力生產商和用戶這整個組合的能力和局限性，抱最高的期望，做最壞的打算。如果遇到最糟的情況時，沒有足夠的電力來滿足需求，電網管理者會要求一些客戶暫時斷電（稱為**降載**或**減載**），以減少需電量並且避免完全停電。通常，這種斷電會以十五到三十分鐘輪流的方式進行，以分散服務中斷帶來的不便，這種情況稱為輪流停電。

發電、輸電和送電到廣大區域，必須要有很多類型的設備，這類基礎設施大多是在戶外，任何人都看得到。有好幾次，我只不過在觀看電線桿頂端的東西，就被指責心不在焉。無論你身在何處，都可以檢視並辨別出幾乎所有主要的電網。本章其餘各節將更深入介紹電網的各個部分，並且詳細說明保持**電流**流動所需的設備和過程。

仔細瞧瞧！

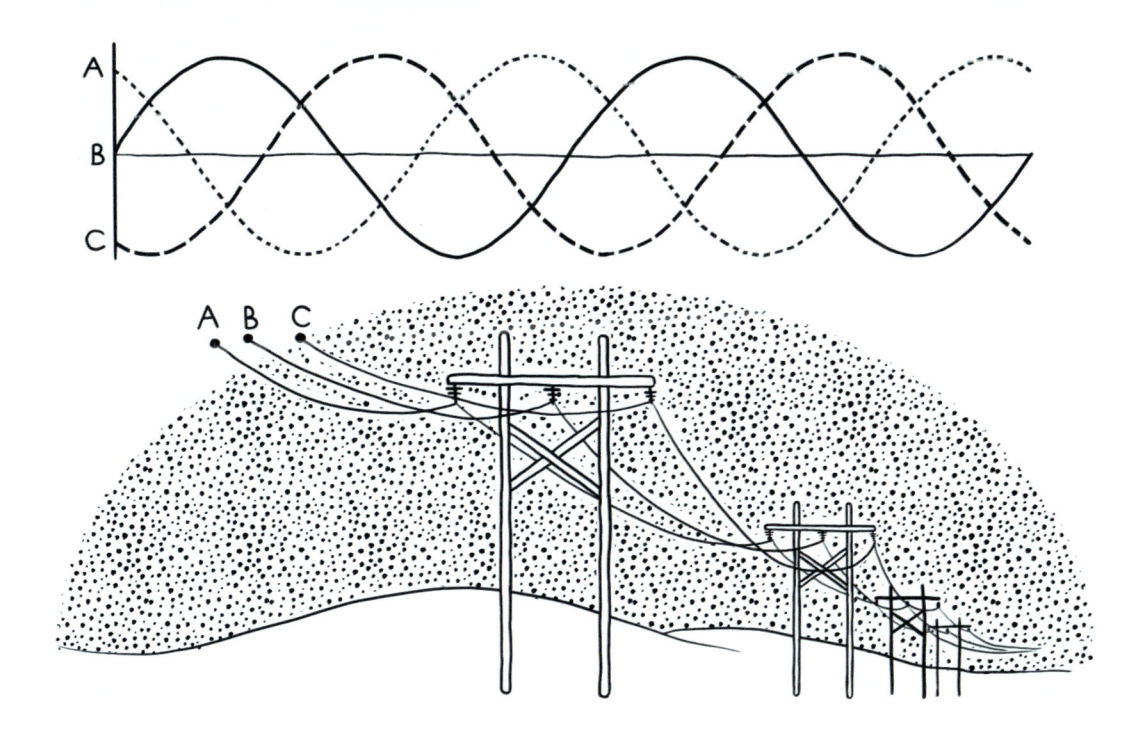

　　絕大多數電網採用的是**交流電**（AC），而不是**直流電**（DC）。不同於直流電是採用單一方向的恆定電流，交流電的電壓和電流方向會不斷切換，這種電流切換方式的好處，是可以使用**變壓器**輕易升高或降低電壓。

　　在北美地區，切換的週期是每秒60次，電氣基礎設施會因此出現大家熟悉的低沉嗡嗡聲。電力通常在稱為「相」的三條單獨線路（有時標記為A、B和C）上產生和傳輸，每條線路都和其相鄰線路有電壓偏移。以三個不同相產生電力可以提供平穩的重疊供電，因此永遠不會出現所有相都是零電壓的時候。和單相電源相比，三相電源使用較少的等效導體來承載相同的功率，所以更節能。你會發現，幾乎所有電氣基礎設施都以三個一組的形式出現，每個導體或設備都處理電源的一個單獨**相位**。

燃煤火力發電廠

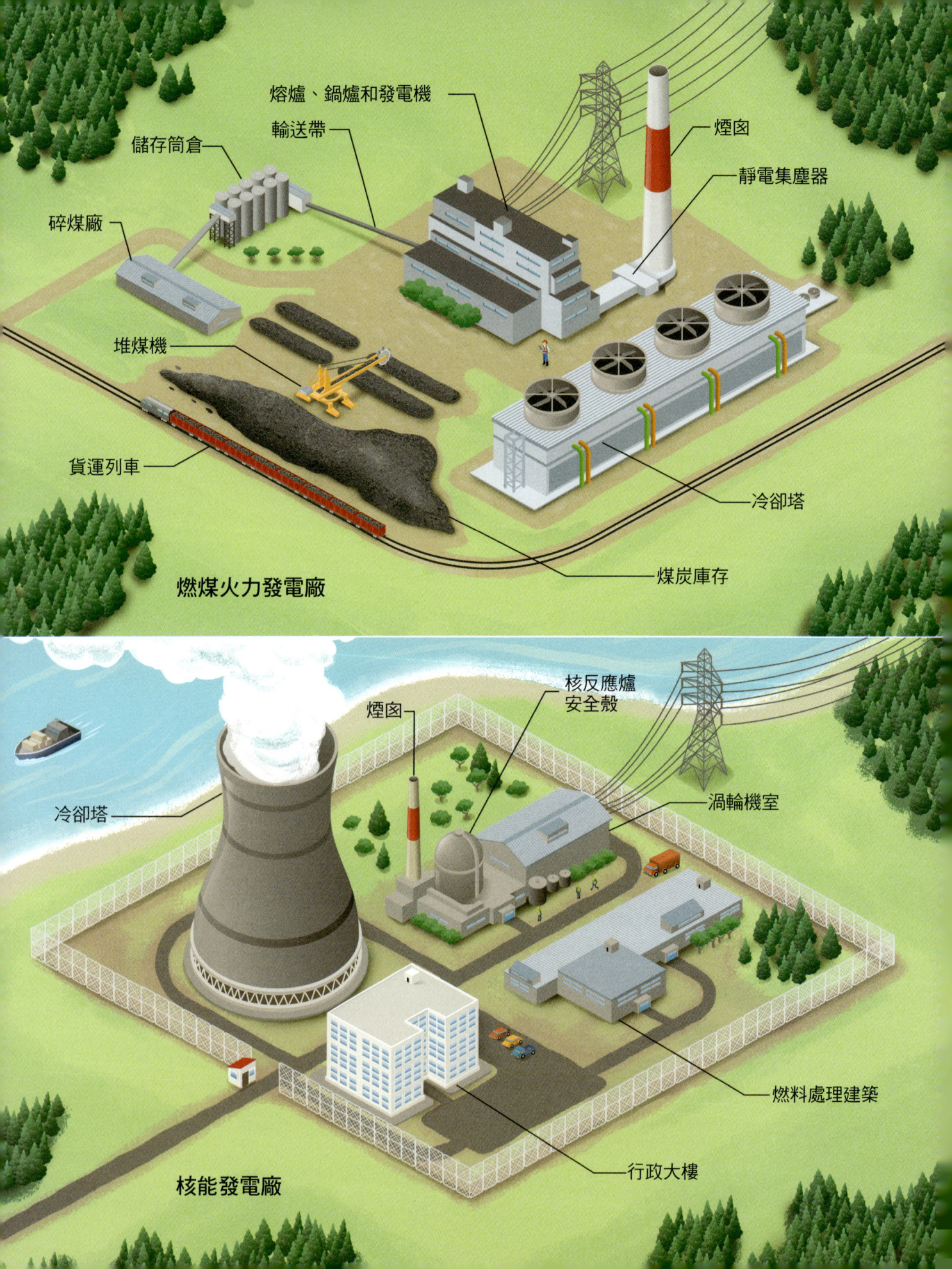

- 碎煤廠
- 儲存筒倉
- 輸送帶
- 熔爐、鍋爐和發電機
- 煙囪
- 靜電集塵器
- 堆煤機
- 貨運列車
- 冷卻塔
- 煤炭庫存

核能發電廠

- 冷卻塔
- 煙囪
- 核反應爐安全殼
- 渦輪機室
- 燃料處理建築
- 行政大樓

1-2 熱力發電廠

　　藉由電網把電力輸送出去的第一個步驟是發電，這段輸電路程或許長達幾百幾千英里，然而完成只在轉瞬之間。雖然大多數人自家後院並沒有發電廠，但我們能立即連接上每個由電網連接的發電廠。

　　發電廠有很多種類，每種有其獨有的優缺點，不過都有一個共通點：它們都是利用從大自然環境能獲得的某種能源（能量），然後轉換成能供電網使用的電能。我們所用的發電方法裡，很多就只是用不同方式把水燒開而已。利用這種發電方式的電廠稱為熱力發電廠，因為它們依靠熱能來產生蒸汽。蒸汽通過渦輪機，渦輪機連接到電網的交流發電機。渦輪機的速度必須與電網其餘部分的頻率同步。

　　大多數發電廠都是精細複雜的工業設施，不對遊客開放。事實上，還要小心不要行跡鬼祟的在附近遊走，因為許多電廠都戒備森嚴！只不過，從高速公路上或是飛機窗戶注意到的大量高壓輸電線路和一眼就可以認出的電塔，還是能時常發現電廠的蹤影。

也可以特別注意大城市市區外的湖泊，因為它們有時會充當發電廠的冷卻水水源。本書無法詳細解釋熱力發電廠的運作原理，但是能夠從外部觀察並理解它們的零件與構造，也會給你帶來很大的滿足感。

　　我們所用的電力，很大一部分是以化石燃料開始的（主要是煤或天然氣）。隨著其他燃料越來越便宜，更重要的是汙染也越來越少，燃煤發電廠變得越來越不常見。然而，煤占總發電量的比重依然很大。如果你看到燃煤發電廠，會立即認出來，因為大多數看得到的基礎設施都和處理煤炭的過程有關。這些電廠每天處理和燃燒數千噸燃料，因此需要大量設備來卸載、儲存、碾碎煤炭，還要把煤運送到<u>熔爐</u>和<u>鍋爐</u>。

　　除非工廠位在煤礦旁邊，不然要高效率運輸這麼多燃煤，主要方法只有<u>貨運列車</u>。這些電廠四周通常圍繞著複雜的鐵路系統，以便頻繁、有效率的輸送燃料。當鐵路無法送到時，有時會使用卡車和駁船運送燃料。<u>堆煤機</u>是用在輸送散裝燃煤的大型可動式輸

送帶，它們在軌道上行駛，並使用動臂來排列和堆疊煤炭庫存。電廠通常會維持幾週的燃煤備料，以確保在煤炭供應暫時中斷時仍然能夠繼續運作。

大多數發電廠並不像你家後院的木炭烤肉架，它們的熔爐會持續燃燒細煤粉。運到發電廠的煤都是一大塊一大塊的，因此必須把庫存的煤炭送進碎煤廠壓碎成小塊，好讓它燃燒效率更高。在處理燃煤的每個步驟之間，是用加蓋的大型輸送帶運輸煤炭。儲存筒倉可保護碎煤免受天災影響。從那裡，煤炭展開最後的旅程，送往熔爐和鍋爐。

如果沒有這類煤炭處理設備，那就是天然氣發電廠（本節沒有介紹）。這類發電廠的天然氣供氣管道通常位在地下，地面上看不見，因此天然氣發電廠從外面看起來通常更小、更簡單。

燃煤和燃氣發電廠燃燒化石燃料產生的廢氣稱為煙道氣，它可能夾帶灰燼和一氧化二氮等危險的汙染物。環境法規要求，煙道氣在釋放到大氣之前，要去除其中最嚴重的汙染物，因為它們可能對人類和動物有害。要去除煙道氣中的汙染物會用到許多設施，包括使用織物過濾器的集塵袋室、利用靜電吸附顆粒的靜電集塵器，還有利用噴灑水霧吸附灰塵和灰燼來清潔空氣的淨氣器。煙道氣在通過這些設備之後，就可以經由煙囪排放。雖然這些高聳的煙囪不能直接淨化煙道氣，但它們可以將煙道氣排放到夠高的高度在空中消散，有助於管理汙染，因為有時候稀釋是解決汙染的方法。

有一類熱力發電廠不用仰賴燃燒燃料發電，那就是核電廠。核電廠靠的是精心控制的放射性物質核分裂。這個過程要在核反應爐裡產生，從外部可以明顯看出，它是一座圓頂的加壓核反應爐安全殼。反應爐安全殼通常有一層厚厚的混凝土防護外層，以預防天災或破壞。分開的燃料處理建築通常用來接收、檢查和儲存核燃料。辦公室和控制裝置通常位在行政大樓內，遠離核燃料和發電設備。有時核電廠也有煙囪，但不是用來排放煙道氣的。有一些核子反應爐驅動渦輪機的水會和放射性燃料直接接觸，因而產生氫氣和氧氣等氣體，這些氣體有微量的放射性。在一些核電廠中可以看到高聳獨立的煙囪，它們可以確保這些氣體安全流通。

仔細瞧瞧！

　　最能代表核電廠的結構，是會排放出煙霧狀不明氣體的**冷卻塔**，事實上這種不明氣體只是水蒸氣。幾乎所有熱力發電廠都會用到冷卻塔，因為渦輪機需要另一道水流，來使蒸汽凝結成水。經過這個過程之後，水吸收了相當多的熱量，由於高溫熱水對水生動植物有害，不能立即放流到自然環境裡，因此這些水在排放或再利用之前，要使用特殊結構加以冷卻。大家熟悉的這種寬廣的混凝土煙囪，是利用大自然的冷空氣來冷卻，它的下半部周圍是開放空間。

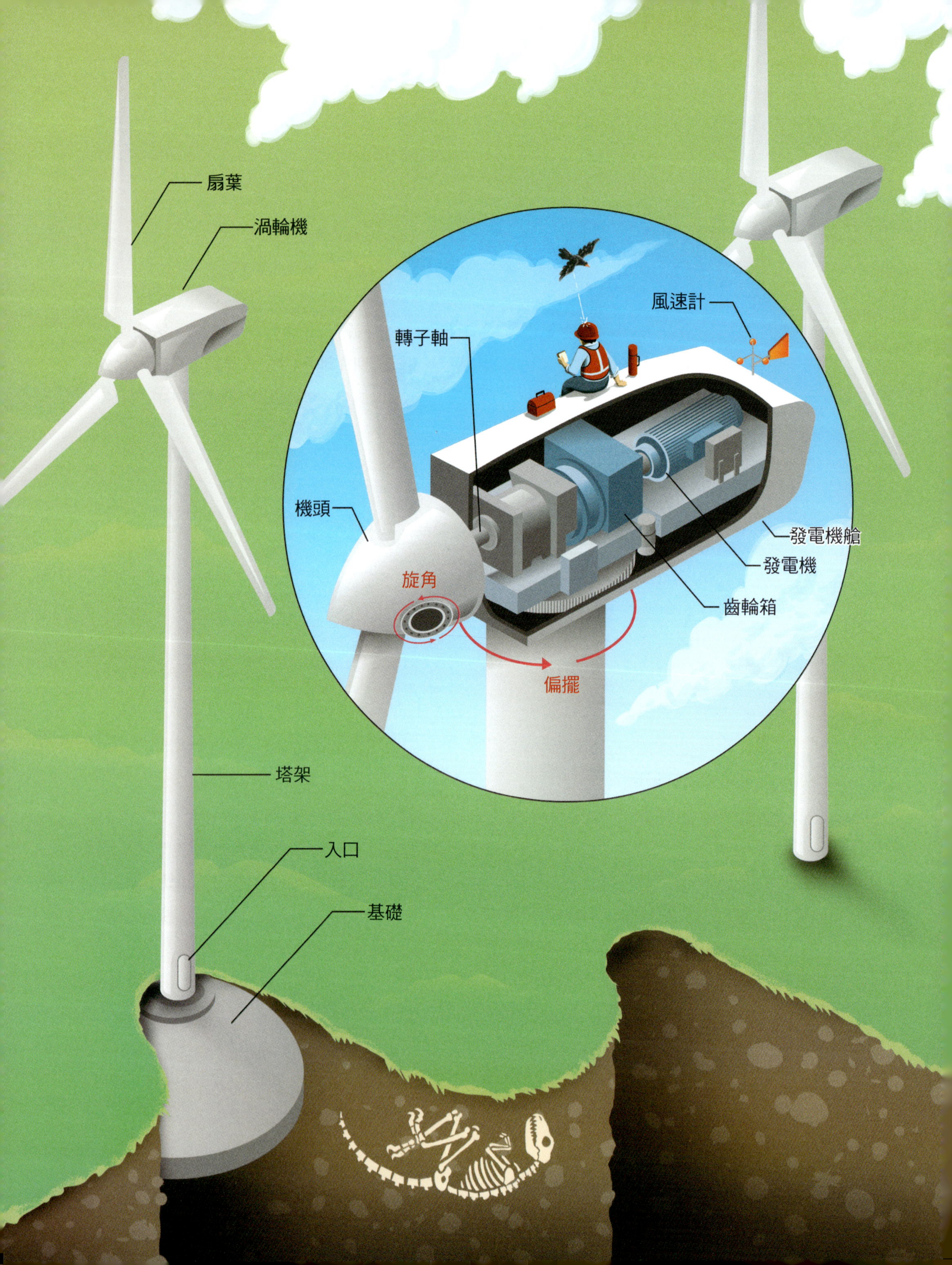
扇葉
渦輪機
機頭
旋角
轉子軸
風速計
發電機艙
發電機
齒輪箱
偏擺
塔架
入口
基礎

1-3 風力發電廠

　　風力發電廠由許多具風電渦輪機組成，把風力轉換成電能。就某種意義上來說，它們收集的是太陽能，因為氣流是由太陽對大氣造成的加熱與冷卻效果所推動的。由於我們無法選擇風在什麼時間吹起，風力發電廠也就不如熱力發電廠那樣穩定可靠。在有風電渦輪機的許多地區，電網營運者必須仰賴天氣預報，他們不只要預測用電量，還要預測發電量。只不過和燃煤、天然氣、鈾不同，風是免費的，而且不管我們有沒有裝設風電渦輪機來利用風力發電，風一樣一直吹著。利用這樣的資源十分合情合理，而且在我們的能源配套組合裡，現代風力發電廠已經變成成本相對低廉、汙染相對較低的選擇。

　　風電渦輪機有各種形狀和尺寸，不過世界各地的現代風電渦輪機形式，如今已經逐漸變成一種一致的、一眼就能認出的風格。這種設計的特點，是在高高矗立的鋼製**塔架**頂端，安裝一具有著三片複合材料所製細長**扇葉**的水平軸風電渦輪機，而為了好辨識，它們通常都漆成純白色。如果你不是很了解，可能會誤以為它們是點綴風景的現代藝術作品，顯得有點整齊卻又突兀。塔架通常會連接著埋在地下的大型混凝土**基礎**，此外塔架幾乎都是中空，最底下有維修工人的入口，還有能夠登上風電渦輪機的梯子。地基的用意是要防止塔架倒塌，確保它遇到極端的風力狀況也不會倒。

　　電廠規模的渦輪機通常每具發電量大約可達一到兩千瓩，不過已經有發電量高達十千瓩的渦輪機啟用了。這單單一個渦輪機就足以提供大約五千戶家庭的用電量。從外觀上，你可以看到連著扇葉的**渦輪機機頭**，以及發電**機艙**，也就是容納渦輪機其他設備的外殼。在發電機艙內，則有**轉子軸**、**齒輪箱**、**發電機**和其他設備。

　　渦輪機的每個面向，都是為了盡可能從風力取得最多的能量。關係到渦輪機效能的一個重點，是扇葉能轉多快。如果扇葉轉得太慢，風就會從各扇葉間的間隙通過，無法

供應任何電力。如果轉得太快，扇葉又會擋住風，降低能夠取得的發電量。我記得在小時候有一次去風力發電廠旅遊，試圖和地面上的扇葉陰影賽跑。我得一點一點往轉軸的陰影處移動，才能跟上扇葉旋轉的速度。而渦輪機要達到最佳效率，它的扇葉尖端的速度大約要達到風速的四到七倍。由於更大型渦輪機的扇葉較長，所以會轉得比較慢，讓葉尖的速度接近理想的範圍內。儘管對當時還小的我來說，這些扇葉的速度相當快，但**電動發電機必須旋轉得快很多，才能高效運轉並且跟上電網的電流交換頻率。大多數渦輪機會利用一具齒輪箱，把扇葉的緩慢轉速轉換成較適合發電機的速度。**

渦輪機在正對著風向時，運轉效果最好。比較老式的風車是利用大型尾翼來保持正對著風，這個過程稱為<u>偏擺</u>。現代的渦輪機使用裝設在發電機艙上的<u>風速計</u>來量測風速和風向，如果風向標感測到風向有變，它會指示電機將風電渦輪機的轉向，調整回面向著風。大多數風電渦輪機還有一種調整每片扇葉角度（或稱<u>旋角</u>）的方法。當風速太快而風電渦輪機無法有效運作時，扇葉會收捲（也就是傾斜某個角度，只有扇葉的邊緣面向風），以減少渦輪機的受力。你可能會疑惑，為什麼在強風的日子或暴風雨期間，風力發電廠的所有風電渦輪機都停止轉動。在極強風或緊急情況下，操作員會啟動機械制動器讓扇葉停止轉動，以防止設備損壞。

影響風電渦輪機效率的另一個因素，是扇葉的狹長外形。你可能會認為扇葉越寬，可以收集越多風力能量，但是稍微想一想：如果把風力100%的能量都擷取下來，那麼空氣就沒有任何速度能夠從扇葉後面排出。這會造成空氣「堆積」，並且阻斷任何新的風吹過來驅動風電渦輪機。為了維持新鮮空氣供應風電渦輪機，就需要有風的運動，這意味著渦輪機永遠不可能獲取風的全部能量。能夠獲取能量的理論上最大效率（稱為<u>貝茲極限</u>）約為60%。渦輪機的細長扇葉經過精心設計，可以在不過度減慢氣流的情況下，盡可能獲取最多的能量。

仔細瞧瞧！

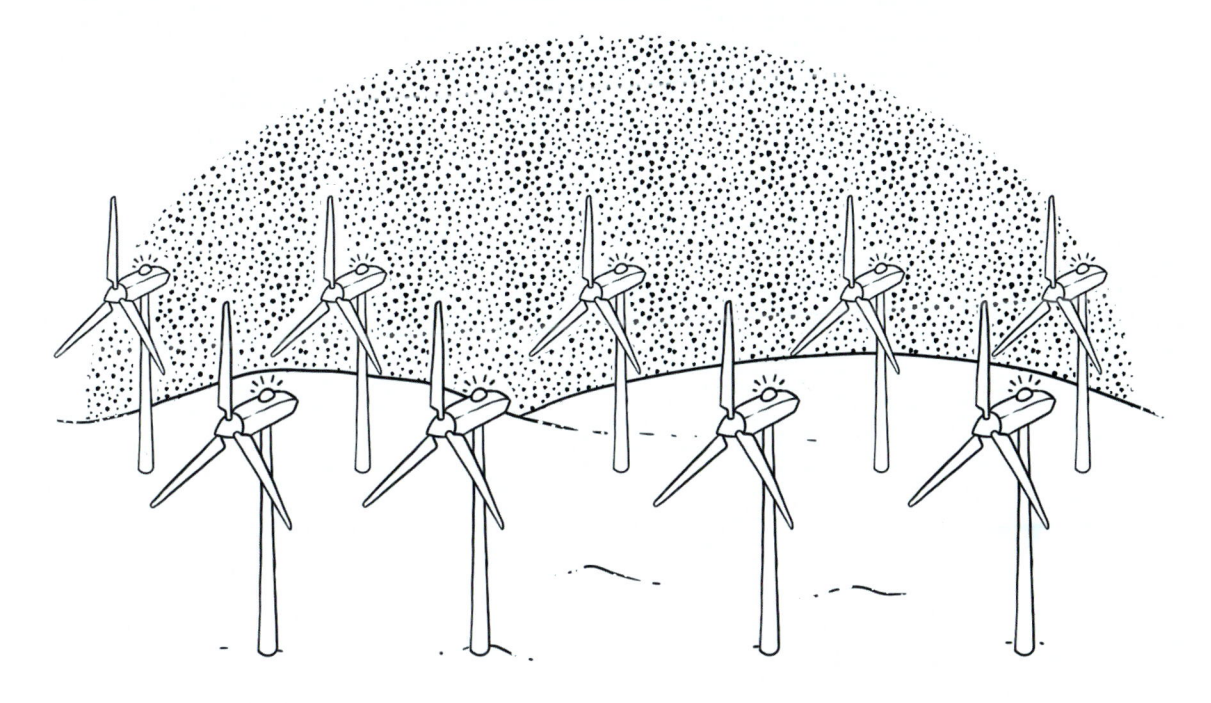

　　如果你曾經在夜間駕車經過或搭機飛過風力發電廠，就會注意到塔頂的紅燈。就像所有高塔和大樓建築一樣，這些燈是用來警示飛機，幫助飛機避免撞上大樓。在大多數風力發電廠中，警示燈會全部同步閃爍，好協助飛行員判斷整個風力發電廠的形狀和範圍。如果所有的燈都亂閃一通，那就會讓人迷失方向了。保持風力發電廠內所有渦輪機的燈光同步閃爍，完全是另一種挑戰。你可能認為所有警示燈都必須連接在一起，但這種系統複雜到又貴又不可靠。現行的做法是每盞燈都配備了一個 GPS 接收器，可以從頭頂上的衛星獲取極為準確的時鐘信號。如果每個警示燈的時鐘同步，那麼它們閃爍的時間也會同步。

1-3 風力發電廠　13

屏蔽線

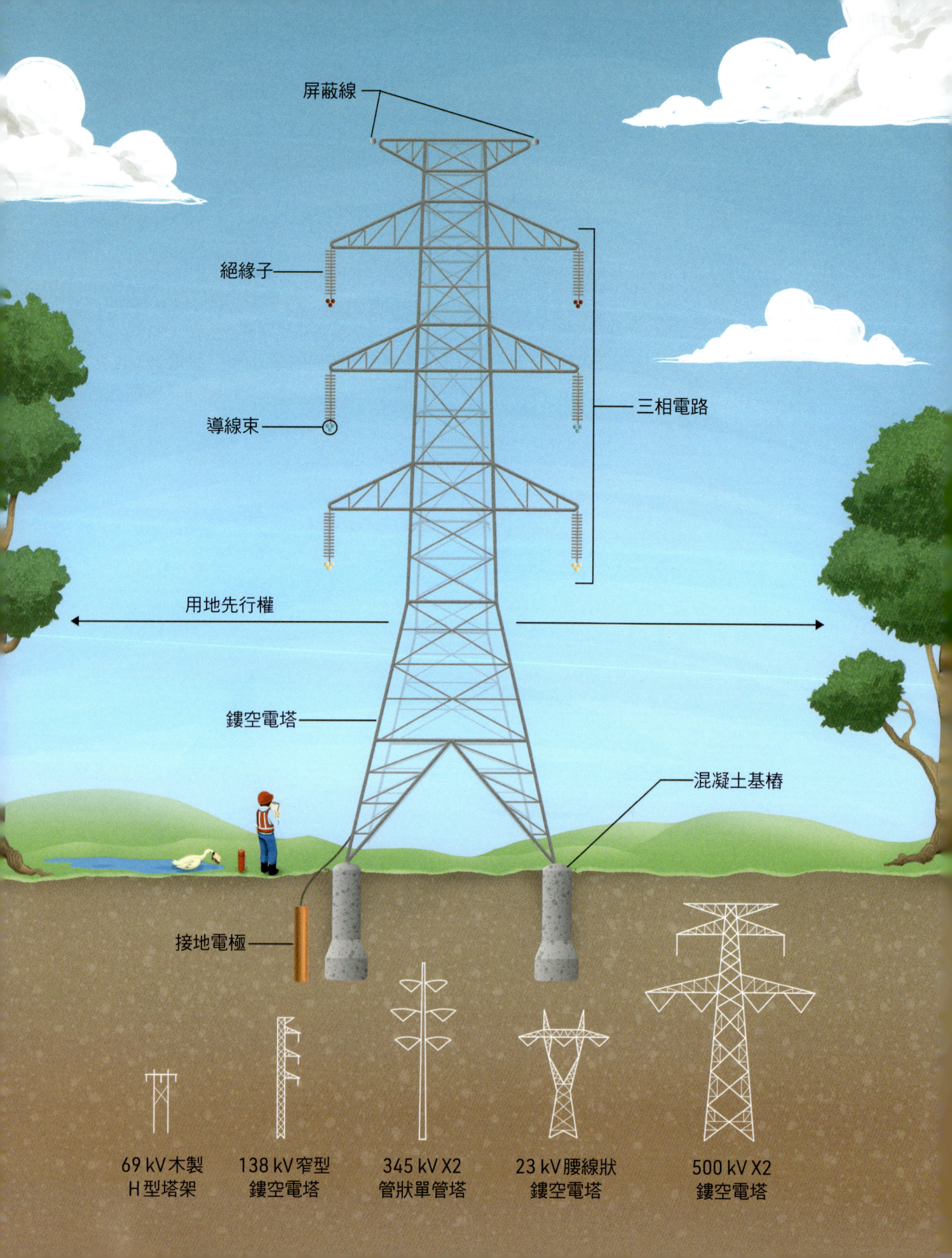

絕緣子

導線束

三相電路

用地先行權

鏤空電塔

混凝土基樁

接地電極

69 kV木製
H型塔架

138 kV窄型
鏤空電塔

345 kV X2
管狀單管塔

23 kV腰線狀
鏤空電塔

500 kV X2
鏤空電塔

1-4 輸電線塔

　　發電廠通常都位於遠離人口稠密區的地方。鄉村地區的土地比較便宜，加上大多數人也不喜歡住在大型工業設施附近，因此在發電廠與城市之間維持一點距離，完全可以理解。只不過，在距離需要電力的地方很遠的地點製造所有電力，如何輸送電力會成為一大難題。電力是沒辦法裝在卡車上配送給客戶的，它是利用我們稱為「輸電線」的電纜，在瞬間從「製造端」傳送到「用戶端」。如果你用過延長線來為沒辦法連接到插座的電器供電，也許就懂得這個概念了。然而，把這樣的操作放大到「從發電廠大規模輸送電力」，會產生一些很有趣的挑戰。

　　用來輸送電力的電線稱為<u>導線</u>，而且沒有一種導線是完美的。你可以從一邊輸入電力，不過在另一邊不可能得到100%的電量。這是因為所有的導線對電流都有<u>電阻</u>。這種電阻會把部分電能轉換成熱，一路消耗電力。發電是一種很燒錢且複雜的過程，因此如果打算找出所有問題，就要盡可能確保實際送到客戶端的電量和最初打算傳送的電量一樣多。所幸，要減少因為輸電線路電阻所浪費掉的電量有個訣竅，不過有必要稍微了解<u>電路</u>的相關知識。

　　在電路裡流動的電流有兩個重要的特性：一是<u>電壓</u>，也就是<u>電位</u>的量（相當於在管路裡頭的流體的壓力）；二是<u>電流</u>，也就是電荷的流動速率（就像管路裡面流體的流速）。這兩個特性和經由一條輸電線傳送的總電量有關。因電阻而浪費掉的電量和輸電線裡的電流有關，所以電流越大，浪費掉的電就越多。如果增加電的電壓，傳送相同電量所需的電流就越少，這正是我們要做的事。發電廠在經由輸電線把電送出去之前，電廠的變壓器會先把電壓升壓，這樣就會降低輸電線裡的電流，把因為導體電阻而浪費掉的電能減到最少，確保將盡可能多的電力送到終端用戶。

　　這樣的高電壓讓電力輸送更有效率，也不會造成一堆新難題。高壓電十分危險，因此導電線必須遠離地面上的人類活動。把高壓電輸電線地下化的營運成本相當高昂，因此除了人口最密集的地區以外，基本上高壓電線都是以高架的輸電線塔（也稱做<u>橋塔</u>）串連起來。

　　設計輸電線路要考慮很多因素，這也造

成這些輸電線塔有著各式各樣的形狀、尺寸與材質。其中一個最基本的考量，就是輸電線路的電壓。輸電電壓越高，每個相位之間所需的距離以及離地的距離就要更大。許多輸電線路會搭載多個三相電路以節省成本，因此除了三相電路，你還可能看到六相或九相電路。前面的插圖中，僅展示了幾個可行的獨特形狀和尺寸的輸電線塔。

用地先行權的寬度也很重要。都市地區的土地更加昂貴，因此輸電線路可以使用的寬度，要比在鄉村地區小很多。路線比較狹窄意味著導線不能水平排列，而要垂直排列，這增加了高度（以及成本）。最後，還要考慮美觀不美觀。我覺得輸電塔既有趣又漂亮。然而，有些人認為輸電塔影響了景觀，有時會將它們視為一種視覺干擾。和「鏤空」或「H型塔架」輸電塔相比，人們通常比較喜歡「單管塔」結構的外觀。雖然單管塔通常造價更高昂，但是在有更多人會看到它們的人口稠密地區更常見。

輸電塔必須能夠承受來自風和電線張力的巨大荷重。它們的基處通常採用深入地下的鑽孔混凝土基樁。大多數輸電塔設計成懸掛式結構，其中導線就簡單的垂直懸掛在絕緣子（或稱礙子）上。懸掛式電塔無法承受來自導線不平衡的施力。張力式電塔比較穩固，會設置在輸電線路改變方向、跨越河川這樣的大間隙，或者需要一個擋塊來阻止若導線斷裂可能造成大量倒塌的位置上。區分懸掛式電塔和張力式電塔很簡單：只要查看絕緣子的方向即可。在懸掛式電塔上，絕緣子大多是垂直的。任何其他方向都代表導線的張力不平衡，需要更堅固的電塔。

高空電線的最大威脅是閃電。雷擊會向電線發送大量的高壓電湧，造成電弧（也稱為閃燃）和設備毀損。架空輸電線路通常至少包括一根沿塔頂延伸的不供電線路。這些線路稱為屏蔽線，目的是要攔截雷擊，以免主要導線受到影響。在每個電塔都會有雜散電壓借道無害的通到地面。如果仔細觀察，通常可以看到電塔底部的銅導線，它們連接到獨立的接地電極或混凝土基樁內的鋼筋。輸電供應商有時會在屏蔽線的芯內包含一根光纖電纜，以用在他們的通信網路。

仔細瞧瞧！

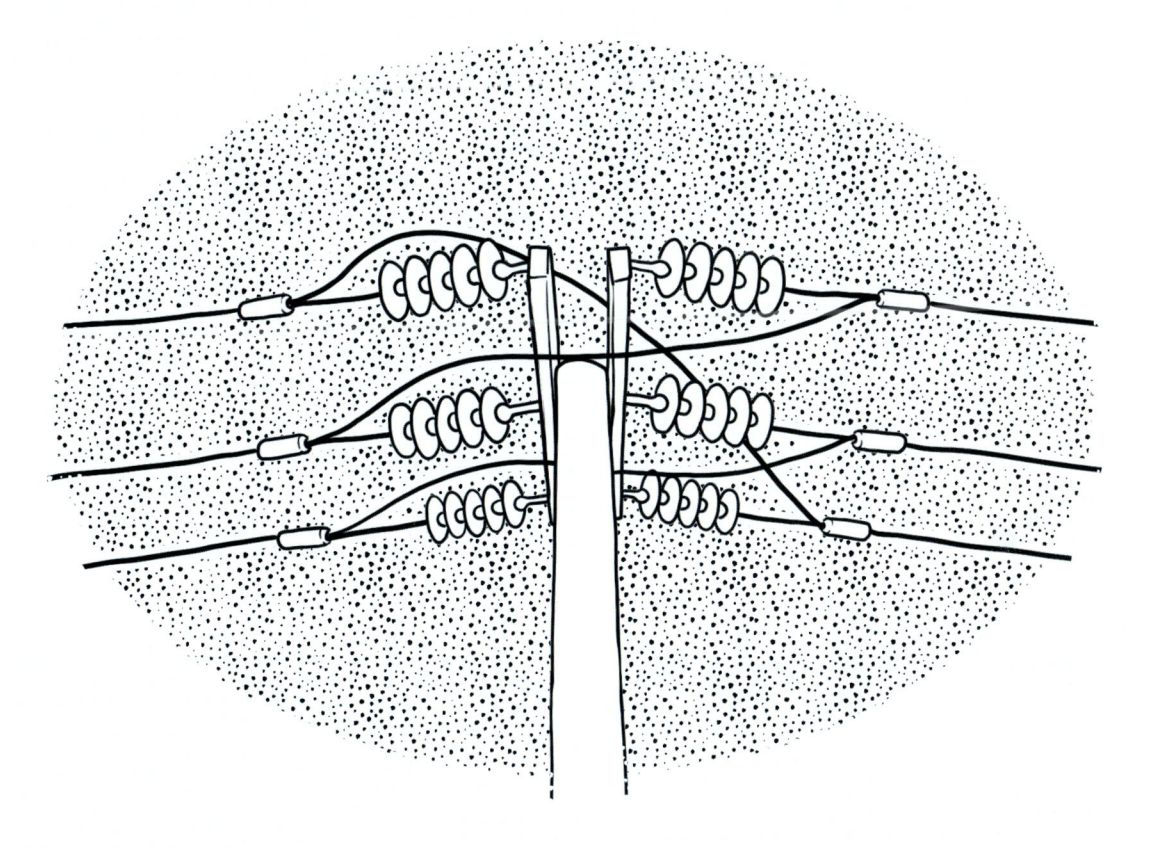

　　每條高壓輸電線路和其四周環境所產生的磁場，都會扭曲平行的導線裡流動的電流。相位彼此之間和對地的排列，代表每條導線裡的電流會以稍有差異的方式扭曲。為了平衡三相中每個相位之間的失真，較長的輸電線路沿途必須每固定間隔進行「扭轉」。可以找一下稱為**轉置塔**的輸電塔，它們能讓導線的相位在繼續前進之前得以交換位置。

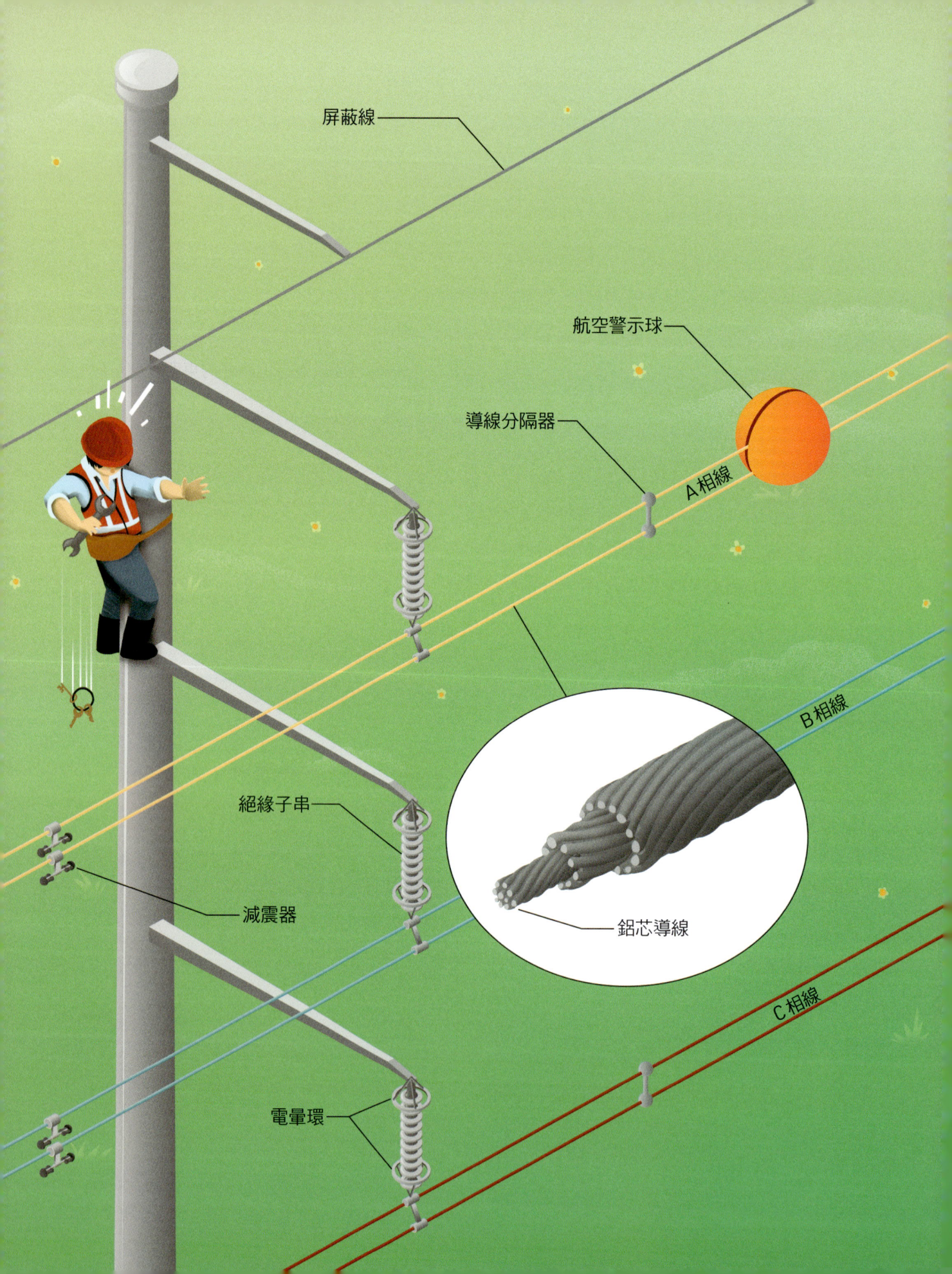

- 屏蔽線
- 航空警示球
- 導線分隔器
- A相線
- B相線
- 絕緣子串
- 鋁芯導線
- 減震器
- C相線
- 電暈環

1-5 輸電線路組成

輸電線路可不同於常見的家用延長線，它們並不是只有一組電線，其龐大規模和高電壓，帶來了很多需要克服的工程挑戰。為了讓輸電線路效率更高、更經濟且安全（不論是對於維護它們的工人，還是一般民眾而言），出現了各種設備和組件。

當然，最重要的組成部分是線路本身。導線幾乎總是由分開的多股鋁線製成。鋁是個好選擇，因為它重量輕，不易腐蝕，而且對電流的電阻低。但是如果你曾經壓扁汽水鋁罐，就會知道鋁和其他材料相比並不是特別堅硬。輸電導線不僅要傳送電力，還必須跨越每個電塔之間的很長跨距，同時承受風力和天氣的影響。傳輸大量電流時，它們也會發熱。當金屬導線膨脹，這種熱量會導致電線下垂，如果下垂得太多，導線可能會碰到樹枝或其他障礙物，造成危險的短路，甚至引發火災。由於這些原因，鋁纜通常會用鋼或碳纖維加固以提升強度。

另一個和家用延長線不同的地方，是高壓輸電線的導線是裸露的，沒有絕緣外皮。由於防止電弧所需要的橡膠或塑膠，會增加電線的重量和成本，因此高壓輸電線路絕大部分是靠空氣間隙來絕緣，也就是在通電線路和任何可能成為接地路徑的東西之間，保持大量空間。你可能已經注意到這裡面臨什麼挑戰了。導線無法在沒有支撐的情況下飄浮在空中，但是它們接觸到的任何東西都會通電，變得危險。如果它們直接連接到電塔上，就會嚴重危害地面上的任何人或物，更不用說在每個相之間造成短路。因此，導體會通過長絕緣子串連接到每個電塔。

這些絕緣子的設計和構造相當重要，因為它們是導線和電塔之間唯一的連接。傳統上，絕緣子是由一串陶瓷盤（通常是玻璃或瓷器）製成的。如果絕緣子變濕或變髒，這些圓盤會延長漏電的電流路徑，進而減少可以逸失的電量。這些圓盤也有些標準化的尺寸，因此算一下它們有幾個，就可以粗略猜測線路的電壓：把圓盤數乘以15千伏（kV）。非陶瓷製絕緣子越來越普及，包括那些使用矽膠和強化聚合物製成的絕緣子。可惜的

是，每個圓盤 15 kV 的經驗法則在比較新型的非陶瓷絕緣子上不適用，因此必須用其他線索來猜測輸電線路的電壓。

輸電線路中使用的高壓電會導致一些有趣的現象。舉例來說，交流電會產生**集膚效應**，其中大部分電流都繞著導體表面傳播，而不是均勻流過整個區域。這意味著增加導線的直徑不見得會相應的增加其載電能力。此外，線路上的電力可能會因**電暈放電**而損失，這是導體周圍空氣電離產生的一種效應。你如果仔細聽，會偶爾聽到電暈放電發出的嘶嘶聲，尤其是在有露水的早晨、暴風雨天氣或氣壓低的高海拔地區。

由於這兩種現象，有時高壓輸電線路的每一相會採用由多條較小導線組成的一束導線（而不是一條大導線），並以**分隔器**分隔。直徑較小的導線能更有效率的傳輸交流電，因為電流傾向在導線表面上傳導，而多條小導線比單一大導線有更大的表面積；此外，整束導線總直徑較大，也能減少電暈放電。估算輸電線路電壓的一種方法，是計算每一相有幾根成束導線。220 kV 以下的線路通常只使用一、兩根導線，而高於 500 kV 的線路通常有三根以上。電暈放電最常出現在金屬表面的尖角和邊緣，例如與絕緣子串連接處。在電壓非常高的輸電線路上或降雨量大的地區，可能會看到絕緣子上附加了**電暈環**。它們會把電場分布到更大區域，除去了尖角和邊緣，進一步減少了電暈放電。

風會影響導線，造成振盪，進而導致損壞或故障。經年累月下，這種振盪會造成導線材料疲勞或連接處磨損，進而縮短導線的使用壽命。更換導線是一項勞民傷財的大事，因此公用事業公司希望它們能盡量耐用。他們通常會安裝**減震器**來吸收風的能量，減少長期下來對電線造成的損壞。較小的導線使用螺旋減震器，較大的線路則使用懸掛式減震器，也稱為**架空線減震器**。

不過，並非所有的風都惹人厭。風有個好處是能夠冷卻電線。導線通常在連接到絕緣子的地方會加以強化，好提升這個關鍵元件的強度。最後，並非所有人類活動都在遠低於這些危險電線的地面上進行。有時候輸電線路會附上**航空警示球**，好讓可能正在操作高空設備、或是身在半空中的人更容易看到。它們通常會出現在機場附近和水道上方。

仔細瞧瞧！

　　在高於特定電壓以及超過特定距離時，在輸電線路使用直流電代替交流電的話會比較經濟。儘管把交流電轉換為直流電（或反過來轉換）的設備相當昂貴，但**高壓直流**（HVDC）線路和交流電相比，具有許多優勢。每次電流改變方向時，交流電源都必須為線路充電，因此會需要大量的額外功率。HVDC 線路不會受到這種效應（稱為電流容量）影響，因此效率更高。HVDC 線路也可以用來連接有可能不同步的交流電獨立電網。高壓直流輸電線路使用的電壓十分驚人（高達 1100 kV），不過這種線路仍然相對稀少，尤其是在北美地區。HVDC 線路一眼就能辨認出來，因為它們只使用兩條導線——正極和負極，就像電池一樣——而不是典型交流輸電線路的三相線路。

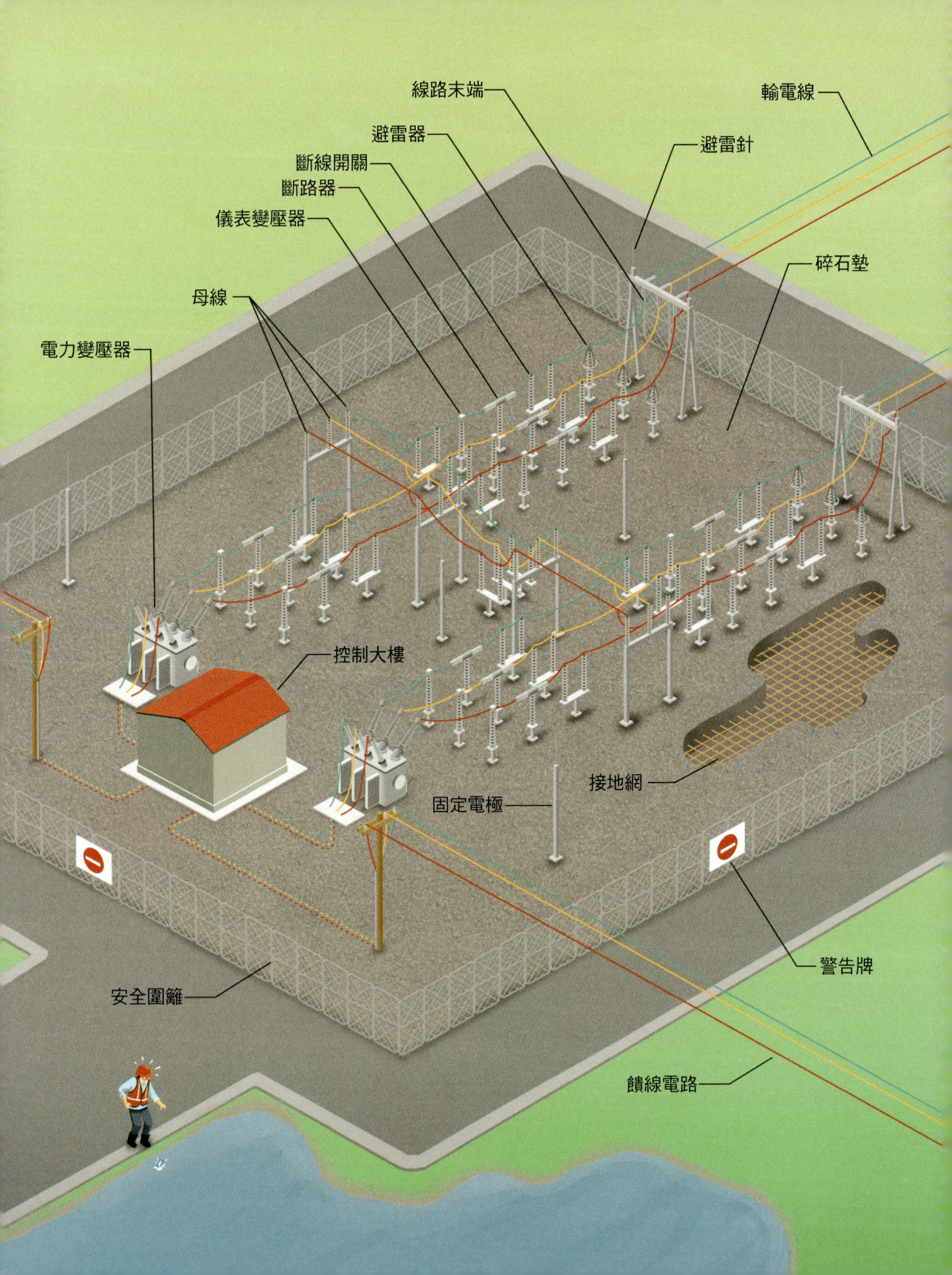

- 線路末端
- 輸電線
- 避雷器
- 避雷針
- 斷線開關
- 斷路器
- 碎石墊
- 儀表變壓器
- 母線
- 電力變壓器
- 控制大樓
- 固定電極
- 接地網
- 安全圍籬
- 警告牌
- 饋線電路

1-6 變電站

　　如果你把電網看成一具龐大的機器，那麼變電站就是把各個組件連繫在一起的連結。<u>變電站</u>原本是用來稱呼比較小的發電廠，現在則用來統稱可以在電網中發揮各種關鍵作用的設施。這些作用包括監控電網性能以確保沒有任何問題、在不同電壓位準之間切換，以及提供保護以避免故障。都市附近最常見的變電站是<u>降壓</u>設施，可以將高壓輸電轉換為較低、較安全的電壓，以便在人口稠密地區進行配電。

　　乍看之下，變電站是電線和設備組成的複雜設施（有時候甚至長時間仔細端詳後仍這麼認為）。我還小的時候，曾經以為它們是遊樂場（這令我的父母既高興又害怕）。對於電網新手來說，理清這些現代電氣工程的迷宮可能極具挑戰性，尤其是因為鷹架和支撐結構看起來，跟導線和母線結構非常相似。分辨帶電線路和設備最簡單的方法，是查看哪些部件被絕緣子固定。認識了變電站中的各個部分，最終你將能夠追蹤電流如何在整個系統中流動。前面的插圖突顯了導線的每一相，好幫助你追查電流的路徑。（下一節描述了具體的變電站設備，並且更詳細說明了它們的功能。）

　　變電站通常是許多<u>輸電線路</u>的終端。高壓電線路會通過一個稱為「線路末端」的支撐結構進入變電站，該結構提供支撐和間距，而且是高壓電線路從其安全高度下降到地面的唯一位置，因此需要採取額外的預防措施，來確保線路安全無虞。

　　在變電站裡，所有裝置和設備之間的主要連結以及變電站的核心是<u>母線</u>，由三條平行導線組成一組（每相一條）。母線通常由沿著整個變電站運行的剛性架空管構成。變電站整體的可靠性取決於母線的布置，因為不同的規劃會提供不同的冗餘量。在設備故障或定期維護時，公用事業公司不想關閉整個設施，因此母線設計用來在必須停機時，讓供電線路繞過停用的設備，以確保電力繼續流動。

　　變電站有高壓側和低壓側，由<u>電力變壓器</u>隔開（會在下一節介紹）。在降壓設施中，

電力是以稱為饋線的獨立電路離開變電站。每個饋線都有各自的斷路器，在電網故障時能容許把一小群客戶隔離開。許多饋線會離開位在地下的變電站，並從附近的電線桿處重新露出地面，再配電到客戶端。

大多數變電站設備設置在露天的室外。不過，有些組件比較容易受到天氣和溫度變化的影響，包括繼電器、操作設備和一些斷路器。這些較靈敏的設備通常位於變電站的控制大樓內。和輸電線路一樣，閃電也是變電站的嚴重威脅。固定電極和避雷針伸到空中裡攔截閃電，直接把它分流到地面，保護昂貴的設備不受電湧影響。避雷器還有助於應付閃電的破壞。這些裝置連接到帶電線路，但它們通常不會傳導任何電流。避雷器只有在感應到極高的電壓時，才會立即變成導體，接著把超出的電量安全的傳送到地底。

從外面能觀察到的許多變電站特徵，都和操作與維護設備的工人的安全有關。保護變電站設備和工作人員的一大關鍵，是確保雜散電有地方可去。所有變電站在建造時都會設置接地網，也就是埋在地下的一連串相互連接的銅線。如果出現故障或電路短路，變電站需要能夠透過這個電網，把大量電流吸收到地面，好盡快讓斷路器跳閘。接地網還能確保整個變電站與其所有設備，保持在同一個電壓位準（稱為等電位）。電流只會在不同電勢的點之間流動，因此將所有東西保持在同一個電壓位準，能確保觸摸任何設備都不會在人體中產生電流。每台設備的外殼和支撐結構，都透過接地網連接在一起。

你可能會注意到，大多數變電站的地面都覆蓋著一層碎石。這不只是因為工人不喜歡割草！碎石排水性良好，而且不會吸水，因此能在土壤上方提供一層絕緣層，還能防止雨水形成水坑。

遠離高壓電設施對大多數人來說是常識，不過聽起來或許難以置信——變電站竟是偷竊銅線的竊賊常見的目標。變電站四周圍著圍籬和警告牌，以確保任何誤闖的公民都知道要遠離。如果你仔細觀察就會注意到，即使是圍籬，也有電線把它們和接地網連接，以確保等電位範圍不只及於圍籬內的工人，也延伸到變電所外的任何人。

仔細瞧瞧！

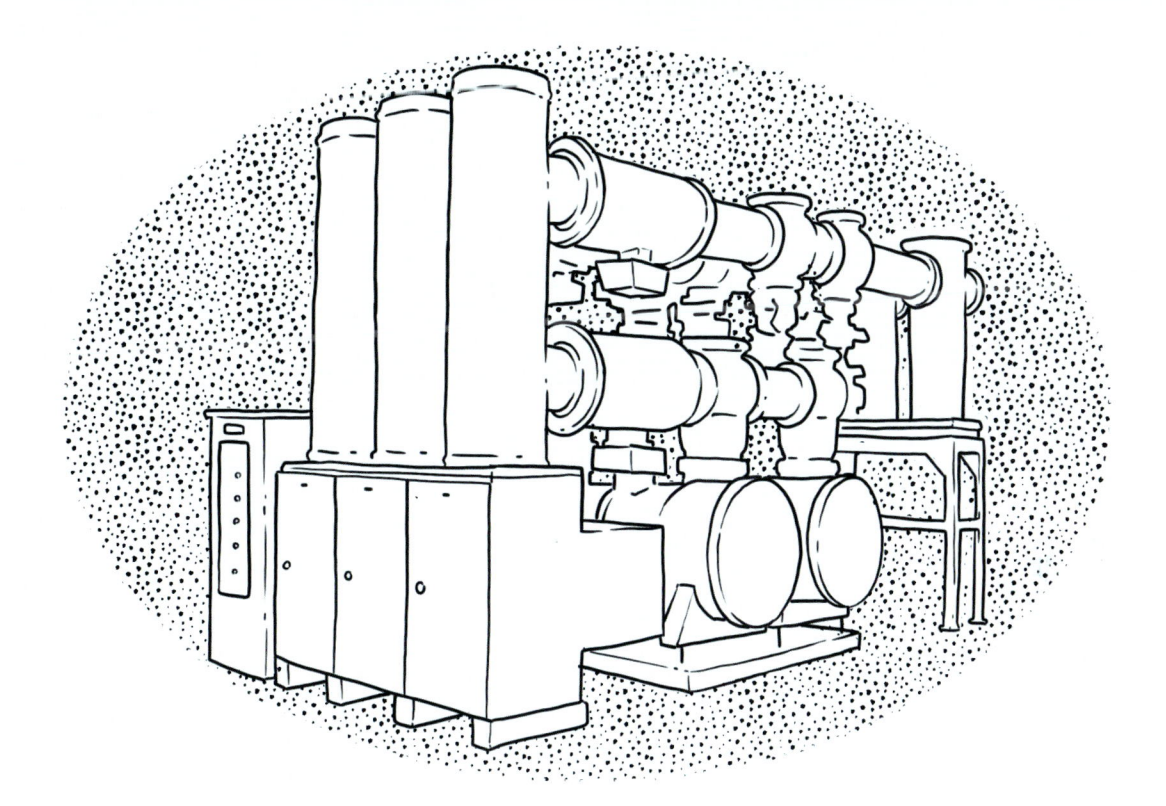

　　戶外變電站使用的許多設備被稱為**空氣絕緣開關**，因為它是使用周圍環境的空氣和間距，來防止帶電組件之間形成高壓電弧。另一種稱為**氣體絕緣開關**的設備則是封裝在金屬外殼裡，裡面填充了高密度的**六氟化硫**氣體，這使得高電壓組件可以安裝在空間有限的地方。要運氣夠好才看得到完全由氣體絕緣開關設備組成的變電站，因為它們造價要貴得多，因此很罕見。氣體絕緣開關設備也更可能藏身在建築物內部，而不是暴露在戶外，以免受天氣影響。當你看到特有的緊密金屬管束、許多用螺栓固定的法蘭（帶有圓孔的圓形或方形金屬片），以及許多三個一組、用來處理每一相電源的組件，就知道自己找到了氣體絕緣開關設備。

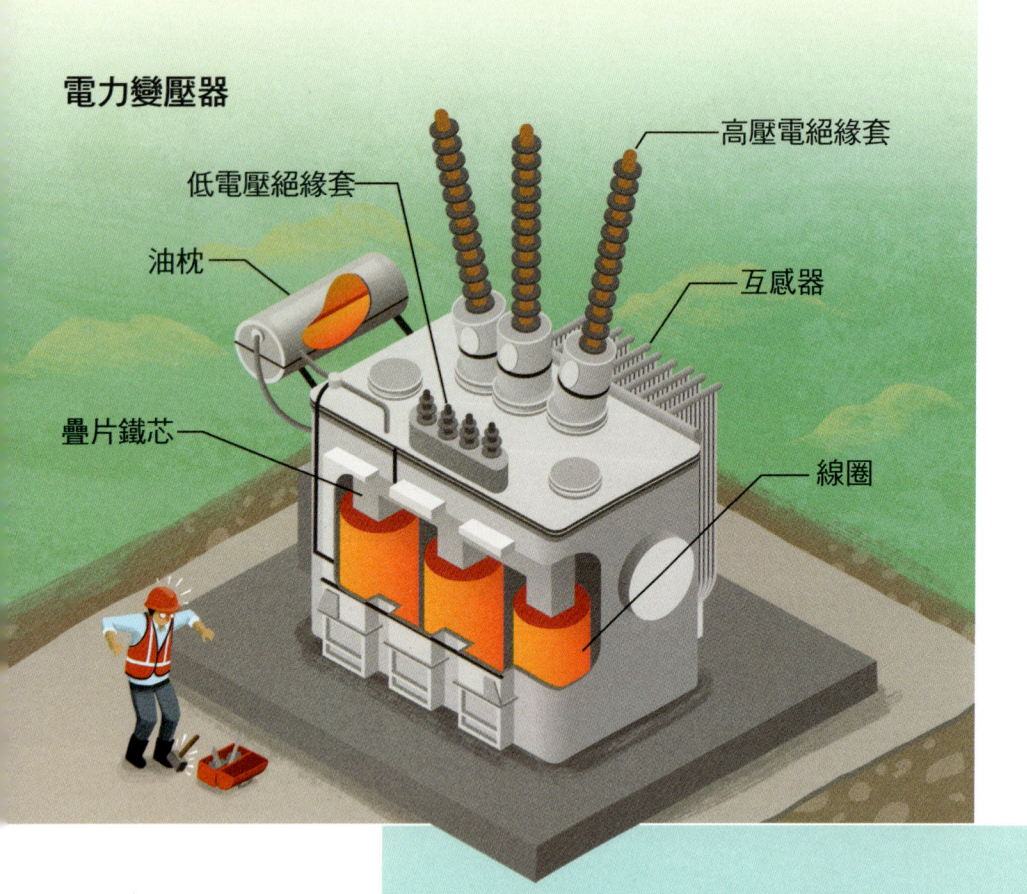

電力變壓器

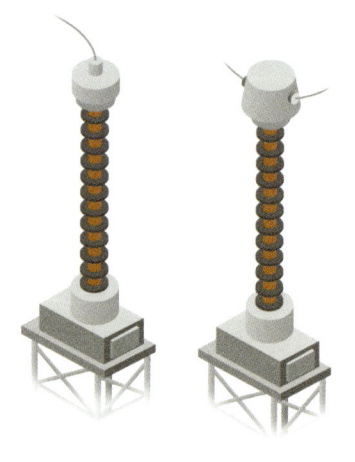

- 高壓電絕緣套
- 低電壓絕緣套
- 油枕
- 互感器
- 疊片鐵芯
- 線圈

互感器

電壓互感器　電流互感器

隔離開關

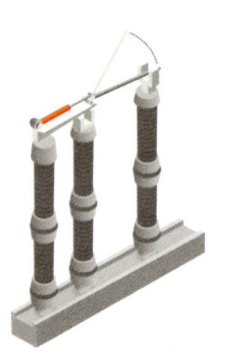

鉸接式斷路開關

集電弓斷路開關

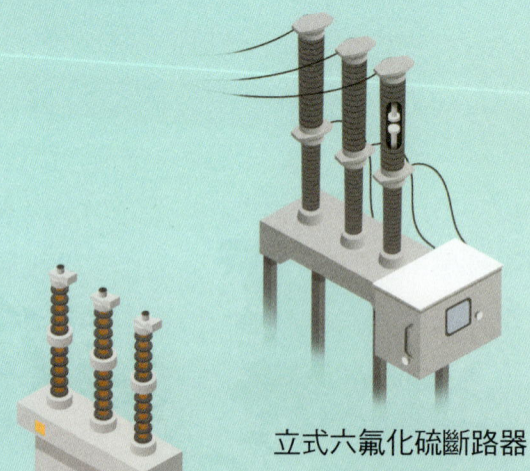

斷路器

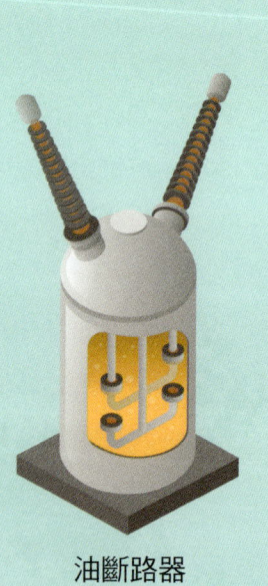

立式六氟化硫斷路器

真空斷路器

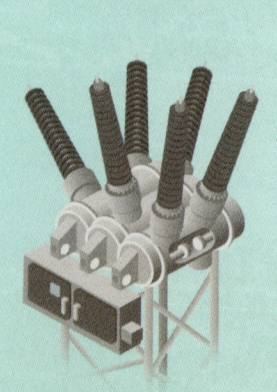

油斷路器

水平六氟化硫斷路器

1-7 變電設備

了解變電站的布局和電流，只不過知道一半而已。變電站由許多獨立的設備組成，每個設備都是重要角色。能夠辨認出這些設備並了解它們的運作原理，會大大提升認出變電站的樂趣。

變電站一項非常重要的工作是升壓或降壓，也就是在來自輸電線路、更有效率的高壓電，以及城市中較小輸電線中所使用的較低電壓之間進行轉換（高壓電非常危險；低電壓仍然相當危險，不過更容易絕緣）。這種轉換是使用電力變壓器完成的，這是一種依靠電網交流電，藉由<u>電磁作用</u>在不移動零件的情況下運作的設備。變壓器主要由兩個相鄰的線圈組成。輸入端電流的交流電產生磁場，由一個以多片薄鐵片組成的<u>疊片鐵芯</u>來集中和引導。這些磁場耦合到相鄰的線圈，在輸出線中感應出電壓。變壓器輸出的電壓和每個線圈裡的圈數成正比。變壓器通常是整個變電站中最大、最昂貴的設備，因此很容易分辨。

引導導線進出變壓器的絕緣子稱為<u>絕緣套</u>。當帶電線路穿過金屬外殼進入變壓器時，它們支撐著帶電線路，防止短路。你可以藉由絕緣套尺寸的差異，輕易分辨出哪些線路電壓較高、哪些線路電壓較低。電壓越高，需要越大的絕緣套來維持足夠的間隙，以避免產生電弧。

儘管電網規模的變壓器的轉換效率非常高，但它們仍會因為雜訊和發熱而損耗些許電力。如果你靠得夠近，肯定會注意到因為磁場不斷變化，導致變壓器內部組件振動而產生低沉的嗡嗡聲。銅線圈的電阻也會產生熱，從而損壞變壓器。變壓器通常會灌滿油來幫助冷卻。在金屬外殼上可看到由風扇和吸熱器組成的<u>散熱器</u>，用來散熱並幫助維持機油和組件冷卻。你甚至可能會在變壓器外殼上方看到有個較小的油箱（稱為<u>油枕</u>）容納額外的油，讓裡面的油能夠膨脹和收縮。

在保養或維修期間，變電站裡幾乎所有線路和設備，都需要和帶電系統的其餘部分完全隔離。因為這個原因，<u>分段開關</u>通常安

裝在設備的每一側。它們無法中斷通過系統的大電流，僅用於隔離設備以確保工作人員的安全。最常見的分段開關是電動式的，由一片鉸接的葉片和一個固定的觸點組成，兩者都安裝在絕緣體上。<u>集電弓</u>分段開關透過剪刀式的升高和降低動作來和母線連接。

有時候，會需要中斷電網裡某部分設備的電流。最常見的情況是因為故障而需要斷電，因為故障可能會嚴重損壞昂貴且重要的設備。<u>斷路器</u>提供了斷電的方法，容許把故障的部分與系統的其他部分隔開來。它們不僅能保護電網上的其他設備，還有助於比較快速找出問題並修復。不過，切斷帶電線路上的電流可不像聽起來那麼簡單。如果電壓夠高，幾乎任何東西都能導電，包括空氣。即使切斷線路來斷掉電源，電流仍可以透過電弧現象繼續在空氣中流動。電弧必須盡快撲滅，以防止斷路器損壞或是讓工人陷入危險，這也代表著：所有用在高電壓設備的斷路器，都需要包含某種抑制電弧的裝置。

對於比較低的電壓，斷路器是裝在真空的密封容器裡，以避免接點之間在空氣中導電。對於比較高的電壓，斷路器通常會完全浸泡在裝滿不導電液體的油桶，或是充滿高密度六氟化硫氣體的桶子裡。另一種選擇是利用大量的空氣把電弧吹熄。所有斷路器都會連接到<u>繼電器</u>，這種設備可以在出現故障時自動觸發。斷路器也可以根據要維護保養、或是要在極端用電需求期間卸載，而藉由手動操作從供電服務中移除電路。由於有很多故障狀況是暫時的（例如雷擊），有些稱為<u>自動繼電器</u>的斷路器會在故障排除後，自動幫電路重新通電。

繼電器會監控電網上的電壓、電流、頻率和其他參數，好發現問題並觸發斷路器，但我們不能就直接把高壓電饋入敏感的運行設備。相反的，稱為<u>互感器</u>的特殊變壓器能把導線上的高電壓和電流轉換為更小、更安全的等級，可以發送到繼電器。互感器是電網的眼睛，監控狀況以確保一切都正常運作。雖然它們看起來很相似，但是有個簡單的方法可以加以區分：<u>電壓互感器</u>的初級線圈通常連接在其中一相和地面之間，因此只會看到一個高壓端子。<u>電流互感器</u>（又稱為比流器）的初級線圈和導線是排成一線連接的（也就是串聯），因此有兩個高壓端子。

仔細瞧瞧！

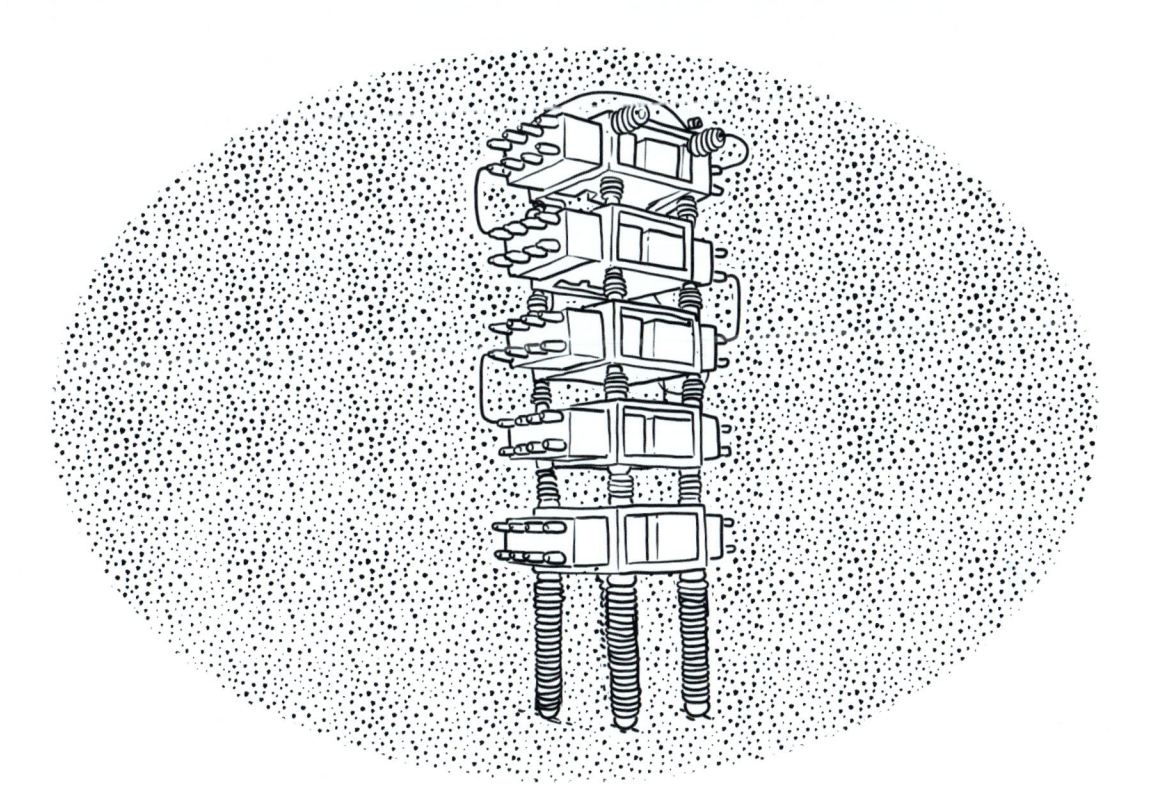

　　交流電源面臨的一個難關，是電壓和電流可能會不同步。某些類型的電力負載是電感性的，也就是說它們會在電流返回電網之前，暫時儲存電力。這會導致電流延遲或超前電壓，進而降低其執行工作的能力。它還會降低為電網供電的所有導線和設備的效率，加上提供的電力必須比實際使用的更多，這種降低的量度稱為**功率因數**。一些變電站會納入**電容器**組，來使電流和電壓恢復同步，也有助於提高線路中的功率因數。電容器吸收部分或全部電壓和電流的不相稱，從而更有效率的使用導線、變壓器和其他設備，幫助穩定電網上的電壓。在鋼架上找找有沒有一整排的小盒子吧。

- 熔斷開關
- 絕緣子
- 初級配電導線
- 橫杆
- 中性線
- 配電變壓器
- 接地線
- 斜索
- 通信線路
- 次級客戶接入線
- 應變絕緣子
- 電線桿
- 接地電極

1-8 制式電線桿

在人類打造的世界裡，最普遍的東西幾乎要算<u>電線桿</u>了，在電網的電力配送上，電線桿有著極為重要的作用。配電說的是供電網裡，把電力輸送給所有個別用電戶的部分。如果輸電線路是電的高速公路，那麼配電線路就是住宅的街道。配電線路通常從一個變電站開始，此處的個別電力線（稱為饋線）會向四面八方散開，連接到住宅、商業和工業客戶。在某些方面，配電和高壓輸電幾乎相同，畢竟電線就是電線。但在其他方面，它卻有著驚人的差異。最明顯的區別就是電壓下降到更容易絕緣的等級，所以電線桿和導線的高度也同樣變低了。

在北美的大部分地區，木材是一種相對豐富的資源，也因此成了絕大多數電線桿的材料。木材會用<u>防腐劑</u>處理過，這也減緩了氣候和昆蟲造成的劣化。電線桿的標準因地而異，但正常高度的電線桿通常埋到地下二至三米（六至九英尺）。大多數電線桿都有其本身的<u>接地線</u>，沿著電線桿連接到接地的<u>電極</u>上。這條接地線為任何雜散電流提供了安全的路徑，讓它們不會在電線桿本體到處亂竄，不然很可能會造成觸電或火災。

在一直線上的電線桿只需要支撐上面電線的垂直重量，但是如果一根電線桿位在轉角或最尾端，它就會受到側向的拉力。即使這樣的張力並不是很大，長長的電線桿也會像槓桿一樣作用，把這個側向力放大傳到地面，而且可能把電線桿完全拉倒。當一根電線桿上的水平力無法平衡時，就會使用<u>斜索</u>來提供額外的支撐力。每根電桿都配備了一個<u>應變絕緣子</u>，以確保在意外狀況下，有危險的電壓不會傳到電纜較低的部分。

你在電線桿最上面看到的<u>初級配電導線</u>（或線路）被認為是中等電壓，電壓範圍通常是4kV到25kV。帶電線路很容易辨認，因為它們由絕緣子支撐著。儘管它們的電壓比輸電線路低得多，但<u>初級配電線路</u>的電壓仍然太危險，不適合住家和企業用戶使用。<u>配電變壓器</u>（將在下一節詳細介紹）把

電壓降低到其最終的等級（通常稱為主電壓或<u>次級電壓</u>）供普通客戶使用。將每個客戶連接到電網的次級客戶<u>接入線</u>位在初級導線下方。為了工人的安全，帶電線路始終位在電線桿最上面，而且在它們和其他電信線路（例如電纜、電話和光纖）之間留有作業空間。關於這些通常和電線桿上的配電線路平行的通信基礎設施，更多資訊請參閱第二章。

配電網和輸電線路的一個主要差別，是配電網上的導線從三個增加到四個。這是電網三相中的每一相之間的電力需求分配方式所造成的。所有電路都是迴路，因此需要兩條線路：一條提供電流，一條讓電流流回電源。在高壓輸電線路上，三相中每一相之間的用電量達到完美平衡，不需要單獨的電力返回路徑，每對相位同時用作電源路徑和返回路徑。然而，在配電方面，事情並沒有那麼簡單。許多用電設備（包括大多數住宅）只使用單相。事實上，在配電網上，三相通常相互分開，完全服務不同的區域。仔細看一些住宅區，你可能會看到許多電線桿只有一根初級導線，沒有<u>橫桿</u>。電網運營商會嘗試安排配電線路，以確保每個相的所有負載大致相等，但它們永遠不會完全同步。這些相位之間的不平衡需要<u>中性線</u>做為雜散電流的返回路徑。

電網的複雜性，有很大的程度取決於電網出差錯時我們要怎麼保護它。電網這個名字當然其來有自。電網是一個相互連接的系統，也就是說，如果我們一不小心，一個小問題有時會殃及更大的區域。工程師使用保險絲和斷路器，在電網的每個重要區塊周圍建立保護區，把故障的地方隔開，也比較容易查線和維修。這些設備會製造出「可管理的故障」，在此你會以損失部分服務為代價，而得以保護系統的其他部分（就像你家裡的斷路器）。目標是在出現問題時隔離設備，好加快維修過程並降低維修成本，讓客戶恢復連線。你被斷電時，很容易因為諸事不便而心情低落，但也要謝天謝地了，因為這可能意味著一切都在計算之中，是為了保護整個電網並確保能快速且高效率的修復故障。

仔細瞧瞧！

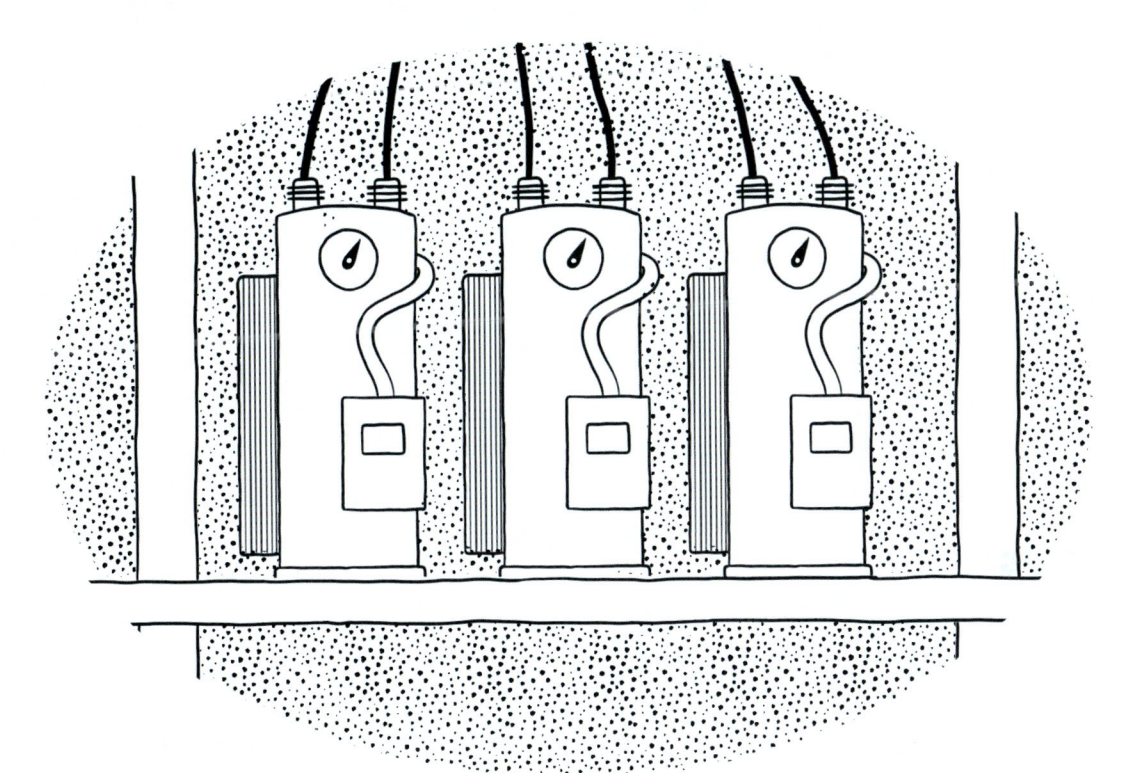

　　鄉村地區的初級配電線路通常很長，這麼長的距離會產生額外的電阻，使得電壓等級難以保持穩定。另一個難題是：併網太陽能電池板裝置越來越普及，而太陽能面板上暫時的雲層陰影，也可能會在有大量並聯面板的區域造成配電電壓不穩定。

　　<u>穩壓器</u>是帶有多個分接頭的設備，可以小幅調整配電電壓。它們的運作原理和變壓器類似，不過只對電壓進行微調，通常為正負10%。穩壓器可以直接監控線路上的電壓，或根據測得的電流自動計算電壓降，上或下調整接頭來升高或降低輸出的電壓。穩壓器與配電變壓器相似，都有圓柱形外殼（每相一個），但彼此之間仍有一些明顯的差異。穩壓器的輸入端和輸出端都連接到初級配電線路，兩者的絕緣套尺寸相同。另外，找找看穩壓器上面的刻度盤，它指示穩壓器的分接位置。幸運的話你可能會發現，它會自動切換分接位置以保持線路上的電壓穩定。

保險絲熔斷開關

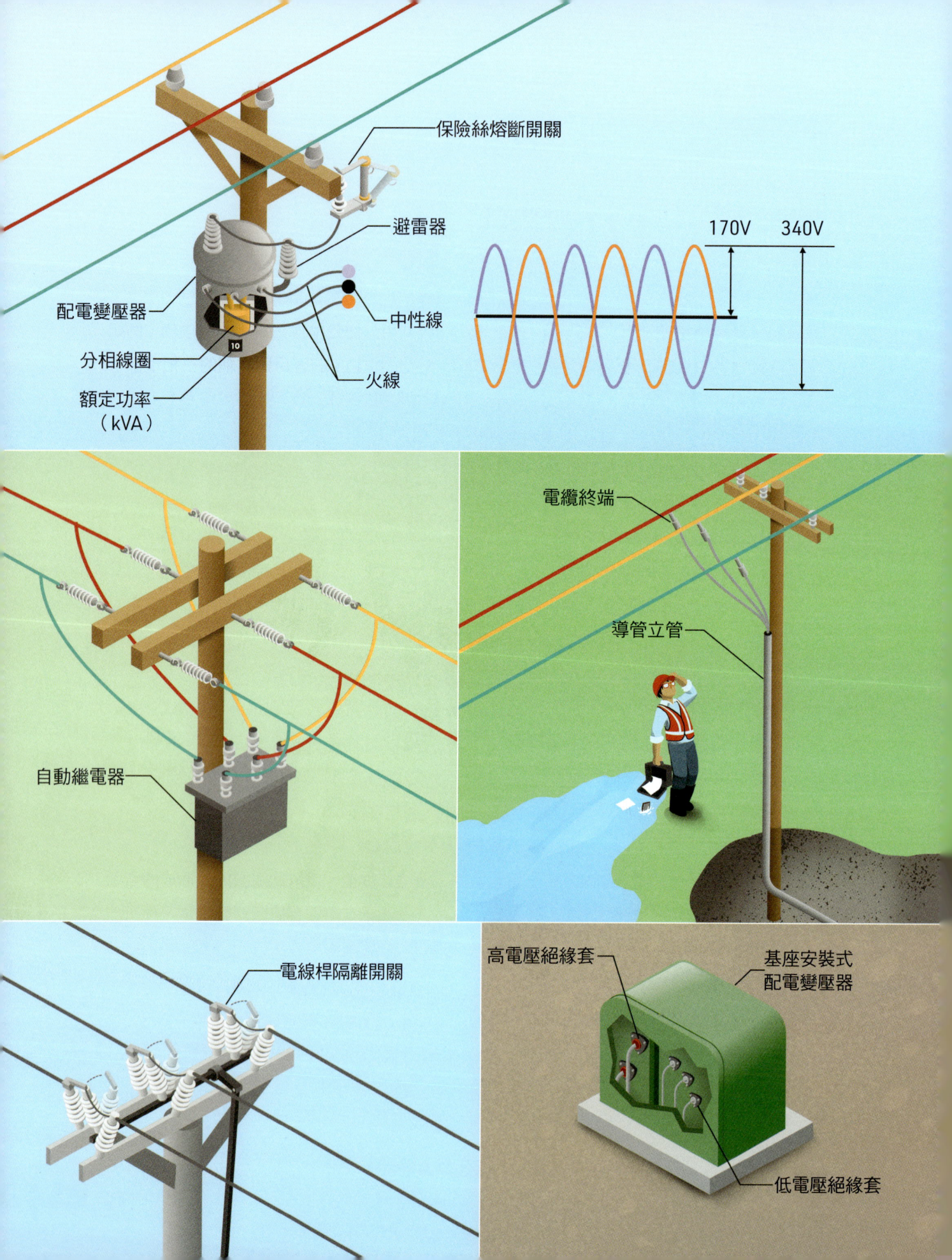

避雷器

170V　340V

配電變壓器

中性線

分相線圈

火線

額定功率
（kVA）

自動繼電器

電纜終端

導管立管

電線桿隔離開關

高電壓絕緣套

基座安裝式
配電變壓器

低電壓絕緣套

1-9 配電設備

　　就像電網的所有其他部分一樣，配電需要各種設備來協助提高可靠度和安全性。而就像在變電站裡那樣，用來改變電壓的設備在配電網中相當重要。儘管初級配電電路的工作電壓遠低於輸電電壓，但也高達數千伏特，遠高於大多數住家和企業可以安全使用的電壓。因此在大多數情況下，需要另一個變壓器（稱為「配電變壓器」）來把電壓降低到建築物裡燈具、電器和其他設備通常使用的等級。這些變壓器通常位於電線桿上的導線下方，看起來像灰色罐子。它們與變電站的變壓器一樣，裡面填滿了油，運作原理幾乎相同。

　　在世界上許多地方，一個有趣的差異是配電變壓器線圈的輸出採用<u>分相式設計</u>。這種配置是以兩條帶電線路（或稱<u>火線</u>）加上一根接地的<u>中性線</u>供應客戶用電，兩條線路的電壓相位彼此相反。透過這種配電方式，小型電器可以使用中性線電壓，在北美大部分地區標稱電壓約為 120 V（峰對峰值電壓為 170 V）。需要更大功率的設備（例如暖氣、空調和乾衣機）可以連接在兩條帶電線路之間，接收雙倍電壓。在住宅區，單獨一個配電變壓器通常可以為多個家庭供電。看一下你家外頭，你可能會發現你和幾個鄰居共用一個變壓器。擁有更大設備（例如大型空調機組）的客戶則電網的三相電都可以利用。在這種情況下，你可能會看到同一根電線桿上有三個單相變壓器組合一起。查看一下變壓器側面的<u>額定功率</u>，單位為<u>千伏安</u>（kVA，大約相當於<u>千瓦</u>）。

　　跟輸電線路和變電站設備一樣，配電網也需要防止故障和雷擊。你在電線桿頂端看到的大部分硬體，都是為了因應突發狀況而設置的。其中一種常見的保護裝置是<u>保險絲熔斷開關</u>，它既是斷路器，也做為隔離開關。這種保險絲開關會自動保護配電變壓器，讓它們不受電路短路和電壓電湧所影響。如果保險絲內的電流過高，它的內部元件就會熔化，斷開電路並鬆開門鎖，從而使保險絲蓋向下擺動。這些保險絲通常包括一個爆炸內襯，以幫助熄滅內部形成的電弧，因此如果在附近有熔斷開關跳電，你可能會聽到一聲巨響，它通常大到讓很多人以為變壓器爆炸了，而實際上這是保險絲在防止配電變壓器受損。

即使斷路器裡的保險絲沒有燒斷，線路工人也可以斷電來隔離線路，好進行保養或維修。然而。保險絲是最簡單的保護裝置。

在配電系統中，偶爾能看到更複雜的斷路器，包括通常裝在小圓罐或矩形罐裡的<u>自動繼電器</u>。繼電器會在檢測到故障時打開，然後再次關閉來測試故障是否已經排除。電網上的故障大多是暫時的，例如閃電或是小樹枝接觸到帶電線路。自動繼電器會保護變壓器，讓工人不需要為了這些小問題來更換保險絲。通常它們會跳閘並重新合閘幾次，如果故障還是無法排除，才會判定是永久故障，進而維持跳閘狀態以停止供電，防止造成進一步損壞。如果短時間內斷電又重新復電，可能就是繼電器正在運作。電線桿頂部還有其他種類的<u>隔離開關</u>可以協助線路工人進行維修或保養；許多隔離開關使用一種機制來一次斷開全部的三相供電。最後，和電網的其他部分一樣，配電線路也會使用避雷器來把雷擊產生的電湧安全的導向地底。

並非所有電網配電都採用架空方式。在許多城市的市中心，幾乎看不到任何架空線路，因為配電系統是在地下管道中運作。此外，由於架空電線看起來比較凌亂，較新的住宅和商業開發案通常會選擇將配電線路埋設於地下。然而，使用地下配電線並不是輕鬆的選擇，因為它的安裝成本要高得多，而且損壞要修復的話通常得花更多時間。不過這些線路比較不受天氣影響，也不會破壞城市景觀的美感。即使配電線路不是全部埋設於地底，但是它們從地面上接入地下之後、又再回到地面上，以避開空中的危險環境或防止遮擋到標示，這類情況也不少見。

雖然看不到地下配電線路，不過它們的起點和終點倒是經常可以看到。找找看有夾帶大型<u>導管立管</u>的電線桿。地下電力線必須有絕緣護套，以防止受潮和短路。導線周圍的絕緣層不能隨便在什麼地方開始和結束，因為水分可能會從導線兩端進入內部。此外絕緣電纜和外露電纜之間的交接段，會使用<u>電纜終端</u>（俗稱<u>電纜頭</u>）密封住，以確保電纜安全運作。

地下電纜回到地表上的另一個位置，則是變壓器。雖然它們不像電線桿上的變壓器那麼礙眼，但是<u>基座安裝式配電變壓器</u>也會讓人們意識到，在沒有架空電線的地區還是有電網的。你可能會好奇：那些綠色鐵櫃裡面有什麼？它和電線桿上安裝的設備完全相同。這種變電箱的門打開就是高壓和低壓電的絕緣套，就像電線桿上的變壓器那樣。

仔細瞧瞧！

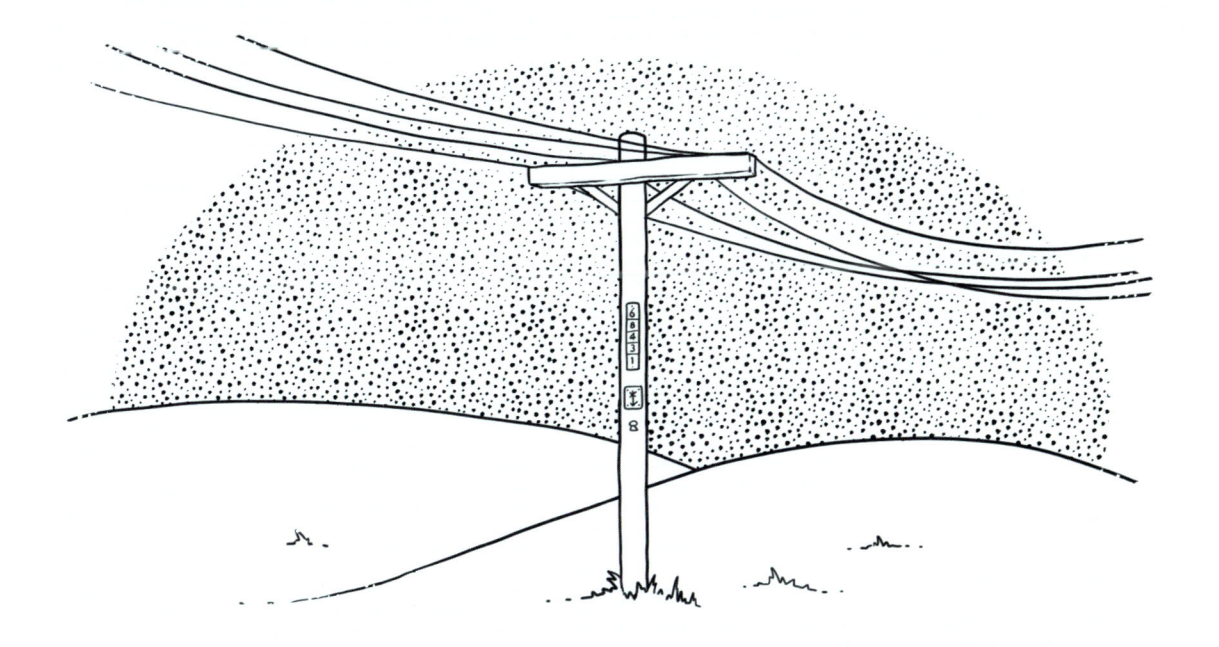

電線桿通常會嵌上神祕的標記和金屬標籤，有時它們只是這根電線桿的識別號碼或製造商的標記，但有時則不然。有箭頭符號的紅色標籤，是要警告線路工人電線桿已經損壞，要小心或是防止任何人攀爬。電線桿標籤還可能註記它最近一次檢查的時間，以及用了哪類處理來保護電線桿不致腐爛和受到蟲害。最後，木製電線桿上的印記則提供了製造地點、使用的木材種類、甚至電線桿長度的線索。注意一下不同種類的標記，看看你是否能解開它們的涵意。

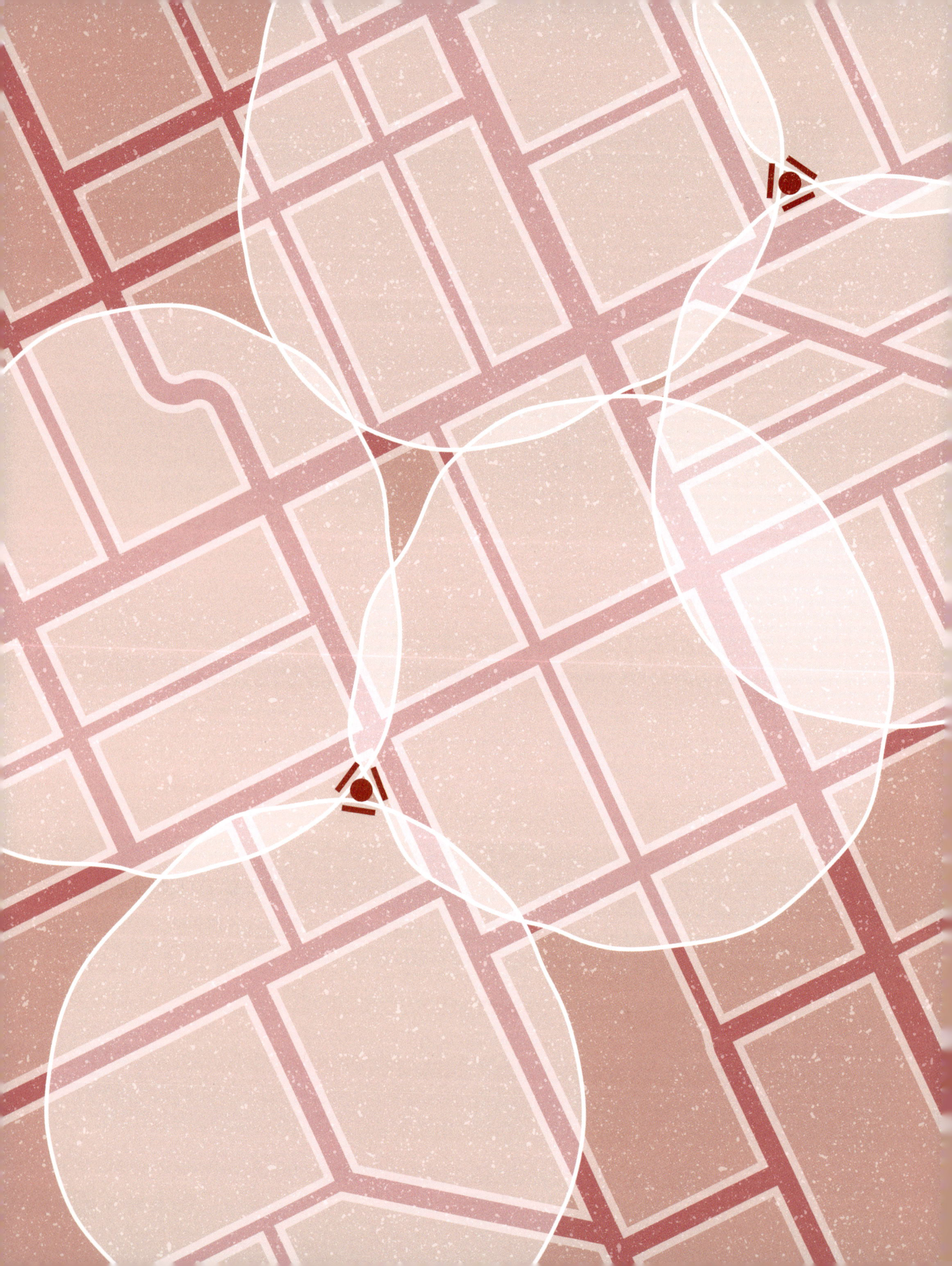

# 通訊
COMMUNICATIONS

引言

　　交流並不是人類獨有的，但電信卻是。遠距離共享資訊需要大量的創新技術。人類許多最重要的發展，都是跨地域發送與接收資訊的方法。從煙霧信號和信鴿，到GPS和網際網路，電信通訊深刻的改變了我們的生活、工作和娛樂方式。

　　本章要探討怎麼遠距離發送與接收資訊，以及最重要的，使這一切成為可能的那些基礎設施——至少在撰寫本文時是這樣。社會中的其他領域，似乎都沒有我們的通信技術變化得那麼更快。十年後，這一章可能就過時了。二十年後，這裡描述的技術可能已經改頭換面。在資訊時代，人們很容易對這些系統習以為常，但是支撐我們傳遞與共享知識、娛樂與種種事物的工程背後，仍然藏有許多引人入勝的細節。

外皮

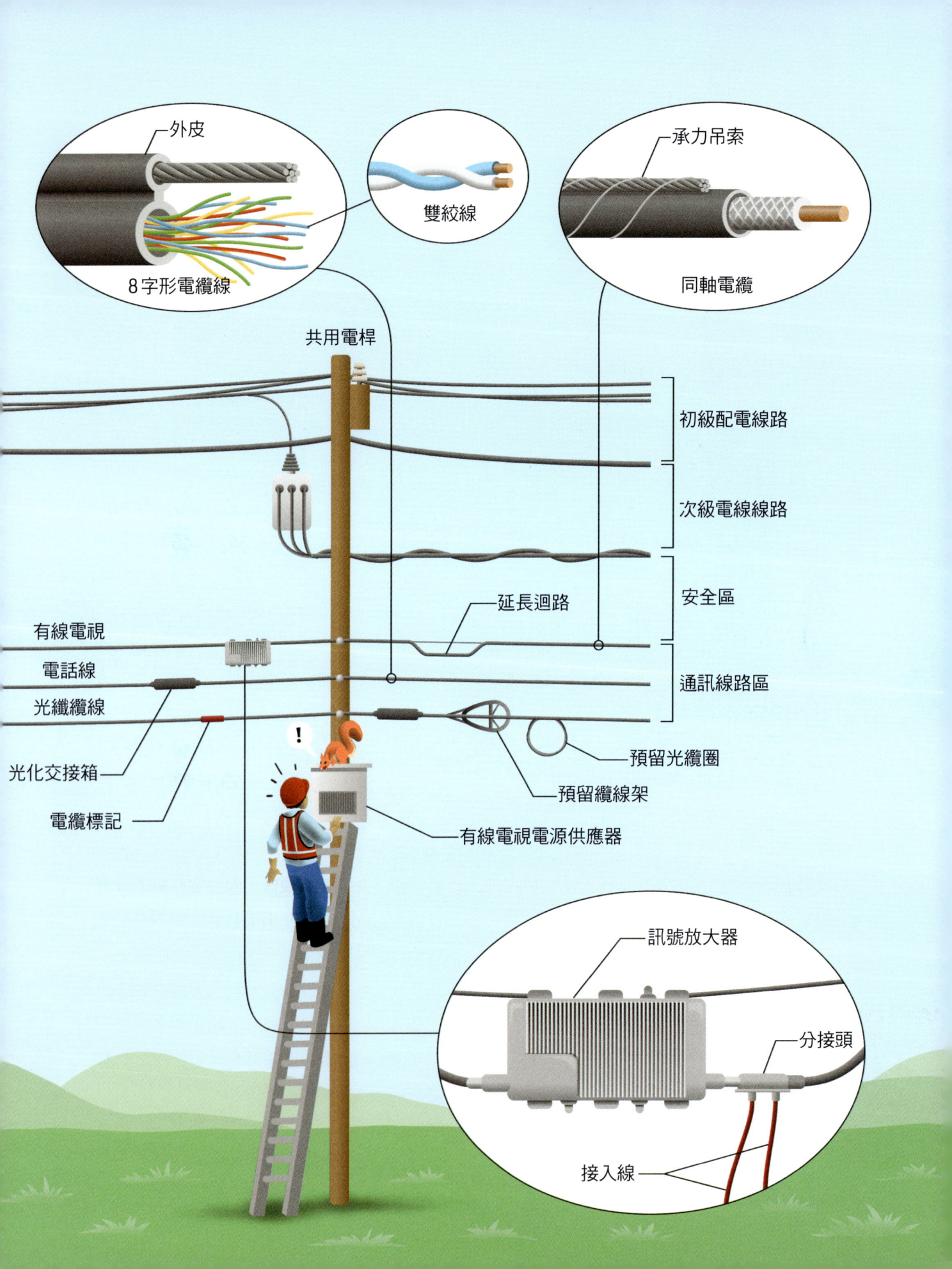

- 8字形電纜線
- 雙絞線
- 承力吊索
- 同軸電纜
- 共用電桿
- 初級配電線路
- 次級電線線路
- 安全區
- 延長迴路
- 通訊線路區
- 有線電視
- 電話線
- 光纖纜線
- 預留光纜圈
- 光化交接箱
- 預留纜線架
- 電纜標記
- 有線電視電源供應器
- 訊號放大器
- 分接頭
- 接入線

2-1 高架電信通訊

我們大部分的電信通訊，都是透過實體的線路進行的，有的是金屬電纜、有的是玻璃纖維。為了避免和人類的其他活動發生衝突，這些線路主要可以安裝在兩種地方：在空中或是在地下（在某些情況下，會選擇第三種地方：水下）。這一節介紹空中的線路，下一節則說明地下設施。

高架通訊線路幾乎總是與其他公用設施一起裝設在電線桿上。第一章介紹了配電線路用的電線桿，但這不是它們的唯一用途。多個公用設施共用的電線桿稱為共用電桿。並非所有共用電桿都支援每種類型的公用設施，但一根電線桿無論安裝哪些線路，它們的位置都經過精細規定。初級配電線路的潛在危險最大，所以會沿著電線桿的最頂端拉線，離地面最遠。為客戶提供服務的次級電線線路會在它們的正下方拉線。電力線和通訊線之間有個安全區，供公用事業工作人員施作連線和進行維修時，避免接觸到高壓電線。通訊線路區是電線桿沿線位置最低的，因為這些線路不會造成觸電，而且比較需要頻繁維護。

雖然可以沿著電線桿架設在高處的通訊線路有很多類型，但是你在標準電桿上可以看到的主要只有三種：電話線、有線電視同軸電纜和光纖纜線。同一根電線桿上有這三種線路並行運作的情況並不罕見，如果你知道要注意什麼，就能輕鬆區分這些線路。

長距離架設電纜會產生很大的拉力，而且大多數通訊線路在從一根電線桿拉到另一根電線桿時，並沒有辦法支撐本身的重量，因此通常會使用鋼製的承力吊索，來提供這種必要的支撐力。通訊電纜會綁在承力吊索上，而架設8字形電纜線時，承力吊索則會被直接併入保護用的外皮裡。

儘管構成普通老式電話服務（POTS）的銅線網路正快速被淘汰，不過在世界各地的電線桿上，仍然可以看到它們的蹤跡。自從1876年以來，我們一直通過專用銅線電路傳輸聲音訊號，而且在很多地方，它仍然是家庭或企業連接到電話網路最簡單的方式。每條固網都是由一對細銅線雙絞線組成。由於每個家庭和企業都可以有自己的直通線路連接到本地電話交換機，因此這些電纜線的規模可能相當龐大，有時包含上百對甚至上千對電話線。這些線路會在交接處併接成越來越大條的電纜，在電線桿附近用四四方方的黑色光化交接箱包起來，很容易辨認。

拉線走向都互相平行的這些纜線，很自然的在電路之間產生電磁干擾和「串擾」。

然而，把電話線的每對電線做絞合，就能巧妙的解決這個問題，因為這種我們不希望出現的干擾，對於雙絞線裡的每根電線都有相同的影響。想要傳送的通訊信號，是藉由絞合的兩根電線之間的電壓差發送出去的，因此，同時影響兩根電線的所有不必要的電壓都會被消去。

另一種很普及的電信媒體是有線電視網路（通常縮寫為CATV）。事實上，大多數有線電視網路除了提供電視節目，還支援電話和高速網際網路服務。CATV網路和POTS一樣，都是從一個中心位置開始，這個位置稱為頭端。信號主要是使用同軸電纜從頭端進行分配，這種電纜的內導線和周圍的金屬屏蔽層，都是繞著同一個軸心排列的圓柱。由於外層導線具有屏蔽作用，這些電纜可以傳輸高頻無線電信號，而且損耗或干擾問題非常低。它們最初是為多條配電線路供電的大型幹線。

放大器（也稱為線路延長器）可以透過它的散熱片來辨別，這種設備會沿著幹線間隔布置，以增強信號。有線電視電源供應器為大半徑範圍內的所有放大器供電。配線上的分接頭可以連接到接入線，為每個客戶提供服務。有線電視的幹線和配線可以從它的延長迴路輕易辨識出來。會設置這些迴路是因為同軸電纜是硬的，而且因溫度變化而膨脹與收縮的比率和承力吊索不同。如果沒有容許熱脹冷縮的空間，它們可能會承受過度的應力及劣化，甚至會自己拉扯到斷線。

現在，無論是電纜還是電話業者，都經常把光纖纜線和銅線或同軸電纜結合使用，來發送品質更好、更可靠的信號。這些纜線利用玻璃或塑膠纖維束，來傳輸光脈衝信號。光纖信號由於不會受到電磁干擾，可以傳送很遠的距離而損耗很小。纜線的外部有時會加上橘色或黃色標記或外包裝，好跟電話線或有線電視線區明顯區隔開來。

在規劃光纖網路時，通常會容納超過目前需求的光纖數量，以便日後可以擴充。然而，安排這些纜線的一大挑戰，是它們不容易拼接。和電氣接頭所需的簡單實體接線方式不同，光纖電纜需要更加小心，以避免光信號散射或反射。單線光纖必須先剝開外皮、清潔、切開、對齊並精確連接，通常是藉由加熱把它們熔接起來。許多公用事業公司不喜歡在梯子或升降台卡車上進行這種精細加工，而比較偏愛在特製的光纖接線車裡加新的連接器，或修復光纖電纜。

這表示光纜必須預留得夠長，才能降低到地面，而且這些預留光纜圈通常會沿著主電纜存放。光纖電纜不能有急劇的彎折或扭曲，否則可能會毀了光纖，因此會用預留纜線架，讓光纖電纜可以改變方向和存放預留線，而不會損壞光纖。纜線架由於外觀獨特，通常簡單稱做「雪鞋」。

仔細瞧瞧！

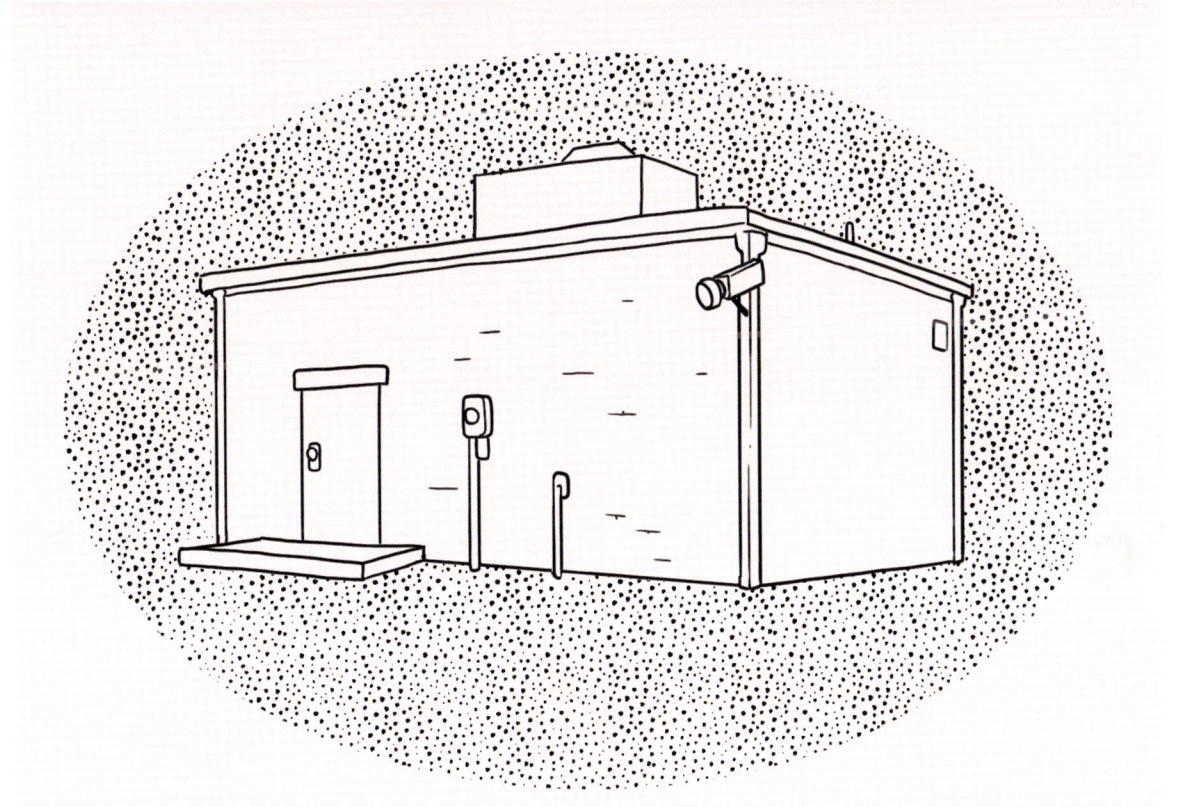

　　銅線電話系統中使用的電子信號相對較小，通常無法長距離傳輸。也就是說，我們所有人住的地方，幾乎都在距離本地電話交換機僅僅數英里的範圍內。

　　如今，大多數電話交換都是在數據中心的服務器機架上進行，但許多原本的交換機建築仍然留著。這些建築物也稱為電話總局，歸電話服務業者所有，裡面容納了將各個線路連接到大型電信網路的設備和交換機。它們通常很普通、沒有窗戶，除非你特別留意，否則很難發現。有一些可供判斷的線索像是：監視攝影機、給所有設備降溫的空調，以及在停電時為系統供電的備用發電機。

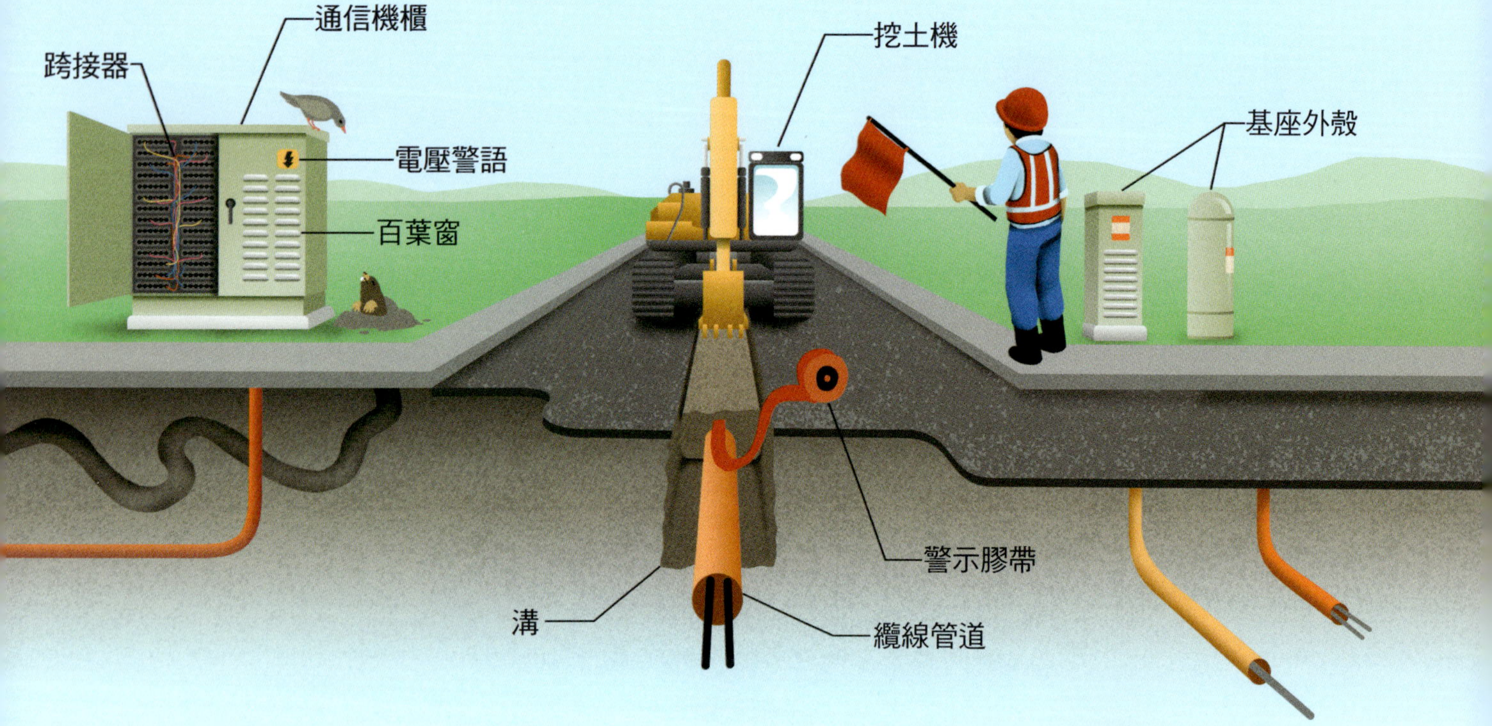

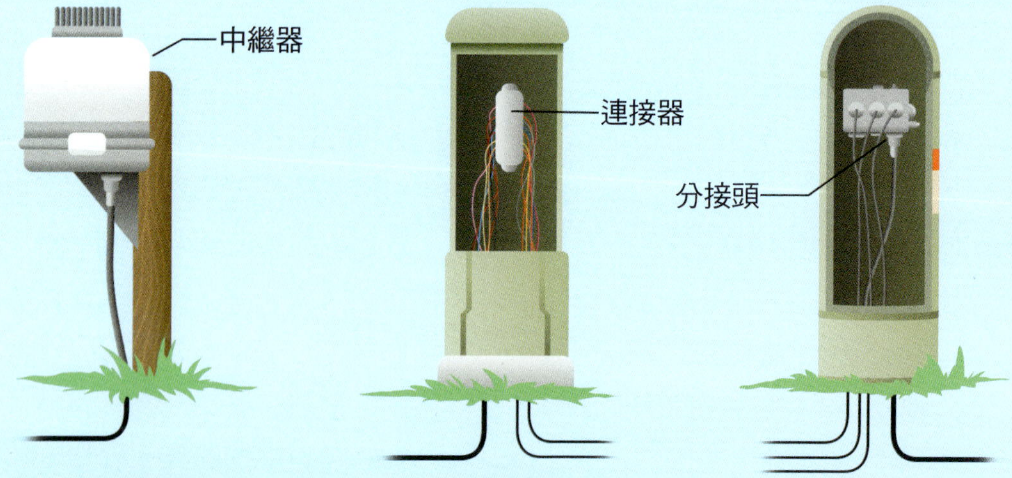

T1/DSL中繼器外殼 電話機座 有線電視機座

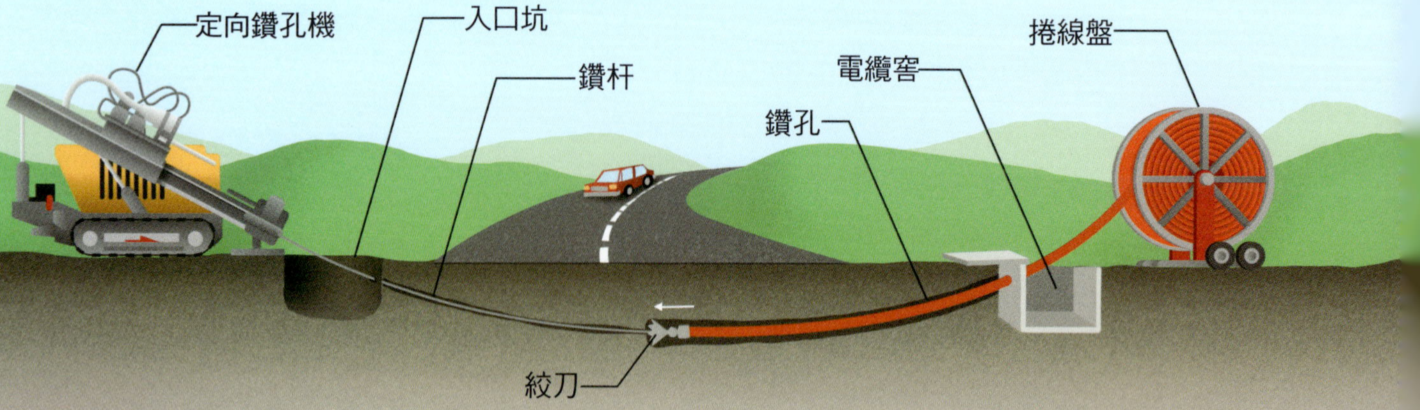

2-2 地下的電信通訊

把通訊線路鋪設在地下而不是沿著電線桿架空鋪設，有一些明顯的優勢。首先，這些線路毋需承力吊索來支撐本身的重量。此外它們沒那麼醒目，比較不會妨礙景觀。最後，它們能避掉許多外來威脅，包括鳥類、松鼠、颶風、冰雪、日曬，以及失控的車輛撞上電線桿。這代表雖然安裝地下通訊線路的前期成本較高，但它們通常比較保險。

地下公用設施通常會放置在保護用的<u>纜線管道</u>內，用以下兩種方式擇一安裝：<u>挖溝</u>或<u>定向鑽孔</u>。挖溝是使用<u>挖土機</u>在地面上挖出一道溝，把纜線管道放置在溝內，然後用土壤回填。回填時會安裝<u>警示膠帶</u>來標記此處有地下電纜，好提醒往後可能在這附近開挖的人。其中有些膠帶裡面甚至加了電線或鋼帶，這樣將來在地面上就可以偵測到纜線，也就比較容易定位線路位置。挖溝的主要缺點，是會破壞地面上的任何東西。施工期間必須封閉該區域，回填溝渠後必須修復人行道、道路和草坪。這些東西修補過後，似乎一向沒有像原本那樣耐用或美觀。

定向鑽孔是直接在鑽孔內安裝纜線管，由於不用挖溝，對地面事物的干擾比較少。對於鋪設管線穿越河流、擁擠的城市地區和無法開挖溝槽的重要道路，這種方法特別有利。首先，地面上的<u>定向鑽孔機</u>會在<u>入口坑</u>和<u>出口</u>之間鑽一個導孔，其間工人們會使用鑽桿上和地面上的感應設備，來監控鑽頭在地下的路徑。為了控制鑽孔機，鑽桿的前緣設計成不對稱的形狀，它可以定位到任何位置，而且在鑽孔的過程中，鑽桿會自然的向首選的方向移動。導孔完成後，收回鑽桿時會加上<u>絞刀</u>來擴大鑽孔，同時從<u>捲線盤</u>拉出纜線管，形成連續路徑來鋪設電纜。

你無法像能看到<u>天線</u>架設那樣，直接看到地下電信線路，不過這些電纜終究得穿出地面，因此有很多機會發現它們。和地下公用設施相關的常見結構物是<u>電纜窖</u>，這種地下管線間常用於維護和檢修纜線管道。在地面上很容易從地窖的蓋子看出這個結構，它們的蓋子通常很大、是矩形的，而且標示有內容物的詳細資訊。

仔細瞧瞧！

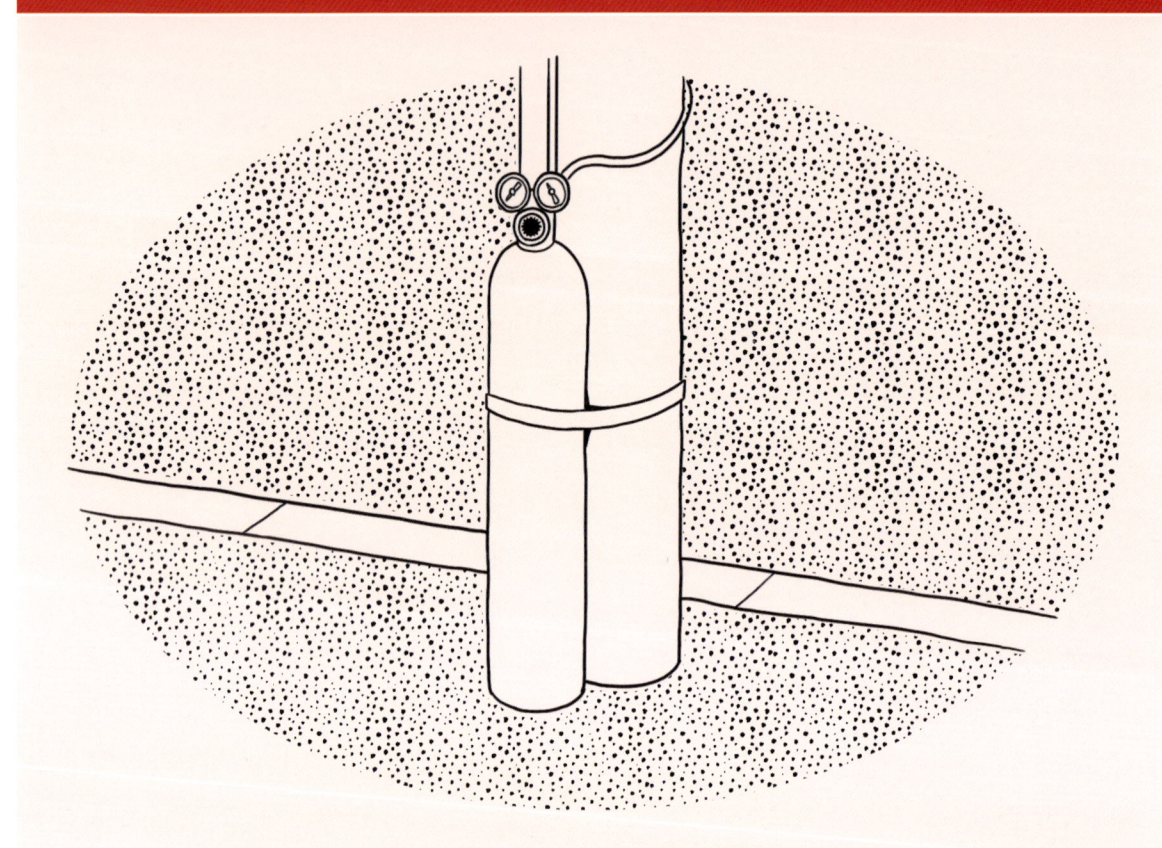

　　除了成本較高，地下電纜還有一大缺點，那就是潮濕。雨水、融雪和地下水等，可能會滲入地下電信線路的管道內。如果水分進入電纜的外皮內，不僅會腐蝕纜線，還會導致短路和信號衰減。相對於同軸電纜或光纖纜線，潮濕問題主要是影響電話線，這是因為電話線有很多單獨的銅線，而且舊式電話電纜通常使用紙來絕緣。

　　許多電話電纜為了抵抗濕氣侵入，會使用設在電信總局附近的壓縮機，對護套內的空氣進行加壓的。不過，有時你會在人行道上或街道旁看到氮氣罐，它們也是用來為地下管線加壓的。這種空氣加壓方式能幫助護套抵抗水分侵入；此外，藉由監測該壓力，技術人員可以在線路嚴重受損前，發現並判斷問題。

　　線路的任何破損，都會導致空氣或氮氣洩漏，使內部壓力越來越低。雖然較新式的電話電纜大多數都填充了防水凝膠，但是仍有大量的地下線路灌了氣，這證明了用壓力進行預防性維護確實是巧妙的做法。

和地下電信設備相關的另一個結構物是通信機櫃。它們設置在地面上，可能會因應許多類型的電信服務業者，而安裝了各種設備，因此如果你想知道機櫃裡到底有什麼，得具備偵探般的能力。

第一個線索是標籤。有時你可以在機櫃上，找到公司名稱或聯繫資訊，這也透露出裡面可能有哪種設備。機櫃通常是做為簡單的連接點，便於將大容量的幹線或饋線電纜，分接到連接客戶端的較小配電線路。在這種情況下，機櫃內裝有跨接器設備，讓技術人員能夠連接有線電視、電話或光纖線路。

有些通信機櫃安裝有主動式設備（也就是有供電），在這些情況下，外殼某處可能有標示電壓警語，此外由於這些設備通常需要靠通風來散熱，所以外殼上會有百葉窗。主動式設備可能包括用在有線電視網路的電源，或是能把光纖信號轉為可用同軸電纜配送的無線電頻率信號的光節點。

最後，這些機櫃裡有時會設置更複雜的設備，讓電話線能以更高的速度和保真度傳輸資訊，比直接連接到最近的電話總局更快、更好。這些設備稱為遠程數據集中器，它會把各電話客戶的信號數位化，組合成光纖信號直接發送到電話總局，好讓電話公司能夠服務更多客戶，提供更高品質的語音與高速數據服務。

地下通訊線路的另一個跡象是基座。這些無處不在的機殼通常是終端，在較大的配送線路和較小的電纜之間提供連接點，這些小的電纜再分散連接到客戶端，提供有線電視、電話或其他電信服務。它們通常有一個檢修面板或可以拆除的外殼，方便技術人員進行連接或排除故障。有線電視有可能包含一個分接頭來提供多個客戶接入線；電話則通常只隱藏拼接處，而不隱藏其他東西。

和地下公用設施相關的最後一項設備是中繼器。T1和DSL是兩種常見的高速數位信號類型，可以沿著標準銅線電話線傳輸。然而，由於它們的頻率比與語音信號來得高，這些高速數位信號沒辦法在不過度衰減或失真的情況下，傳播得很遠。在農村地區，電話局之間相距較遠，這些電話線路就需要中繼器來維持信號的保真度。中繼器通常安裝在形狀像油漆罐或陶罐的防水外殼裡，沿著線路在固定間隔出現，通常是每隔一、兩英里一個。

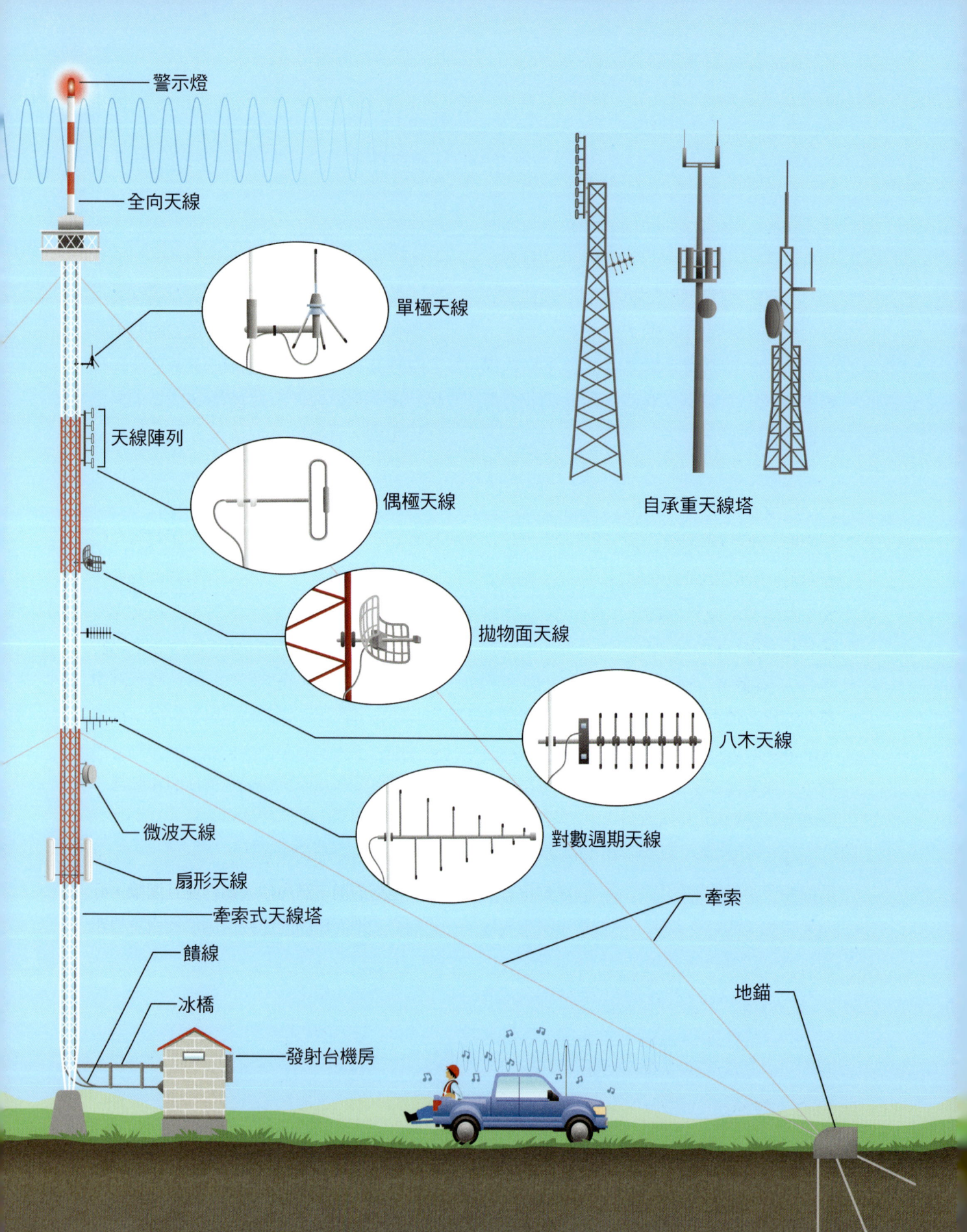

- 警示燈
- 全向天線
- 單極天線
- 天線陣列
- 偶極天線
- 拋物面天線
- 八木天線
- 對數週期天線
- 微波天線
- 扇形天線
- 牽索式天線塔
- 饋線
- 冰橋
- 發射台機房
- 自承重天線塔
- 牽索
- 地錨

2-3 無線電天線塔

無線電通訊是利用看不見的電磁輻射波來搭載資訊、穿越空間。這種簡單卻優異的技術，讓各式各樣的無線設備得以成真，從車庫大門的遙控開關到行動電話，全都可以用上。要是人類能夠感應到電磁輻射全部的頻譜，一定承受不住經由無線電波傳送的大量資訊與多樣內容。

包括廣播電台和電視台發射的電波，許多用於通訊的無線電波頻率都需要一條視線；傳送者和接收者之間的路徑必須相對暢通無阻。一般來說，無線電訊號無法傳送到地平線以下的地方，因此很多天線會裝設在巨大的天線塔頂部（天線塔有時也稱為天線杆）。天線越高，訊號就能傳送得越遠。全球高度數一數二的一些人造結構物，就是天線塔，其中有許多高達六百米以上。這麼高的天線塔往往會對飛行器造成危險，所以通常會漆上橘色和白色交錯的條紋，並且特地在頂端加上<u>警示燈</u>。在現代社會，這些天線塔擔任著相當關鍵的角色，它們讓無線廣播與電視訊號能廣泛傳播，也支援先遣急救人員的緊急通訊等等。

無線電天線塔有很多種形式，不過不包括裝設在高樓樓頂的尖頂天線的話，主要有兩類結構：<u>自承重</u>結構和<u>牽索式</u>結構。自承重天線塔的設計，是要讓它能完全獨立穩定的自行抵抗風力，它們通常是用鋼構或混凝土建成，加上廣闊的地基，以提供足夠的剛性抵抗大自然的外力。自承重天線塔不會占用太多空間，所以在土地稀少昂貴的都市區是理想的做法，不過，由於它們需要額外的建材來因應側風施力，以維持穩定，因而比其他種類的天線塔造價更昂貴。

牽索式天線塔通常是一座有多條牽索鋼纜提供支撐、細長高聳的格柵式結構物。這些牽索提供了側向支撐力，因此天線塔只需要支撐自身的重量。事實上，有些牽索天線塔連接地面的地方範圍非常狹小，因此任何輕微的晃動，都只會造成塔身繞著這個點轉動，塔身不會屈曲或彎折。這些牽索鋼纜通常會安排形成等邊三角形，這樣不管風從哪個方向吹，它們都能提供支撐力。

牽索鋼纜錨定到地面的方法有很多種，要看位址的土壤或岩石種類、以及預期負載來決定。這些<u>地錨</u>通常包含一個或多個深深鑽入地層的洞，洞內插入鋼桿並且灌漿，好讓鋼桿和地面穩固的連接。由於牽索拉得距離天線塔地基很遠，因此牽索式天線塔比自承重結構需要更多空間，它們大多位在土地相對便宜的鄉村地區。

娛樂節目或其他訊號，是由無線電發射器發送到廣播天線塔的。發射器通常安裝在

遠離天線塔、環境受到管制的一棟發射台機房內部。以調幅廣播電台來說，它們的天線塔本身就是天線，塔底可能有一間調節室，當中有一些設備，能夠有效率的從發射器傳輸功率到天線塔。至於調頻廣播電台和電視台，它們的天線饋線（也稱為傳輸線）則會帶著發射器的訊號，往上傳到連接在天線塔結構的天線。在比較寒冷的地區，從發射台機房連接到天線塔的水平饋線，會用冰橋加以保護，以免受到降冰的損壞。

天線則是把訊號以電磁波形式發射出去的裝置。天線塔造價十分高昂且較為顯眼，所以一些電台和其他用戶經常共用天線塔（稱為主機代管）。天線塔業主會把發射台機房內部與天線塔結構上的空間，租給廣播電台和電視台、警消部門、政府機關，以及民營企業，供它們的無線通訊系統運作。

發射天線就像它們所連接的天線塔一樣，有著各種有趣的形狀，這取決於訊號的頻率、方向和功率。全向天線會往所有方向等量放射無線電波，通常呈圓柱狀。這種天線包括了單極天線，這種直線型的導電元件需要接地面（有時是接地面本身，有時則由徑向、水平的導體組成）。偶極天線是另一種全向天線，包含了兩組完全相同的發射元件，一組在另一組的上方。

定向天線則能夠把無線電波聚焦到特定方向。其中拋物面天線會有一個實心或網格狀碟形天線，來反射和聚焦無線電波。八木天線是利用一個偶極子和數個未通電元件，把電波聚焦在打算傳送的方向。對數週期天線則是使用一連串偶極子，每個偶極子的長度略有差異，以發送或接收範圍較廣的頻率。像是偶極子這類簡單的天線元件，可以組合成陣列，通力合作把電波引導成波束或特定波型。（少數幾種天線，包括用在行動電話服務的天線，會在其他章節介紹。）

就像所有基礎設施一樣，天線塔也不時需要維護，會有受過高處作業及電氣安全專業訓練的技術人員檢查這些設施，並進行保養。對於非常高的天線塔，可能會裝設電梯以便粉刷、維修，以及更換設備。至於比較低矮的天線塔，則需要技術人員自己爬上塔頂進行作業。

雖然無線通訊所用的頻率是非游離輻射（也就是其電波強度不會打破原子游離出電子），但這不代表它的電波沒有危險。電磁波輻射可能會在含水物體（包括人）的內部產生熱，微波爐就是利用這種效應來加熱食物的。這就是為什麼以高功率傳送電波的天線附近，會限制民眾靠近。維護這些天線塔的工人，必須確保和已經通電的天線保持距離，或是在前往附近作業時先斷電，以避免暴露在不安全的環境中工作。

仔細瞧瞧！

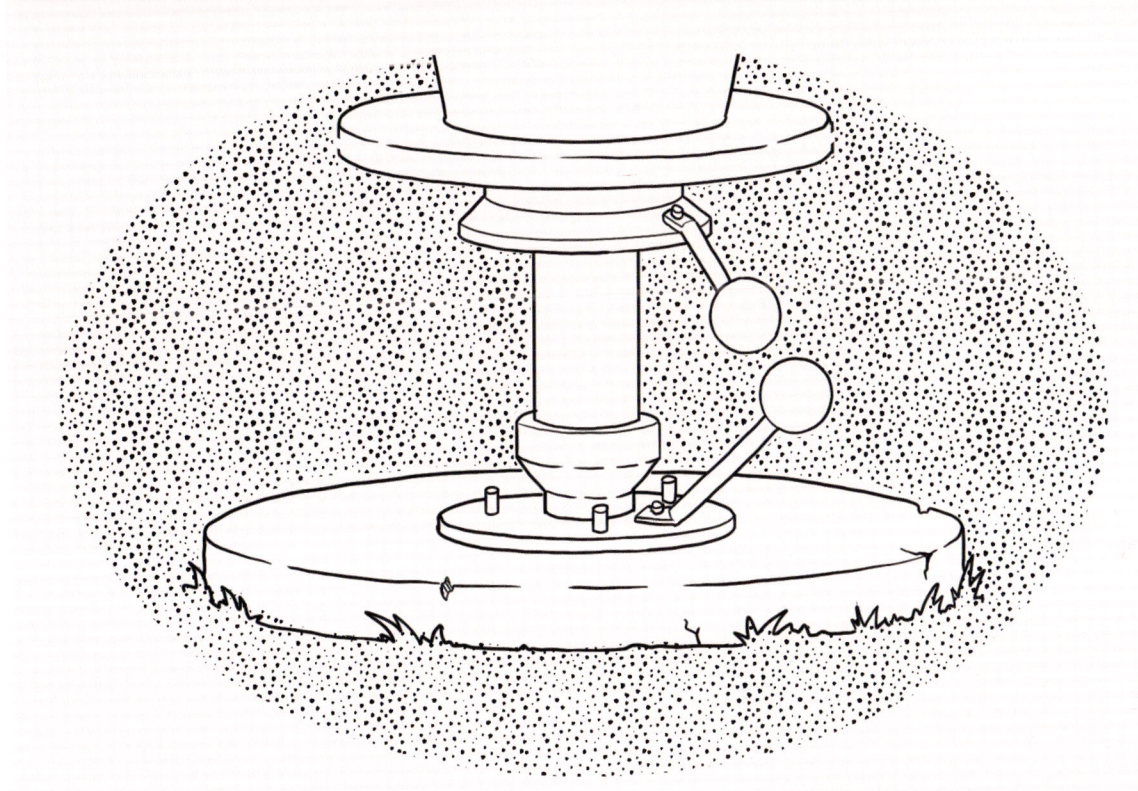

　　調幅廣播訊號使用非常低的頻率，所以需要非常大的天線。在大多數情況下，調幅廣播電台會利用金屬塔台本身做為天線來廣播。由於整座天線塔是通電的，所以必須和地面絕緣。如果你靠近看，這些天線塔通常完全坐落在一個小型陶瓷絕緣體上。

　　要完全和地面隔離的需求，就產生了一大堆有趣的難題，其中之一就是：怎麼保護天線塔及其附屬設備，讓它們不會因為雷擊而損壞。許多調幅天線塔會利用**火花間隙**來保持天線塔絕緣，同時讓**電壓突波**得以安全轉移到地面。正常運作的時候，間隙之間不會有電流傳導。然而，如果閃電擊中天線塔，接點之間的空氣會因而游離，產生一道電弧，從而給該電壓突波提供了一條接地的導電路徑，保護塔台免受損壞。

低地軌道　　　　　　　　　　　　　　　　　　　　　地影
　　　　　　　　　　　　人造衛星

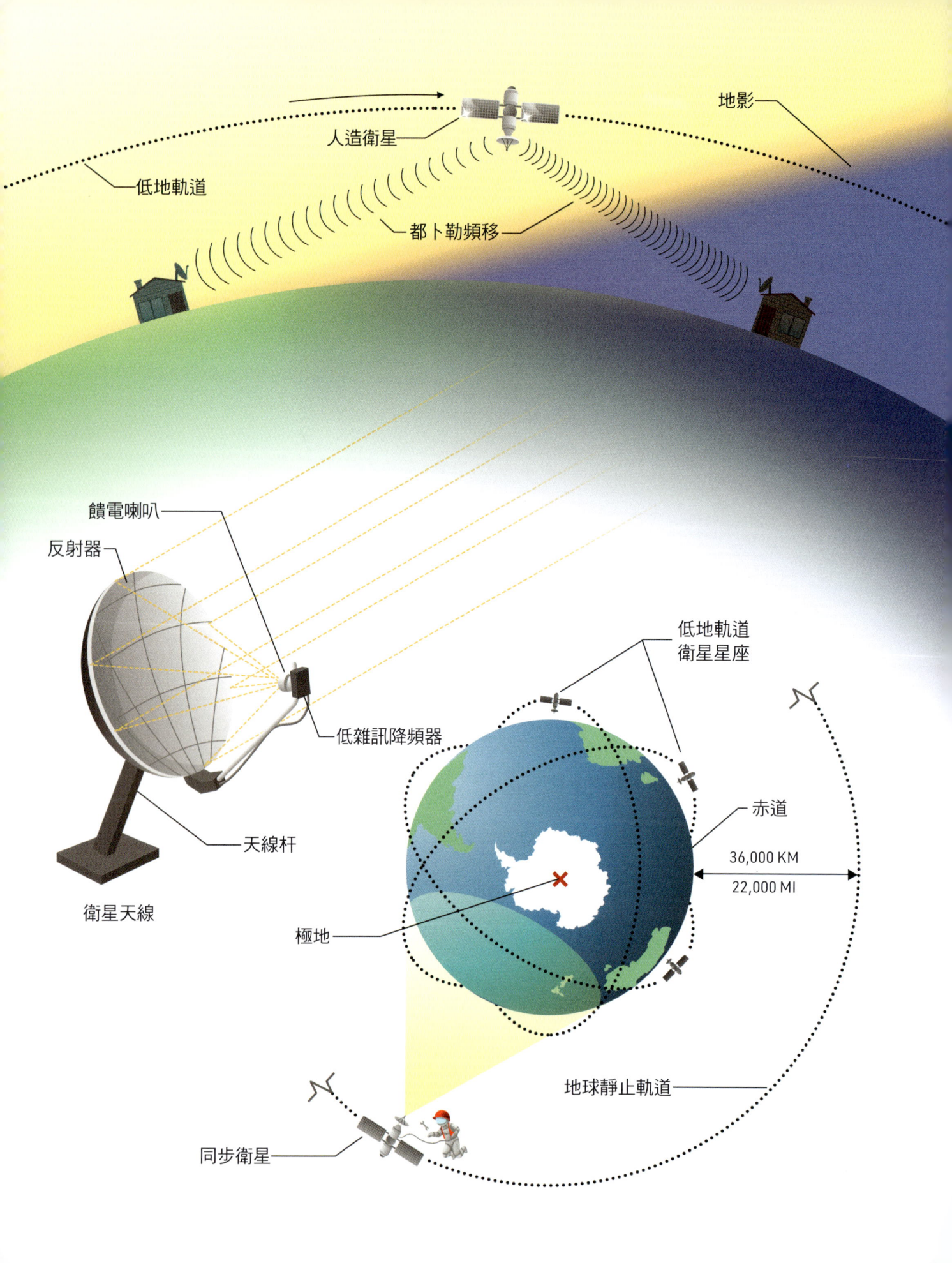

　　　　　　　　　　　都卜勒頻移

饋電喇叭
反射器

　　　　　　　　　　　　　　　　　　低地軌道
　　　　　　　　　　　　　　　　　　衛星星座

　　　　　　　低雜訊降頻器
　　　　　　　　　　　　　　　　　　　赤道
　　　　　　　　　　　　　　　　　　　36,000 KM
　　　　　　　　　　　　　　　　　　　22,000 MI
天線杆

衛星天線
　　　　　　　　　極地

　　　　　　　　　　　　　　　　　　地球靜止軌道
同步衛星

2-4 衛星通訊

　　天線桿的高度在實務上有其極限。最終，財務方面、工程方面和安全上的難題，會使得建造更高的天線桿變得窒礙難行。所幸，有另一種方法能在高空上裝設天線，那就是利用火箭送上繞地軌道的人造衛星。

　　人造衛星是無線通訊的最高點，至少就範圍來說是如此。許多人造衛星能夠同時傳送與接收來自三分之一個地球的無線電訊號，甚至比最高的天線塔還要遠。近來人們把它們用在各式各樣的通訊上，包括廣播、電視、網際網路、電話、導航、氣象、環境監測等等。人造衛星在通訊上主要是做為中繼站，從地面上的某處接收訊號，放大後再發送回地球的其他地方。這個中繼站製造出一個不需要由電纜直接連接，也不像陸基天線那樣受到地球曲率限制的通訊頻道。

　　通訊衛星可能會被發射到各種繞地軌道上，軌道的高度會決定一顆衛星繞地的速度。軌道越高，繞地球一圈花的時間就越多。<u>低地軌道</u>衛星每天可以繞行地球好幾次，所以在特定地點上方停留的時間很短暫。為了持續提供服務，就需要在重疊的軌道上有一組衛星群，稱為**衛星星座**。每顆衛星的位置都經過精心規畫，為的是讓地面上的任何地點，視線範圍內隨時有至少一顆衛星。低地軌道衛星發射和接收訊號需要的功率較小，而且由於離地球較近，通訊比較不會延遲；它們也不需要大型天線來接收信號。事實上，你的口袋裡很可能就帶了個定期向低軌道衛星發送信號的天線：手機裡的GPS天線。然而，低地軌道衛星的確必須把**都卜勒頻移**（都卜勒效應）考慮進去。由於和地球上的觀察者相比，衛星移動得相當快，因此在衛星經過頭頂的時候，無線電波在朝天線移動時會被壓縮，離開時會被拉伸，這使得接收和解碼訊號變得更複雜。

　　在高度大約三萬六千公里（兩萬兩千英里），衛星繞行軌道的<u>週期</u>為二十四小時，恰好是一天。在這個高度繞著地球<u>赤道</u>的衛星，就是在地球同步軌道上，因為在地球自轉時，它在天空的位置會維持固定。儘管把衛星發射到距離地球這麼高的軌道上必須大費周章，不過<u>同步衛星</u>有一些相當明顯的優勢。由於它們相對於地面是不動的，所以其天線可以安裝在固定的位置上，這使得衛星得以設計得較為簡單。由於同步衛星的視線

涵蓋了全球大約40%的範圍，它們覆蓋的範圍也更大。只有地球<u>兩極</u>地區很難從這個軌道傳送訊號。

同步衛星有一個限制：它們被限制在地球赤道上方的一個環帶內（稱為<u>克拉克帶</u>）。為了避免衛星互相干擾彼此的訊號，國際電信通訊社團協議，像分配房地產的土那樣，將這個環帶周圍劃分成幾個位置（稱為通訊時隙〔slot〕）。這個地球靜止軌道非常擁擠，所以有一個候位名單，一旦衛星達到其使用壽命，就必須讓出它的位置給替代它的衛星，或候位名單上的新衛星。

同步衛星的另一個缺點是離地球比較遠。在這片廣闊的土地上發送和接收無線電訊號，是一項重大挑戰。用來克服這種距離的天線，一眼就能辨認出來。<u>衛星天線</u>利用有弧度的<u>反射器</u>來匯集微弱的無線電訊號，把訊號聚焦到<u>饋電喇叭</u>。這種金屬製錐狀物會把電波傳輸到<u>低雜訊降頻器</u>，這個降頻器是衛星天線的核心，裡頭有電子電路用來執行兩個主要功能。第一個，它把微弱的無線電訊號放大到更易於使用。第二個，它取用長距離無線傳輸所用的高頻訊號，把訊號降頻為能透過電纜有效傳輸的較低頻率。

向同步衛星傳輸訊號的天線通常要大得多，但運作方式相同，配有放大和轉換頻率的設備，以及把電波引導到天空正確位置的反射器。支撐碟形天線的<u>天線杆</u>可以連接到永久固定底座或機動追踪底座，要看它是僅和一顆還是跟多顆同步衛星通訊。

有些人造衛星體積夠大，反射光的程度足夠讓人在夜裡從地面上看到。事實上，今日有這麼多人造衛星繞地球運行，觀看人造衛星已經成了一種流行的喜好。很多網站都會追踪衛星軌道，預測它們可能出現的時間和地點，以及它們在天空中的亮度。衛星的太陽能電池板或閃亮表面，會將照射在上面的陽光反射出來，形成閃亮的光點。這就是為什麼在夜幕降臨後，或黎明前的幾個小時內，人造衛星可以看得最清楚。在這些時間段，由於地影（有時稱為<u>黃昏／黎明楔形區</u>）的關係，使得天空變得黑暗，但太陽距離地平線夠近，可以照亮地面上方高處的天體。繞地球運行的人造衛星中，最著名的當屬國際太空站，它也是最大、最顯眼的人造衛星。在全世界大部分地區，每個月可能至少好幾次，能看到這個現代工程的傑作快速飛過夜空。那景象真的非常壯觀。

仔細瞧瞧！

由於同步衛星的軌道距離地球較遠，因此它們整夜都會被太陽照亮。只不過，這個距離也代表它們在夜空裡會顯得比較暗。通常得靠望遠鏡才看得到這些衛星，不過還有一個觀察同步衛星的小撇步：長時間曝光攝影。用三腳架架起照相機對準天球赤道，接著啟動快門二到四分鐘。最後拍出來的照片裡，會看到因地球自轉而形成的長長恆星光跡。但是如果仔細看，你應該會看到一排發亮的小光點。這些同步衛星用和地球自轉速度完全相同的速度繞行，因此它們總會出現在天空的同一個地方。

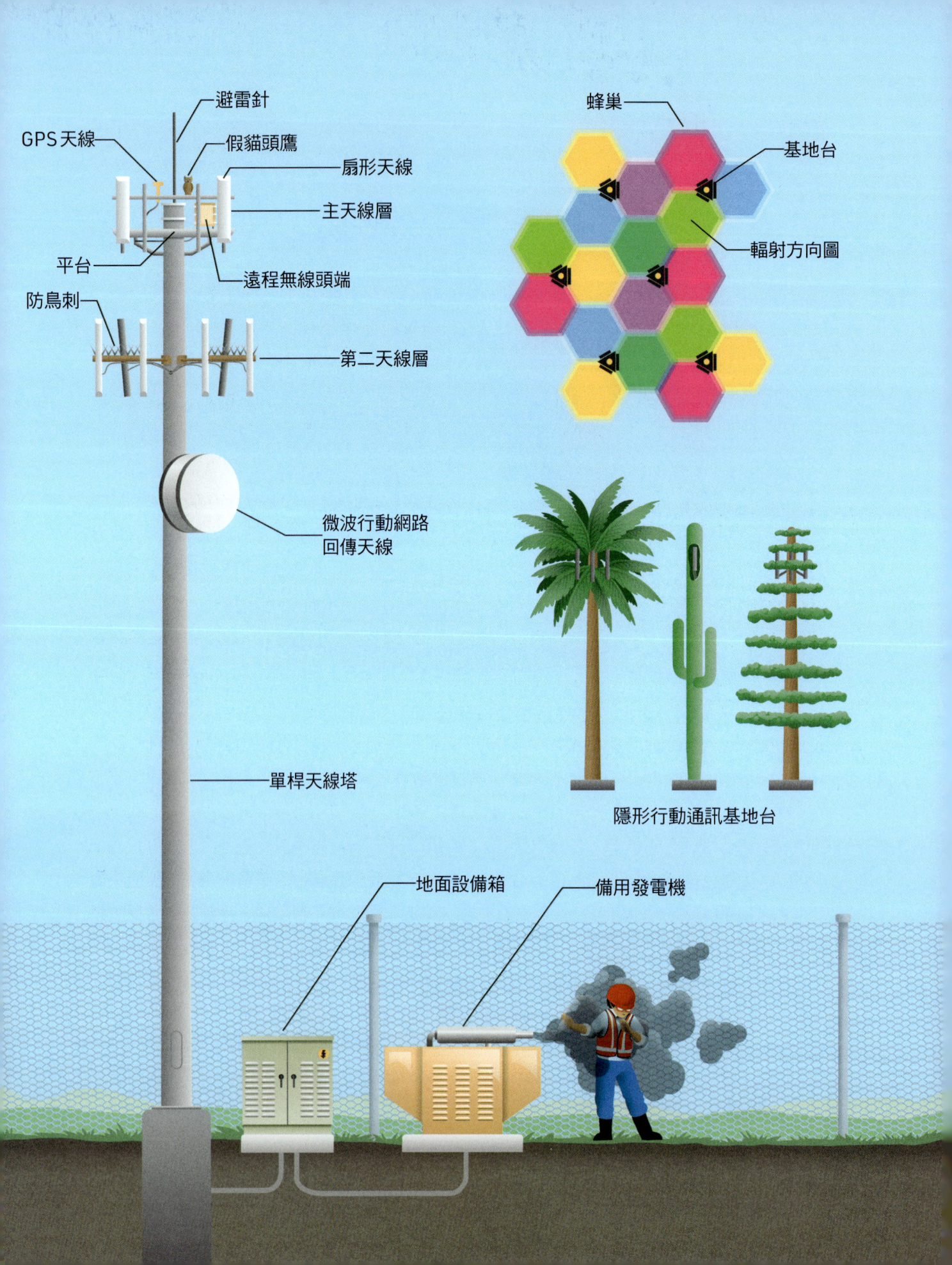

- 避雷針
- GPS天線
- 假貓頭鷹
- 扇形天線
- 主天線層
- 平台
- 遠程無線頭端
- 防鳥刺
- 第二天線層
- 微波行動網路回傳天線
- 單桿天線塔
- 地面設備箱
- 備用發電機

- 蜂巢
- 基地台
- 輻射方向圖

隱形行動通訊基地台

2-5 行動電話通訊

大多數無線通訊要不就涉及訊號的單向廣播（例如調幅〔AM〕和調頻〔FM〕廣播），不然就是僅限特定群組之間使用的雙向傳輸（例如警察調度網路）。各個獨立的通訊頻道所使用的電磁頻譜上，不同頻率可以取用的範圍是有限的。最重要的是，各種無線電訊號用戶彼此都在爭搶這些有限的頻段，其中包括警察和消防部門等公共安全組織、軍隊、飛機交通管制，以及電視與廣播電台等等。為更多民眾提供無線電話與網際網路連接，是艱鉅的工程挑戰。無線通訊營運商要在很小的頻率範圍內，採取創新的方法，讓任何持有行動裝置的人，都能夠連接到電話網路和網際網路。而讓這一切成真的最基本創新做法，是把大區域的服務範圍，細分成更小的蜂巢——因此稱之為蜂巢式通訊網路（即行動通訊網路）。

雖然把通訊天線安裝在高塔頂端、盡量覆蓋更大的區域，似乎比較經濟，但這做法一次只能容許少數幾個連接（在可用的無線電頻段裡，每個頻道一個連結）。因此，營運商轉而選擇在全區域安裝許多較小型的天線，服務適當規模的客戶群。由於不相鄰的蜂巢可重複使用相同的頻道（在前一頁的蜂巢插圖中以不同顏色標示），這策略讓僅僅數百個頻道，每天就能進行數十億次獨立的無線傳輸。每家行動通訊網路業者都會建立自己的蜂巢網格，好覆蓋幾乎所有地區（除了人煙稀少的區域）。雖然各區域呈規則的六邊形網格最為理想，但每個蜂巢的大小和形狀，都得視地形、能否找到位置安裝天線，尤其是通訊需求來決定。人口稠密地區的蜂巢較小，而農村地區的蜂巢可能大得多。

業者建立的這些蜂巢，就是我們在各地常看到的基地台。基地台（也稱為行動通訊基地台）擁有向一個或多個蜂巢區域提供服務的所有基礎設施，通常包括天線塔、天線、放大器、訊號處理設備、網路回程連接，有時還有電池或備用發電機用來因應停電。

用來安裝天線的天線塔無處不在，相當常見。在城市中，天線塔通常是單桿塔或格狀結構塔。通常，訊號處理是在天線附近的遠程無線頭端中完成的，還有一些情況則是把無線設備設置在地面的設備箱裡。避雷針能保護這些靈敏的設備不會遭受雷擊。天線為了避免野生動物的破壞，還需要製造威懾效果。如果你仔細觀察，會發現有各種創意十足的做法因應這項難題。最常見的是使用掠食性鳥類假體（通常是貓頭鷹）來嚇跑其他鳥類；或是用塑膠防鳥刺，讓鳥類很難攀附或棲息在天線上。你可能還會注意到天線塔上有 GPS 天線。這種天線的外觀通常像

顆蛋，它們會從人造衛星接收處理訊號的設備同步所需的精確時脈訊號（clock signal）。

不過，基地台不全都是獨立的天線塔台。在都市區睜大眼睛看看，你會注意到幾乎所有高樓建築的樓頂都有天線，包括大廈、水塔、電線桿，甚至廣告招牌。事實上，在租來安裝蜂巢基地台的空間四周，可都是高度發展的經濟活動，包括代理商、投資公司，以及傳統房地產市場裡的所有其他參與者。通常，通訊業者會共用一座天線塔或大樓，以節省成本，並減少這類顯眼的基礎設施破壞景觀。在同一座天線塔上，經常會看到兩個或兩個以上的天線層。另一種讓行動通訊基地台不那麼顯眼的方法，是把它偽裝成更接近大自然的東西，像是樹木或仙人掌。這些隱形行動通訊基地台中又有一些比其他基地台更隱密。

近來，你幾乎總是能看到一整組矩形的扇形天線。這些天線只在特定的方向範圍內，發送或接收行動裝置使用的訊號，可以在蜂巢之間維持清楚的邊界，通常是鎖定120度範圍內的區域。有些天線塔最上頂端的三角形平台，讓天線得以從一個基地台為三個蜂巢提供服務，這些天線都經過精心設計，以避免干擾到相鄰的蜂巢。你可能會注意到有些天線是向下傾斜的，這是為了減少訊號傳播超出蜂巢的邊界。每個天線扇形的輻射方向圖大致是圓形的。為了讓行動裝置從一個蜂巢移動到另一個蜂巢時能進行數位切換，需要在蜂巢的邊界上設置重疊區域，這樣一來整個網格結構會大致呈六邊形。

每個基地台到核心網路的連接稱為行動網路回傳。大多數情況下，蜂巢基地台的回傳，是通過光纖纜線與最近的網路交換中心連接而完成的。在沒有安裝光纖的情況下，業者可以使用無線回傳。在行動基地台天線塔上，偶爾會看到形狀像低音鼓的圓形突出物，那是大容量的微波天線。保護蓋下方是一個拋物面天線，類似用來發送和接收衛星訊號的拋物面天線。這些天線是定向的，如果你能沿著其中一個天線的中心點看過去，就會看到和它配對的天線安裝在遠處另一座天線塔上，正對著你。

在本書討論的所有主題中，行動通訊基礎設施可能是發展最快的。最初，它只是提供行動電話服務的一種方法，現在則成了許多人連上網際網路的主要方式。語音通話已經成為行動電話的次要功能，以致許多人更喜歡稱它為「裝置」，而不是「電話」。隨著越來越多裝置能夠連接上網際網路（通常被稱為物聯網），對高速無線通訊服務的需求只會越來越高。無線通訊業者勢必會繼續創新，這意味著，以後的行動通訊基礎設施可能又大不相同了。

仔細瞧瞧！

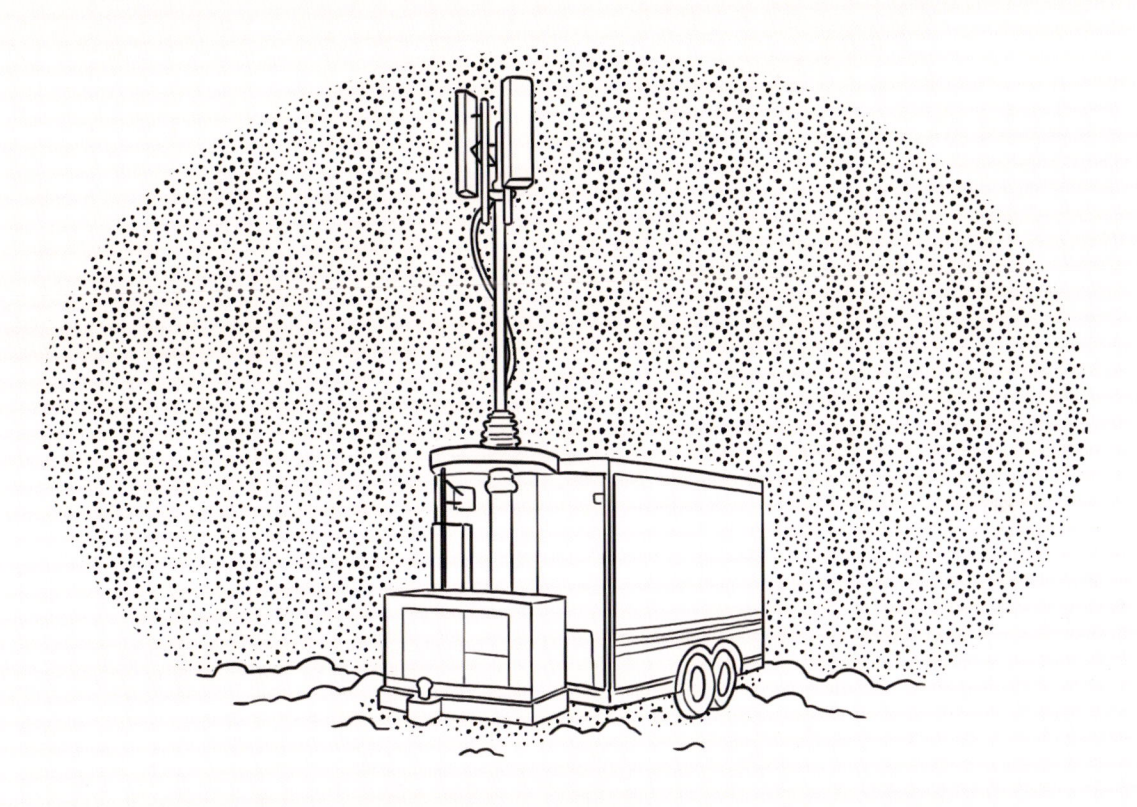

在體育賽事和音樂會等重大活動期間，對行動通訊網路的需求可能遠遠超過其容量。此外，在我們最需要通訊網路的時候，災難和緊急事件也可能會干擾它。有了移動式行動通訊基地台，就可以依照需求擴展行動通信網路，以增加容量或暫時將通訊服務擴展到新區域。

這些安裝在卡車或拖車上的天線塔被暱稱為COW（cell site on wheels，即**行動通訊基地台車**），可以租用它們，以便在接到通知後立即部署。下一次你參加盛大活動時，找看看有沒有連接在拖車或卡車上的伸縮天線塔，此外，在想要用手機取票或發送活動影片時，感謝一下行動基地台服務。

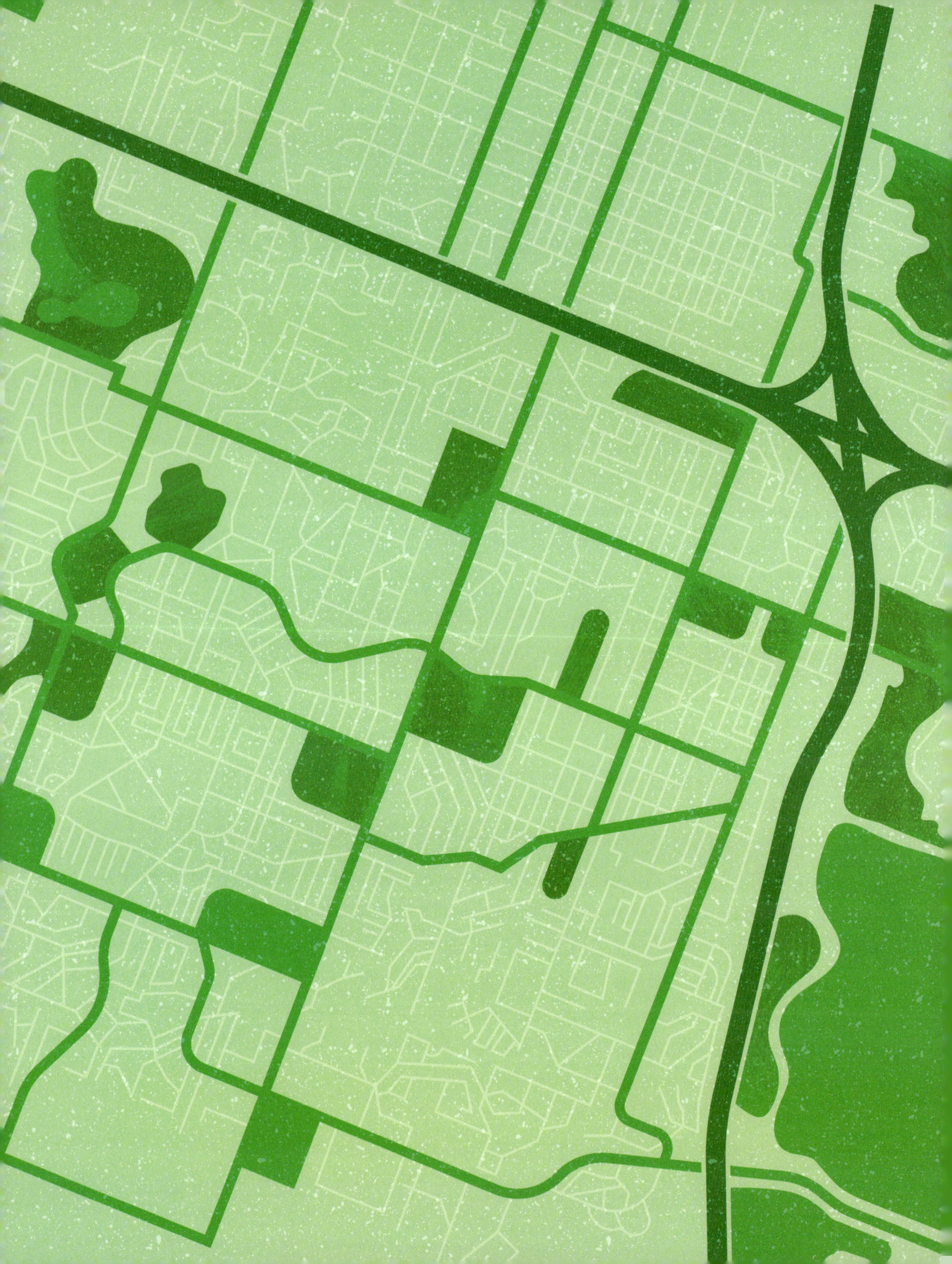

3

道路
ROADWAYS

引言

在我們構建的環境中，道路可能是最容易被忽略的組成部分，但它們幾乎與我們呼吸的空氣一樣重要。

幾乎可以肯定，你是經過一條道路到達目前所在的位置，而且這條路很可能會帶你前往下一個要去的地方。歷史上最早的道路，是因為人們或動物沿著同一條路線走得夠久，而逐漸在兩點之間踩踏出來的路徑。它們一直以某種形式存在，但並不總是安全、舒適，也未必能夠容納現代道路系統每天所需承載的大量車輛和重量。多年來，隨著使用道路的人口和貨物增多，我們需要越來越多的街道和高速公路，道路的設計也隨著這種需求而改良。

也許看起來未必總是如此，但實際上現在的道路所承載的車輛，要比歷史上任何時候都更多也更重。由於道路無處不在，民眾很容易忘了它們對社會的價值。但是研究、設計、建造和維護道路的工程師、承包商和公共工程人員，都深知路對於運輸貨物和運送人員有多麼重要。

在現代世界的大部分地區，任何人都可以搭乘公車、汽車、自行車、卡車、機車或速克達等，相對輕鬆和舒適的前往幾乎任何地方。無論你是否喜歡道路在風景裡占據絕大部分，這一點都著實令人讚嘆。

集散道路　　主幹道　　高速公路

路面裂縫
路基
冰透鏡
路陷
路陷修補

標誌控制交叉路口　　號誌控制交叉路口　　圓環

路燈
路面
路緣與排水溝

人行道　路緣帶　停車道　自行車道　行車車道　行車車道　自行車道　路緣帶　人行道

3-1 城市主幹道和集散道路

　　過去一百年來，對於城市規劃和設計，沒有什麼比汽車的影響更為深遠了。隨著二十世紀初期機動車輛變得普及，它們成了城市運輸的標準方式。為了因應不斷增加的車流量，城市需要建設更多道路。城市和人體解剖學之間有很多很貼切的類比，道路也不例外。事實上，道路常常被比喻為心血管。高速公路就像主動脈，容量大且主要通往單一目的地。小型<u>集散道路</u>就像微血管，容量不大，卻連接著每個家庭和企業。介於兩者之間的是名實相符的<u>主幹道</u>，它們是連接城市各區的中等容量道路。所有這些道路共同構成了城市的交通網路，讓車輛能夠（在某種程度上）高效率的在地圖上的任兩個地點之間行駛。

　　雖然情況並不見得都是這樣，但是城市中的街道並不只是給汽車行駛的路線。集散道路和主幹道實際上構成了城市的循環系統，為汽車、卡車、公共汽車、自行車、行人、公用設施線路甚至雨水逕流，都提供了通道。儘管每條街道各不相同，但大多數城市道路都有許多相同的特徵。本節會概述你所在的城市中，可能最常見的道路元素。

　　描述道路特徵的一種方法，是根據它們交會的方式，也就是交叉路口。集散道和主幹道通常在同一平面交疊，換句話說，它們位於相同高度的地面上。這意味著：只有少數車流能同時通過，也就會造成流量受阻。此外，絕大多數車禍也是在這些交叉路口發生的。由於這些原因，交通工程師會深入思考和分析要怎麼設計交叉路口，才能讓它既安全又有效率。而這件大工程，幾乎總是需要在諸多相互衝突的考量因素中取捨，包括空間、成本、交通類型和交通量，還有習慣、預期心態和反應時間等等人的因素。

　　最簡單的交叉路口是由<u>交通標誌</u>控制，使用「停」或「讓」這類標誌來管理流量。它們很省成本，而且不需要額外的空間，但由於它們會打斷所有行經車輛的車速，因此無法處理龐大的車流量。<u>號誌控制交叉路口</u>則使用電子號誌燈，來指示哪些車輛可以通行（後面章節會詳細介紹交通號誌）。圓環是環狀的交叉路口，用以維持車流繞過中心島繼續前行。儘管圓環有時候比其他類型的路口占用更多空間，但是它們具有一些明顯的優勢。圓環避免了車輛走走停停中斷交通，因而能更有效的處理車流；此外，由於車輛繞行圓環時會減慢而且往同一方向行

駛，發生撞車事故的機率也跟著少了很多。當然，在這三個基本類別裡，還存在各種交叉路口配置。如果你開車的時間夠長，就會明白工程師們運用了各式各樣交叉路口類型和布局，來確保道路交通既安全又順暢。

道路包括行車車道，偶爾也有自行車道和停車道。道路路面通常會在中心線隆起，並且向外緣傾斜，好讓雨水從行車路面排出。在道路外緣，路緣把路面與建築地區隔開，而排水溝則提供了通道讓雨水流走。許多城鎮在道路和人行道之間都設有狹窄地帶，讓疾駛的車輛和行人之間有個緩衝區，以策安全。這種廊帶在各地的稱呼略有差異，包括路緣帶、路緣和護道；它也讓電線桿、路標和路燈有了安身之處。

可惜，路面並非堅不可摧。令都市駕駛人最懊惱的其中一件事就是路陷。沒錯，它們讓人很頭痛，但還不只這樣。每年，路陷對車輛的輪胎、避震器和輪框造成的損失，可能高達數十億美元。雪上加霜的是，它們也十分危險。有時候汽車會為了閃避坑洞而急速轉向，而如果是自行車、摩托車或速克達撞到坑洞，騎車者有可能會出意外。

路陷是逐步形成的，最開始是路面劣化。這種劣化可能看起來微不足道，但裂縫是路面系統的大敵，因為它們會讓水滲到下層。路面下方的土壤可能會因降雨而泡水，接著進一步軟化而使得路基的強度減弱。道路下方的水也會凍結，並形成冰透鏡這種結構。水在結凍時體積會膨脹，並產生很大的力量，把路基和路面撐開。一旦這些冰透鏡解凍，支撐路面的冰就會退去，從而形成空隙。每當輪胎壓過這個鬆軟的區域，就會把下面的土壤和些許水分擠出路面。這個過程一開始很緩慢，但是隨著路基不斷流失，路面的支撐力會一點一點減少，進一步使路面下方有更多空間被車流擠出水來。到最後，路面毀損的地方會欠缺足夠的支撐力，因而破裂並形成路陷。

由於道路塌陷有這麼大的破壞性與不便，道路管理單位花費了大量時間和金錢來預防路陷形成，並在路陷出現時加以修復。預防的做法主要包括密封裂縫，以防止水分滲入路面。至於修復，則根據材料、成本和氣候條件而可能有很多不同的做法。但它們大多是做同樣的事情：更換掉流失的土壤和路面，並且（期望）密封住該區域，防止水分進一步入侵。如果路陷修補後無法和道路的其他部分妥善接合，那麼同樣的位置可能會再度塌陷。

Engineering in Plain Sight

仔細瞧瞧！

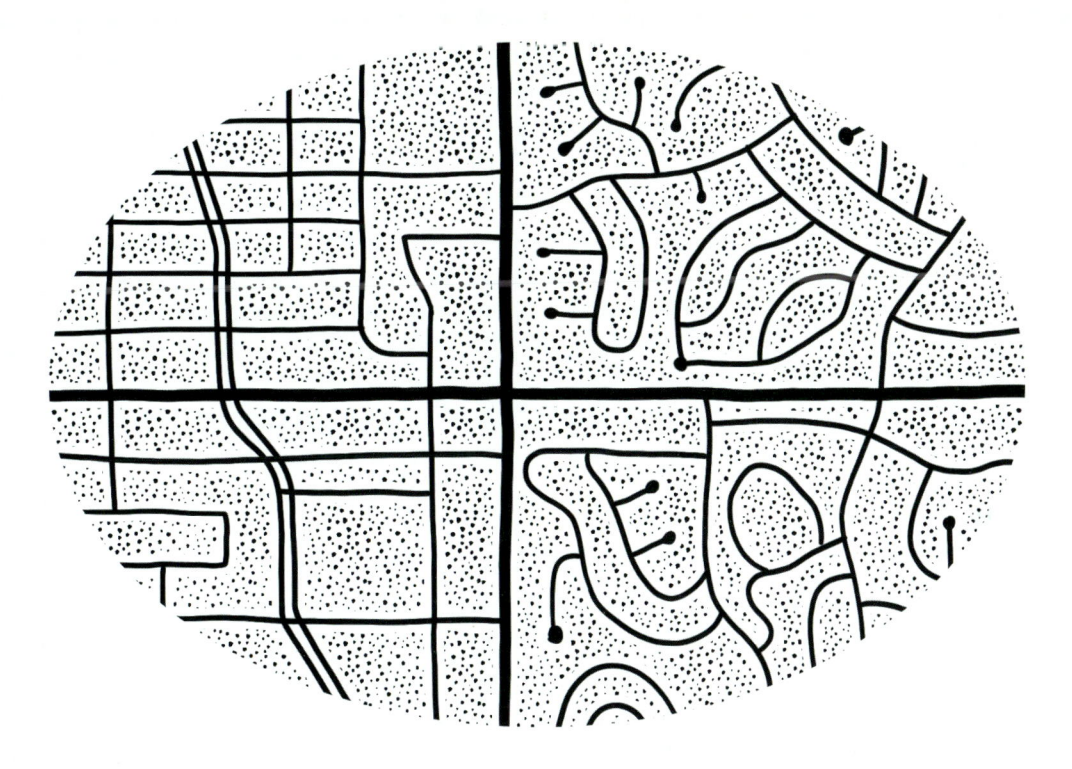

世界各地的市區街道布局各不相同，但很多城市的街道都排列成格子狀。這種布局歷史悠久，許多最早規劃好的都市，都將街道按規律的間隔排列，且互相垂直交錯。這樣有助於輕鬆找到路，並且提供多種路線選擇。但它也有一些缺點，例如會產生很多交叉路口（也就是最容易發生碰撞的區域）。此外，每條街道都會成為兩端相連的**直通街道**，環境會比較吵雜，且駕駛人可能不太會仔細注意周遭。

許多較新的社區會刻意設計成與主要交通網路斷開，以減少路過的車流。它們的街道通常呈彎曲環狀排列，設有丁字路口和**袋狀路尾**，以減緩車速並減少交通事故。此外，社區街道只有少數地點與主要道路連接，因此街道上駕車的主要是附近居民，他們更可能小心駕駛。不過，這種街道排列方式也有缺點。由於路線迂迴、不連貫，導致除了汽車之外，其他交通方式都較為不便。在許多地方，現代社區規劃都注重為行人、自行車騎士和大眾運輸使用者提供更好的連接方式。

3-1 城市主幹道和集散道路　65

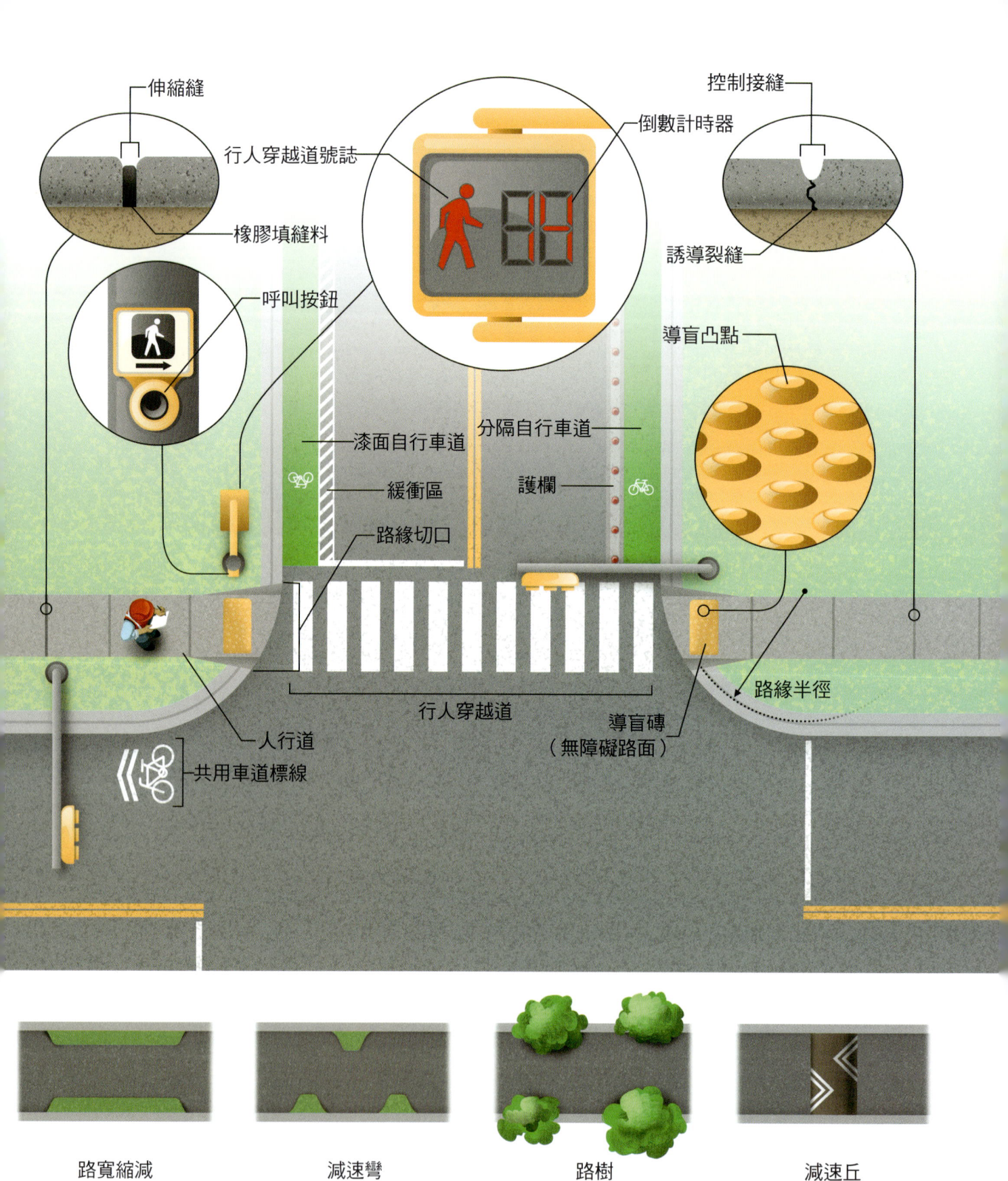

交通寧靜區做法

3-2 行人和自行車基礎設施

我們目前的道路系統在設計時，主要是根據以下這個效能指標：確保機動車輛交通能安全且高效率的移動。在更久以前，汽車對於我們的城市生活並沒有那麼重要。然而，在過去的一百多年裡，它們似乎一直是城市規劃和設計各個部分時，主要考慮的因素。不幸的是，這種以車為本的方法，剝奪了城市道路所有其他使用者的權益，包括行人和自行車騎士。在許多地方，如果你乘坐私人汽車以外的交通工具移動，沿途會遇到一連串不便和危險。所幸，城市正意識到可以步行到達和騎自行車，以及如何把這些條件轉化為宜居性，也都很重要。如今，我們追求擁有<u>完整街道</u>，也就是道路要能夠平衡所有道路使用者的安全與便利。

其中一項很明顯的步行設施是<u>人行道</u>，它們通常是與街道分開的狹窄路徑。鋪設人行道的材料可能有很多種，不過在大多數城市，都是用混凝土鋪設。人行道可能看起來沒什麼，但其設計和施工卻涉及大量工程。混凝土開裂是無法避免的——樹根會侵入地下，凍融循環會抬升土壤，車輛則會施加超出預期的載重。設計人行道時會安排<u>控制接縫</u>，透過人為弱化混凝土，把裂縫的位置限制為規則的模式。這些<u>誘導裂縫</u>會先行裂開，以減少產生隨機排列的難看裂縫。此外，混凝土會隨著溫度而收縮和膨脹，這在小型結構物上可能很難察覺，但在長條狀的結構（例如人行道）上，這種熱位移可能會增加。在混凝土中偶爾會留下<u>伸縮縫</u>，以防止人行道彎折或出現明顯間隙。這些接縫通常會填充木材、軟木或橡膠，以容許它們位移。

「<u>無障礙</u>」這個詞，是用來描述我們怎樣讓人行道及其他行人設施對所有使用者（包括殘疾人士）來說，既安全又有效率。人行道有特定的最小寬度和坡度，以確保不會太難穿越。在人行道與路緣相接的地方，通常會有個通向路面的坡道，稱為<u>路緣切口</u>（或路緣斜坡），它旨在確保使用輪椅、助行器和手杖的人能輕鬆進入道路。這做法對於推著小推車或嬰兒車的行人，甚至騎自行車的兒童，也都有幫助。此外，人行道通常設有<u>導盲磚</u>，這些凹凸不平的區域，能幫助視障人士辨識人行道和道路之間的界線，向他們示警正接近潛在的危險，包括地鐵線路、陡坡、樓梯和交叉路口。這類區域通常使用對比色，很容易識別，此外許多導盲磚還會使用一種人家熟悉的紋路，稱為<u>導盲凸點</u>。

行人基礎設施的另一個重要目標，是讓步行者安全的過馬路。<u>行人穿越道</u>是供行人過馬路的指定區域，讓駕駛人更容易看到和預測。它們通常位在交叉路口，並且標繪著

寬大的白色條紋。當路口有交通號誌時，每個行人穿越道兩端的號誌燈都會指示何時可以過馬路。一些行人號誌燈甚至有<u>倒數計時器</u>，顯示還剩幾秒可以過馬路。根據交通量不同，交叉路口號誌燈可能會和車輛通行的綠燈同時亮起，也可能會有一個時相只允許行人通行。有些號誌燈會錯開時相，讓行人比駕駛人先行。有的號誌完全按照預先編排的計時器運作，有的則要藉由人行道上的<u>呼叫按鈕</u>啟動。不過，即使有這些開關，它們也不見得連接到號誌控制器，有時候它們只是<u>安慰劑</u>，或者一天裡只在某些時段運作。

騎自行車是在外到處遊走時，一種健康、有趣且很有效益的方式，但是在沒有其專用基礎設施的城市騎自行車，往往讓人覺得冒著生命危險。大多數地方都有法規允許自行車與機動車輛使用相同的車道，但除了在最不繁忙的街道上，很少有自行車騎士願意這樣做。有很多方法可以用來容納都市裡的自行車用路權，其中一項非常直接的措施是<u>共用車道標線</u>，這種標線是用來標記共用車道上，自行車騎士的首選路徑。

<u>一致性</u>是交通工程中的重要概念。如果所有用路人都知道可預期的狀況，他們就比較不容易因為判斷錯誤而發生碰撞。共用車道標線並沒有明確為騎自行車的人提供保護或隔離，但它們有助於在駕駛人和自行車騎士之間建立預期心理，以免道路陷入混亂。

更進一步的自行車基礎設施是<u>漆面自行車道</u>。它們和機動車輛之間雖然沒有設置分隔物，但運用了視覺效果來區隔主要行車車道與自行車流，因為這兩者的速度通常差異很大。在美國，自行車道有時會塗上綠色油漆，以便和道路的其他部分區分，而且有時包含塗有油漆的<u>緩衝區</u>，好讓車輛和自行車騎士保持安全距離。獨立的自行車道則最為安全、也最舒適，適合各種能力的自行車騎士。這類車道專門供自行車使用，而且會用某種護欄與主幹道隔開。當然，獨立的專用自行車道需要大量投資，因此通常只設置在交通最繁忙的路線。

讓行人和自行車騎士更安全的一種方法，是降低機動車輛的速度和數量。單單換掉速限路標，通常也沒辦法使汽車駕駛減速，因此工程師和都市計畫師採用更具創意的<u>交通寧靜</u>方法。在交叉路口，減小路緣半徑可以減慢車輛轉彎的速度，並縮短行人過馬路的距離。然而，這做法只在沒有太多卡車車流的地區可行（因為卡車需要更多的轉彎空間）。離交叉路口較遠處的交通寧靜選項，則包括<u>縮減路寬</u>來減少車流量、設置<u>減速彎</u>與<u>減速丘</u>，以及種植<u>路樹</u>來縮短駕駛人的視距（後面這三種做法，都有迫使駕駛人放慢車速的效果）。

仔細瞧瞧！

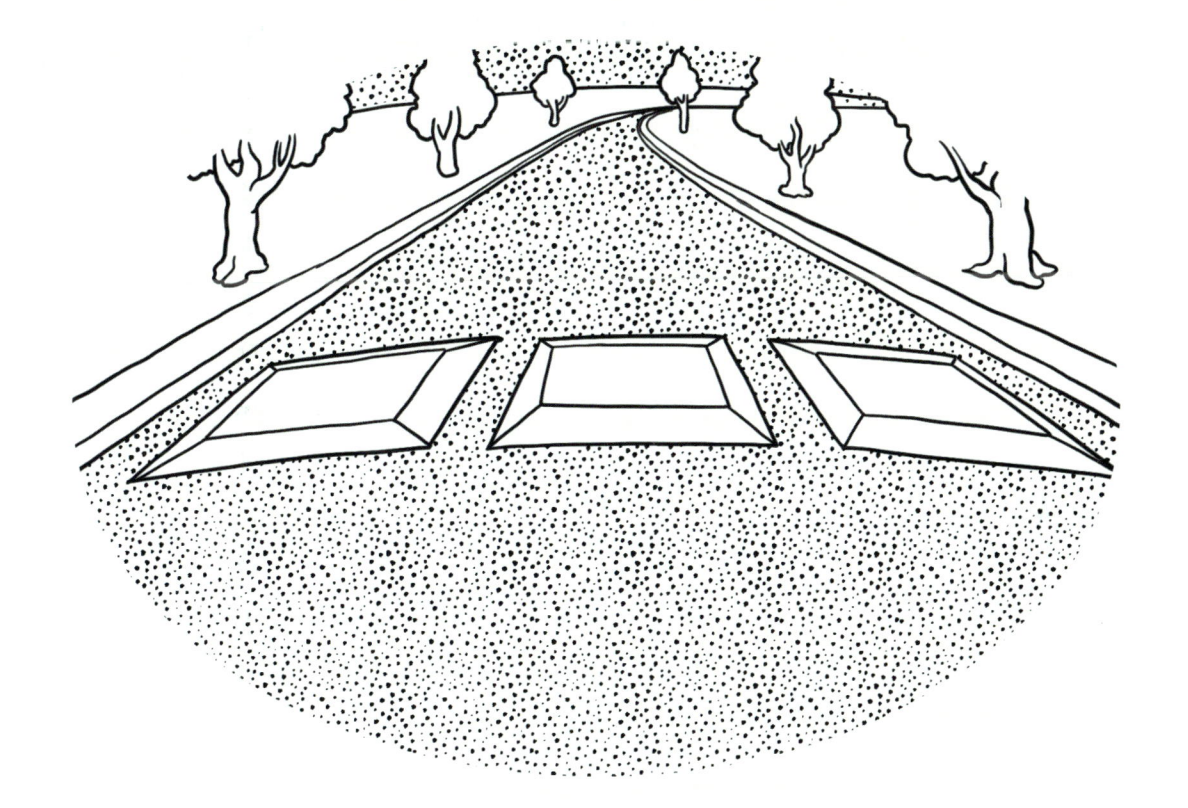

你有沒有想過減速丘、**減速帶**和**減速塊**之間有什麼區別？

減速丘是公共道路上讓車輛減速的裝置，通常寬四米（十二英尺）。減速帶比較窄、但比較高，通常適用於停車場和車庫。減速塊又稱為緩衝墊，它們和減速丘類似但是有間隙，可以讓緊急車輛不減速的通過。駕駛人很不喜歡這種障礙物，主要是因為即使用最慢的速度駛過去，也會覺得不舒服。目前有新的設計正在開發，它們使用一種特別的流體，在車輛太快駛過時會硬化，但是慢慢開過去的話則不會產生顛簸。

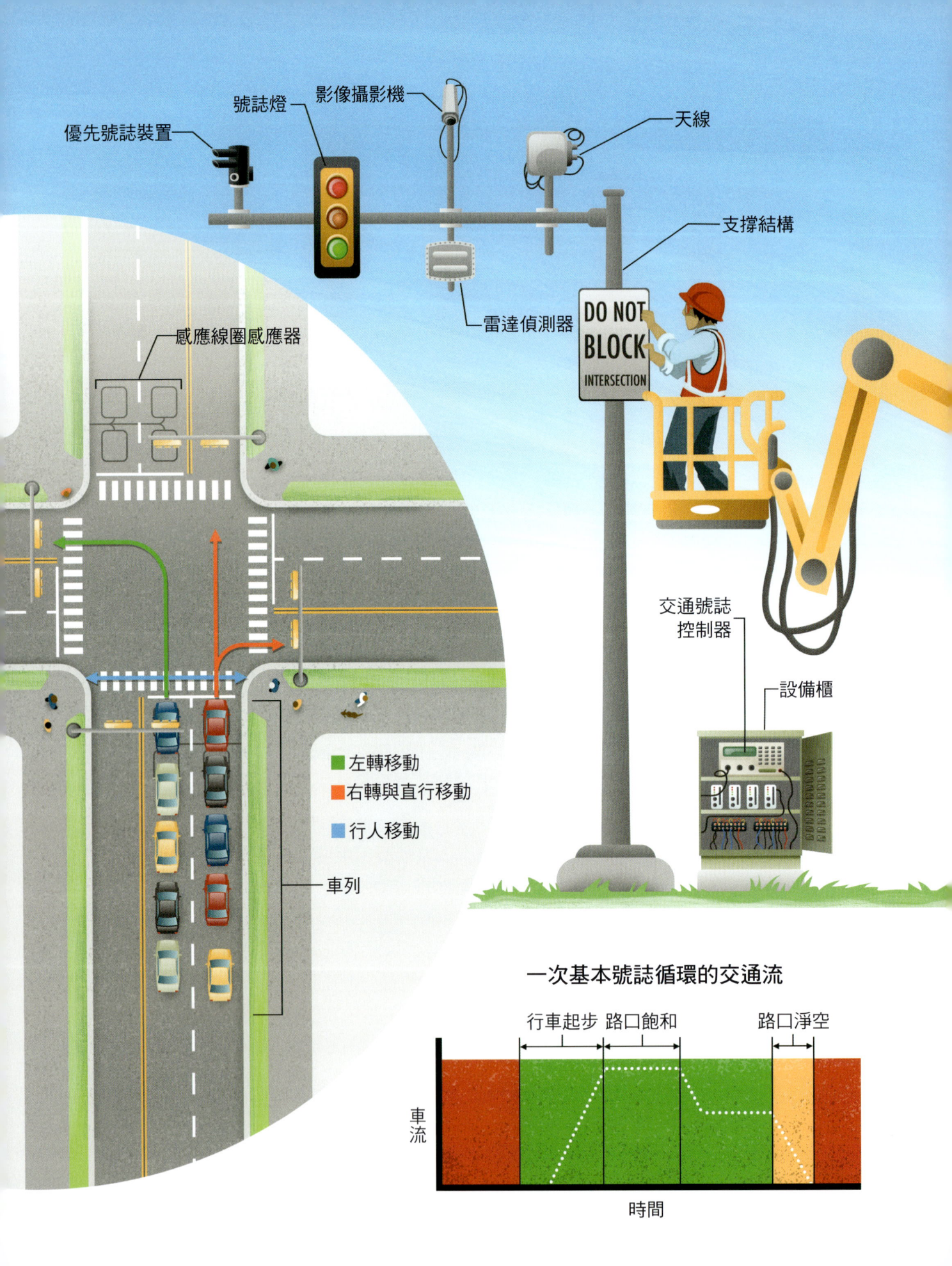

優先號誌裝置　號誌燈　影像攝影機　天線

支撐結構

感應線圈感應器

雷達偵測器

DO NOT BLOCK INTERSECTION

交通號誌控制器

設備櫃

■ 左轉移動
■ 右轉與直行移動
■ 行人移動

車列

一次基本號誌循環的交通流

行車起步　路口飽和　　路口淨空

車流

時間

3-3 交通號誌

在稠密的都會區，交通管理是個複雜的問題，涉及許多相互衝突的目標和挑戰。其中一項最根本的挑戰發生在交叉路口，因為有好幾種交通流，包括機動車輛、自行車和行人在內，需要安全而有效率的穿過彼此的道路。控制交叉路口通行權（或稱路權）的一個常見方法是交通號誌燈。使用號誌燈並非解決所有交通問題的萬靈丹，但是它們能在諸多基本考量之間取得平衡，也就是它們所需的空間最小，而且能夠在只造成較小干擾的情況下，處理大量交通量。

交叉路口需要嚴格標準化，這樣當你來到陌生的交叉路口時，就已經知道自己在謹慎與混亂交織的車輛與行人之中，扮演什麼角色。這就是為什麼在同一個地區或國家，幾乎所有交通號誌看起來都很相似。最簡單的一種交通號誌燈，是面向交叉路口的每條車道，懸掛在懸索或剛性支撐結構上，三個一組的號誌燈。一般來說，當某車道上的綠燈亮著，這條車道上的車輛就可以通過路口；當號誌燈為紅色時，它們就不能通過；黃色燈則是提醒用路人號誌即將從綠色變為紅色。除了這個主要功能，交通號誌還可以變得極為複雜性，以適應各種交通情況。

車輛每次接近交叉路口時，可能會朝三個方向之一行駛（稱為移動）：右轉、直行或左轉。右轉和直行通常被分在同一組移動方式，因此典型的四向交叉路口的每個方向，都有兩種車輛移動方式和一種行人移動方式。這些移動可以分組到交通號誌的各個時相裡。例如，相對向的左轉移動可以分到同一個時相，因為它們能同時進行而不會發生衝突。交通工程師透過號誌的循環，來確定各個時相的移動分組以及每個時相的順序，以因應不同的交通量與交通類型。

另一個關鍵決策，是一個時相的每個時序應該持續多久。在理想狀況下，綠燈的時長應該要足夠讓紅燈期間累積的車列完全通過，但這未必總能做到，尤其是在尖峰時段的繁忙路口。在路口飽和的情況下，綠燈的時間可能會延長以減少循環數，因為每個循環都包括行車起步和路口淨空的時間，這期間路口並未充分利用其最大容量。

黃燈需要持續夠久，好讓駕駛人能夠察覺到提醒燈號，並且安全而平穩地把車輛煞停。設計準則考慮了許多因素，但黃燈持續的時間通常會根據速限，設定為每小時十英里（或每小時十六公里）大約一秒。在北美大多數地方，都可以在亮著黃燈的整段時間裡進入交叉路口，也就是說，需要有一段時間所有時相都是紅燈，才能讓路口淨空。這段淨空時間間隔通常大約為一秒，不過可以根據速限和交叉路口大小來增減。

有些交通號誌使用編入控制器的一組時

序，但許多交通號誌比這更複雜。**感應式號誌控制**可以接收外部的輸入，以隨時介入調整時序和相序。感應式號誌要靠來自交通檢測系統的數據，這些系統包括**影像攝影機**、**雷達偵測器**，或是嵌入路面的**感應線圈感應器**。其中的感應器本質上就是個大型金屬探測器，能偵測出路面上是否有汽車或卡車（但有時它們偵測不到小型車輛，因而令自行車、速克達和摩托車的騎士感到困擾）。無論感應器是什麼類型，它們都會把數據輸入附近的設備櫃。你可能已經見過數百個這樣的機櫃，但完全不知道它們的用途。

這個櫃子裡有**交通號誌控制器**，這是一台簡單的電腦，其邏輯編輯可以根據感應器的資料，來決定每個時相持續多久。感應號誌控制能讓交通號誌更靈活的處理交通承載量的變化。比如說，如果附近有道路封閉，而且其交通車流改道後，會行經平常通行需求沒這麼大的交叉路口，那麼號誌控制器可能需要在道路封閉前重新編寫。設置了感應控制的交通號誌，能快速察覺交通量增加多少，並相應的調整其相位。在出現演唱會和體育競賽這類特殊活動時，也是如此；這些活動會在不規則的時段，造成龐大的交通流量。感應控制系統還可以在另一個方向沒有人過馬路時，讓你不用等待燈號太久。最後，它還能協助配備有發射器的緊急和公共交通車輛優先通行：紅外線或聲音感應的**優先號誌裝置**，會與每輛優先車輛上的發射器交流，向號誌控制器發送綠燈要求。

感應控制並不是交通號誌最複雜的形式。畢竟，它仍把每個交叉路口視為一個孤立的單位，但實際上，交叉路口只是更大交通網路的一部分。交通網路的每個元素，都會影響系統的其他部分。典型的例子就是**交通堵塞**，車輛排隊堵塞到相鄰的十字路口，導致交通癱瘓。解決這個問題的一種方法是**號誌連鎖**，也就是號誌相互之間可以同步運作。在比較長卻頻繁經過交叉路口的街道，常會採用連鎖號誌。主要道路上的號誌燈是定時的，好讓大批車輛（交通工程師稱之為**車隊**）可以不間斷的通過這條道路的部分、甚至全部路段。這種號誌連鎖可以明顯增加能夠通過交叉路口的車流量，不過這種做法只適用在沒有其他交通中斷來源（例如車道和公司行號）的路段。不過，如果車隊不能緊密貼近，號誌連鎖的優勢就會減少。

提高效率的下一步做法，顯然是協調交通網路內的大部分甚至全部號誌。這正是**自適應號誌控制技術**的工作。在自適應系統裡，感應器接收的所有資訊，都會輸入到一個中央化系統（通常是無線傳輸，在每個號誌處都有天線），該系統可以使用先進的演算法，來改善整個城市的交通流量。這些系統能夠大幅減少堵塞，美國有許多城市的交通號誌都已經採用自適應技術。

仔細瞧瞧！

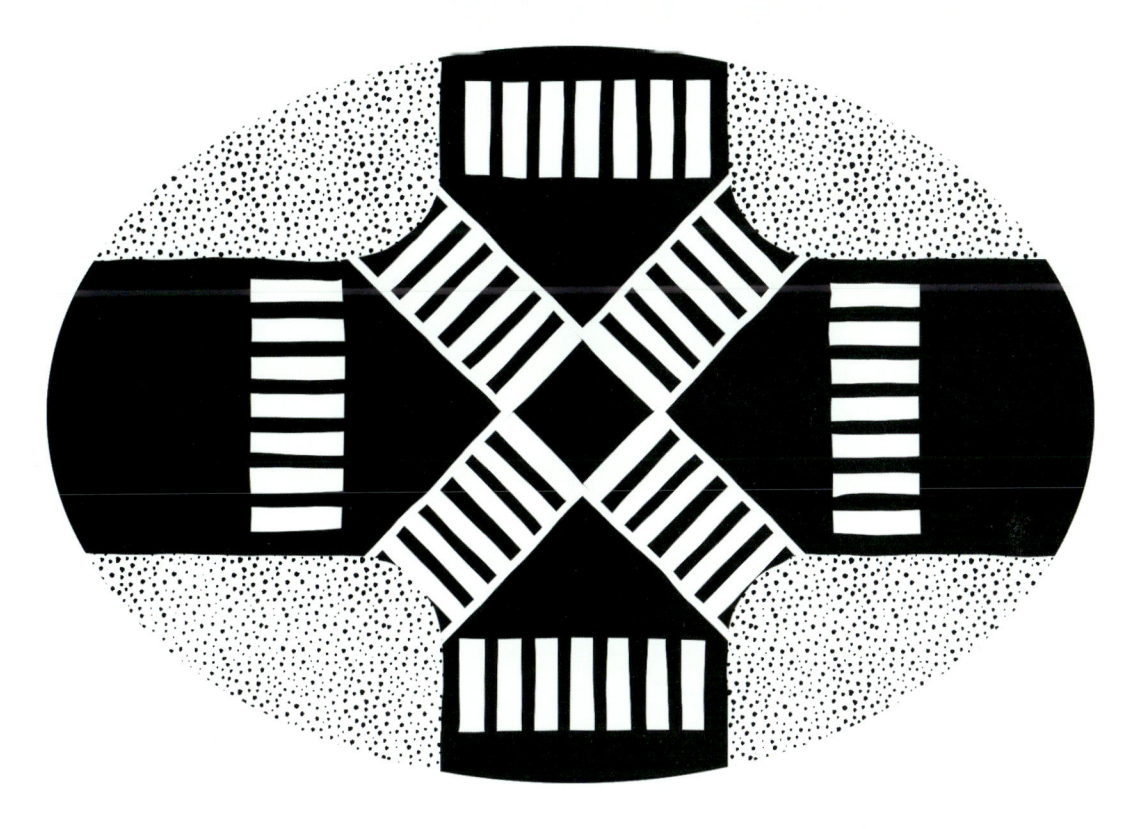

行人保護時相是一種交通號誌時相，它會停下所有車輛，允許行人從各個方向（包括對角線）穿過交叉路口。由於步行穿過對角線需要更長的時間，會讓駕駛人等得比較久，因此這些保護時相只有在行人流量大的路口才可行。這種時相在市中心地區最常見，如果車輛和行人要同時移動，轉彎車輛就得停下來，等候大量行人通過。

管制標誌	警告標誌	指示標誌
STOP	← 轉彎	60
YIELD	牛	EAST 40 Amarillo EXIT ¼ MILE
SPEED LIMIT 50	NO PASSING ZONE	WEIGH STATION ↗

- 路標
- 跳動路面
- 實線標線
- 條紋標線
- 障礙物路標
- 護欄
- 標誌門架
- 懸臂路標桿
- 玻璃珠
- 亮面元件
- 標誌桿
- 滑動式底座
- 反光表面
- 突起式路標

3-4 交通標誌和標線

　　確保道路既安全又高效率的一大因素，是路標和標線的統一。高速行駛的駕駛人必須能夠迅速做出決定，當路標可以立即識別和理解，駕駛人和其他用路人就會減少困惑和意外。這就是說，他們不太可能誤判危險或做出錯誤的決定。道路上用來調節、警告或指示交通的路標和標線，統稱為**交通控制裝置**。在各個國家裡，它們幾乎每個方面的設計都是嚴格標準化的，有時候甚至全球一致。尺寸、形狀、位置、顏色、符號和文字，全都經過精心規定，以確保駕駛人無論前往哪裡都能感到熟悉而安心，有辦法開車上路。此外由於全國的材料、產品和設備都標準化，基礎設施也更具成本效益。在美國，管理交通控制裝置一致性的手冊長達八百多頁，包含了道路設計中可能遇到的幾乎所有狀況的指南。

　　由於用路人只有轉瞬的時間能夠辨識、理解交通標誌並做出反應，因此這些標誌需要盡量清晰而直接的傳達資訊。它們設計上依序是利用形狀、顏色，最後用示意或符號來提供訊息。最重要的交通標誌通常透過形狀就能識別，例如八邊形的停車標誌。

　　道路上使用**管制標誌**、**警告標誌**和**指示標誌**這三大類標誌，以及許多次級的類型。管制標誌告知用路人交通法規，還包括了速限、「停」、「讓」標誌；它們大多使用黑色、白色和紅色的組合。警告標誌提醒用路人注意危險或意外的情況；它們幾乎都是黃底菱形，並標有黑字。**障礙物標示**是另一種警告標誌，使用對角線方向的黃色和黑色條紋，來標繪道路上或道路旁的障礙物。指示標誌提供有用的行車資訊以沿路指引路線，它們幾乎都是綠色底，帶有白色邊框和資訊。**路標**是另一種指示標誌，它們使用獨特的形狀（通常是盾牌狀）和顏色來區分道路分級。

　　大多數交通標誌安裝在靠近道路的金屬桿上，以維持在夠高的位置，好讓用路人容易看到。另一種安裝方式是架空結構，這在高速公路上最為常見，因為高速公路的車流會阻礙從最內側車道上，查看立桿式標誌牌的視野。架空標誌牌可以讓所有車道都能清楚看到，這種標誌牌有兩種類型：只用單一立式構件時，稱做**懸臂路標桿**（見左圖）；這種路標桿只能延伸一點點幅度，否則荷重沒辦法平衡。在更寬的道路上，就要用兩邊都有支撐的**標誌門架**。

　　儘管標誌對於保持道路安全和疏運成效相當重要，但它們也可能造成危險。標誌牌的細桿可以像劃過奶油一樣，穿透汽車或卡

車的許多部件。如果失控的車輛撞到路標或立式支撐桿，事故的後果有可能變得更加嚴重，因此路標必須要能防撞。在大多數情況下，立桿具備脫離的功能，可以減少碰撞時對車輛的衝擊，把對乘員可能造成的傷害減到最小。木製立桿會事先鑽孔，因此受到撞擊時很容易折斷。金屬路標通常使用可分離的滑動式底座，這種接頭使用鋼板與開口槽上的螺栓連接，當路標被撞到時，螺栓會很容易滑出使路標脫離。滑動式底座的另一個好處，是要更換被撞壞的路標比較簡單。由於混凝土和底座完好無損，在上頭安裝新路標就像鎖螺栓一樣簡單。架空的標誌不能設計成可脫落式，否則掉落的標誌可能危及其他用路人，所以它們會使用護欄、柵欄或防撞墊來保護支撐架免遭撞擊。（後面的章節會提到更多這些結構的相關資訊。）

另一種交通控制裝置則是在路面上設置路標。人行道上畫有實線和條紋標線，為用路人提供資訊和指示。這些標記會根據交通等級和預算，使用不同的材料，從簡單的乳膠漆，到會熔貼在路面上的熱塑性塑膠。在會降雪的地區，標線通常會凹陷到路面裡，以保護標線不被鏟雪機刮壞。

突起式路標是另一種用來指示駕駛人的路面標記，壓到這類路標會產生明顯的顛簸，從而提供視覺和觸覺的回饋。突起路標的反光板顏色帶有不同意義。白色和黃色用來標記車道，藍色標線顯示消防栓的位置。如果你看到紅色反光板，請迴轉！它們通常安裝在路面標線的後面，以警告走錯路的駕駛人。跳動路面是一種看不見但聽得到的路面安全裝置，它們是利用在路面上以固定間隔鑿刻的凹槽組成的。當汽車偏離車道時，跳動路面會發出聲音和振動，警告駕駛人已經偏離車道。

如果交通控制設備在黑暗裡沒辦法看到，那麼它們就沒多大用處。過去，車輛通常會配備專用燈具，好在夜間或天氣惡劣時照亮路標。現在，幾乎所有交通標誌和路標都可以反光，會把光線以光線入射的同方向反射回到光源。反光路面利用了汽車的大燈，把大燈光線直接反射回車輛和車內駕駛人，這使得標誌和道路標記顯得比不會反光的周遭環境更亮。路標表面覆蓋有嵌入玻璃珠或亮面元件的光學薄膜。路面標線上還會嵌入反光玻璃球，讓開著大燈的車輛更容易看到它們。這些玻璃球的功能，與貓的眼睛在夜間受光照射時發光的效果類似，因此有時被稱為貓眼。

仔細瞧瞧！

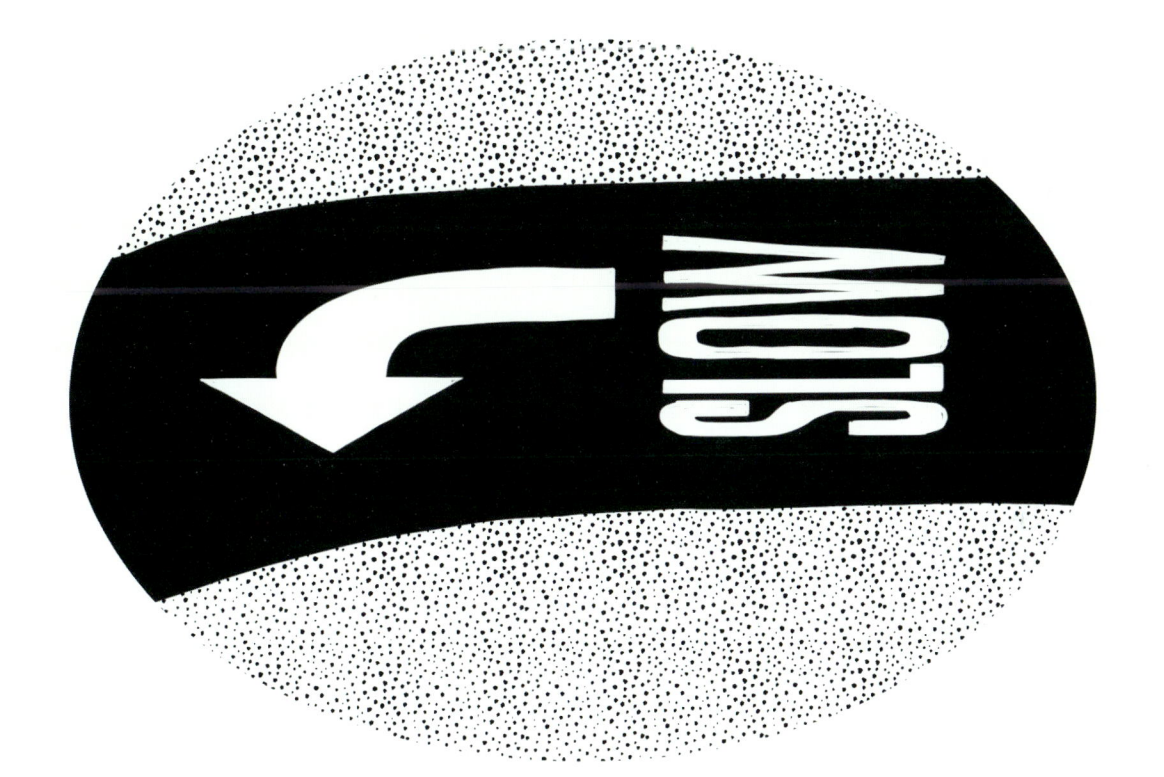

有時候，某些資訊或警告非常重要，因而會直接標示在道路表面，確保駕駛人一定會看到。然而，路面和直接面對駕駛人視線的標誌不同，從車子裡只能以較小的角度看到路面，這會使標線看起來被壓縮且難以閱讀。駕駛人高速行駛時，透視效果會讓這狀況變得更糟。舉個例子，大多數人都大幅低估了道路上條紋標線的長度——它們看起來比標準的三米（十英尺）短得多。

為了消除駕駛人的這種視覺錯覺並提高易讀性，路面上的字母和符號通常會拉長。在大多數情況下，路面上的標記會沿行駛方向拉長到標準大小的二到五倍長。把這本書拿到眼睛前面，調整到剛好的角度，上方插圖裡的文字看起來就會非常正常。

護坡

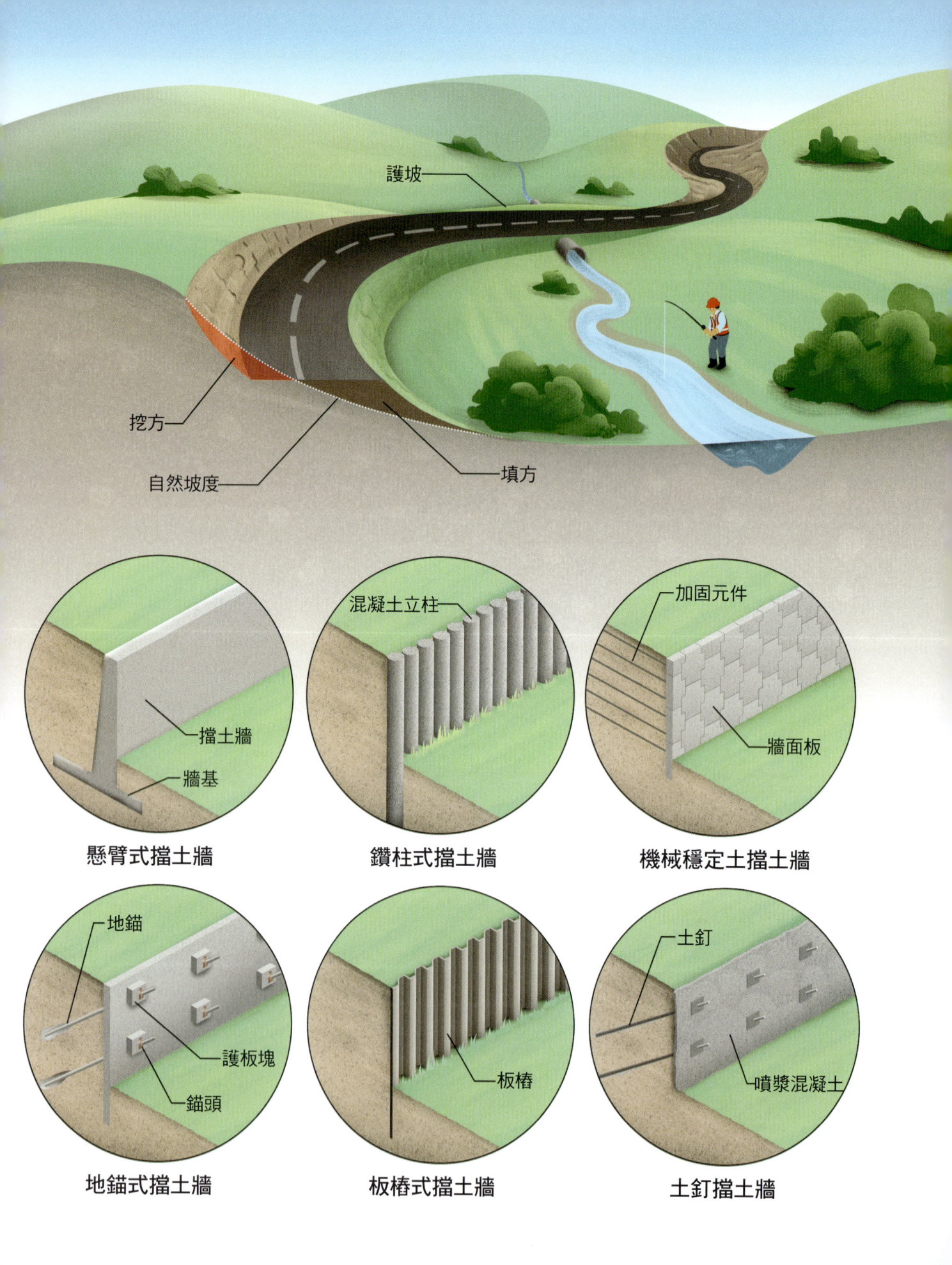

挖方

自然坡度

填方

懸臂式擋土牆
擋土牆
牆基

鑽柱式擋土牆
混凝土立柱

機械穩定土擋土牆
加固元件
牆面板

地錨式擋土牆
地錨
護板塊
錨頭

板樁式擋土牆
板樁

土釘擋土牆
土釘
噴漿混凝土

3-5 公路土方工程和擋土牆

　　大自然地形向來不太適合現有的道路建設。地球太不平坦，無法輕鬆的快速穿越。安全、有效率的旅行需要平緩的彎度，無論是水平的還是縱向的。從一個地方旅行到另一個地方時，需要有不太陡峭且相對直接的路徑，這意味著：修築一條道路需要找到方法來整平地表。我們用來改變地面形狀和結構的所有方法，統稱為<u>土方工程</u>，它們可能是道路建設項目中最關鍵的部分。

　　工程師和承包商使用<u>截面圖</u>來表達道路的形狀，這些截面圖呈現了整條道路沿途的剖面，可算是道路建設的實際語言。在截面圖上，你可以看到施工前的土地高度（稱為<u>自然坡度</u>），以及完工後的示意表面。這兩條線的任何差異，都代表需要一些土方工程。擬建道路上方的區域需要進行開挖，稱為<u>挖方</u>區域。當施工完成的路面低於周圍地形時（例如穿過陡峭的山坡），就需要進行開挖。擬建道路下方的區域則需要<u>填方</u>進行墊高，例如在經過溪流或通往橋梁的引道。較大的<u>填土</u>區域通常稱為<u>路堤</u>。挖方和填方是所有土方工程裡最基本的要件。當然，你無法把土方工程完成前後的樣子，直接放在一起對比，但是一旦你開始注意，就會很容易察覺自然景觀有哪些地方改變了。

　　你可能會注意到，挖方和填方通常和斜坡的自然坡度相關。這是因為土壤的強度幾乎完全取決於每個土壤顆粒之間的內部摩擦力。拿一些沙子倒在桌上，你會發現沙子並不會直直往上堆起來，而會形成一個斜坡。這個坡的角度稱為<u>休止角</u>，是土壤自然靜止的最陡角度，在沙堆最上面加一點重物，它就會再坍塌。

　　斜坡的穩定程度可能會因為土壤類型以及它需要承受的荷重，而有很大差異，不過工程師們幾乎信不過任何坡度超過二十五度的斜坡。這也就代表興建的斜坡的底，必須至少是高的兩倍長，而有兩個原因可能會讓這件事成為大問題。第一，它需要的材料大約是垂直坡的兩倍，<u>要挖更多土或是填更多土來興建</u>。第二，它占用更多空間，這可能導致造價飆高，尤其是在擁擠的城市。在許多情況下，採用<u>擋土牆</u>來支撐陡峭甚至垂直的坡以避免這些缺點，是合理的做法。

　　土壤不像水那麼容易流動，但它的重量大約是水的兩倍，因此作用在擋土牆上的<u>側向土壓力</u>有可能大得驚人，所以擋土牆必須非常堅固，才承受得住這種壓力。有許多種

類的擋土牆以不同的方式解決這個問題，如果你懂門道，就會在建築環境中注意到各式各樣的這類擋土牆。它們不僅在道路工程上適用，還是一種常見的工程應用。最基本的擋土牆是依靠重力來維持穩定性，通常會採用<u>牆基</u>來建造<u>懸臂式擋土牆</u>。在這種構造裡，擋土牆可以利用被擋下的土壤的重量，來發揮其優勢。泥土就壓在牆基上，而牆基就像一根槓桿，協助擋土牆垂直立起抵抗側向土壓力。

有些擋土牆採用<u>地錨</u>（也稱為<u>背拉式擋土牆</u>）來提供水平穩定性。錨固件包含由灌漿到擋土牆後的土壤所固定的鋼絞線或鋼棒。一旦安裝好，液壓千斤頂會對每個錨栓施加拉力，而錐形台座或錨頭會把錨栓牢牢固鎖在牆上。<u>支承塊</u>或護板則通常用來把地錨的受力分布到面積更大的區域，這些結構可以由它們重複的造型辨識出來。

另一種擋土牆採用樁、或是打入或鑽到地下的垂直構件。其中有用鑽孔機安裝、像超大型圍欄樁的<u>鋼筋混凝土立柱</u>；也有稱為<u>板樁</u>的互扣式鋼板。板樁擋土牆通常用在建築工程期間臨時開挖時，因為這種擋土牆可以在開挖之前就先安裝，以確保開挖面在整個建築期間都有支撐。

有一種常見的擋土牆，是把大量土壤結合在一起來支撐土體本身。這種擋土牆可以在填土作業期間，利用<u>機械穩定土</u>這種技術，每增高一層就加入加固元件來完成。加進去的加固元件可以用鋼帶或塑膠纖維織物，稱為<u>地工布</u>或<u>地工格網</u>。當天然地形在開挖後形成陡坡時，就沒有辦法添加強化層，可能要改用<u>土釘</u>插入斜坡做為加固方式。土釘和地錨一樣，由灌入鑽孔裡的鋼棒組成，但和地錨不同的是，土釘沒有施加拉力。它們的任務不是對牆面施加力，而是要把土體固定在一起，來支撐土體本身及其後面的土壤。

機械穩定土擋土牆和土釘擋土牆的外牆面，都是使用混凝土。這些牆面很少支撐大部分的荷重，它們的主要作用是保護外露的土壤免受侵蝕，並且在永久性用途中改善擋土牆的外觀。在某些臨時狀況下，牆面有時會用<u>噴漿混凝土</u>製成，這是一種能利用壓縮空氣從軟管噴射的混凝土。對於要永遠裝上去的牆面，經常使用有飾紋的連續互扣式混凝土牆<u>面板</u>，它們不僅美觀，也能容許經年累月所產生的位移，還能讓水從接縫排出。

仔細瞧瞧！

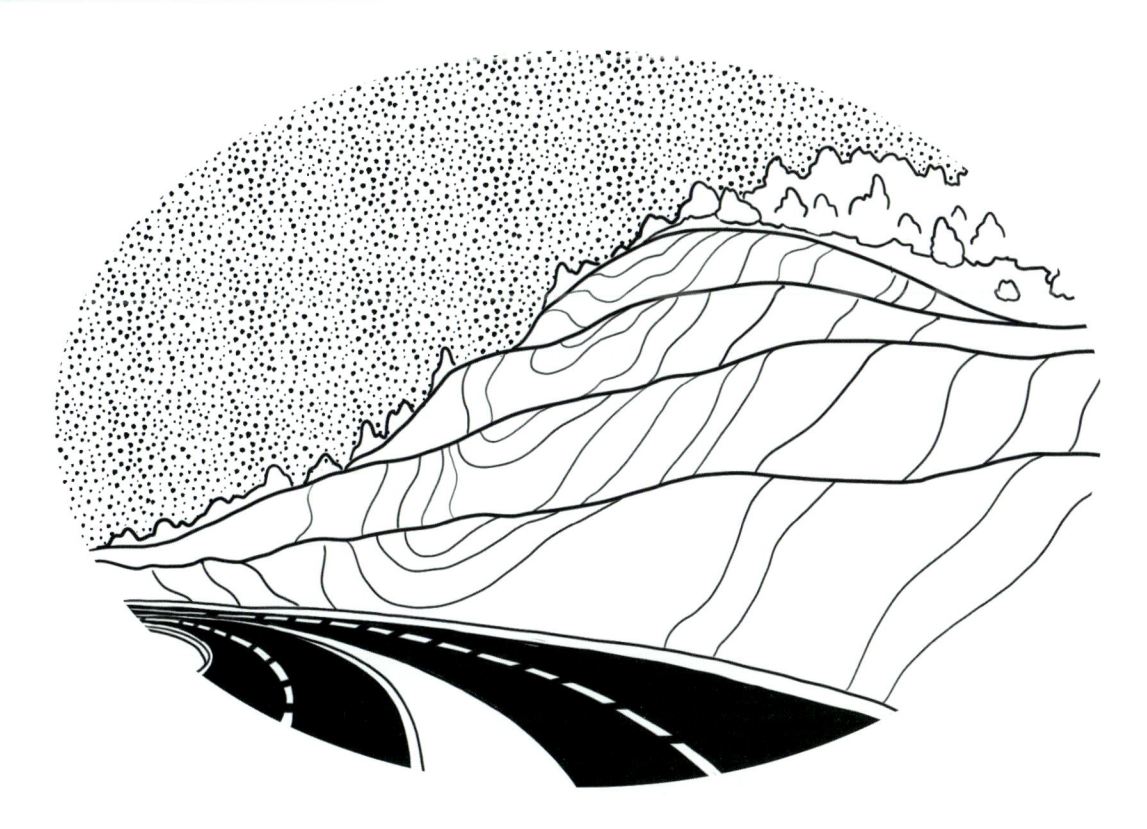

　　有時候，道路開挖面是在主要為岩石而非土壤的地層進行。在岩石層開挖要比開挖土壤困難得多，但通常不需要擋土牆來支撐外露的施工面（因為經過詳細的工程分析後，一般相信岩盤可以支撐住它本身）。這也代表有許多道路開挖面都完全未加回填，把地球表面不平凡的樣貌攤在世人眼下。乍看之下，這些道路開挖面可能像不起眼的石牆，但是對地理學家來說，想了解不同景觀究竟如何形成，這些地層是不容錯過的地方。事實上，路邊地質學已經發展成一種大眾的愛好，世界許多地方都有指南手冊。從像粉筆的石灰岩到漩渦紋大理石，你在舒適的車子內，就可以對我們這個岩質行星有全新的認識。不過要小心，這種愛好有可能面臨兩種「滑坡」：一是比喻上的（意指會使人沉迷），一是實際的滑坡！你可能會根據高速公路上看得到的岩石，來規劃公路旅行的路線，但是在繁忙道路附近停車、還有攀爬陡峭地形時，請務必採取預防措施。

3-5 公路土方工程和擋土牆

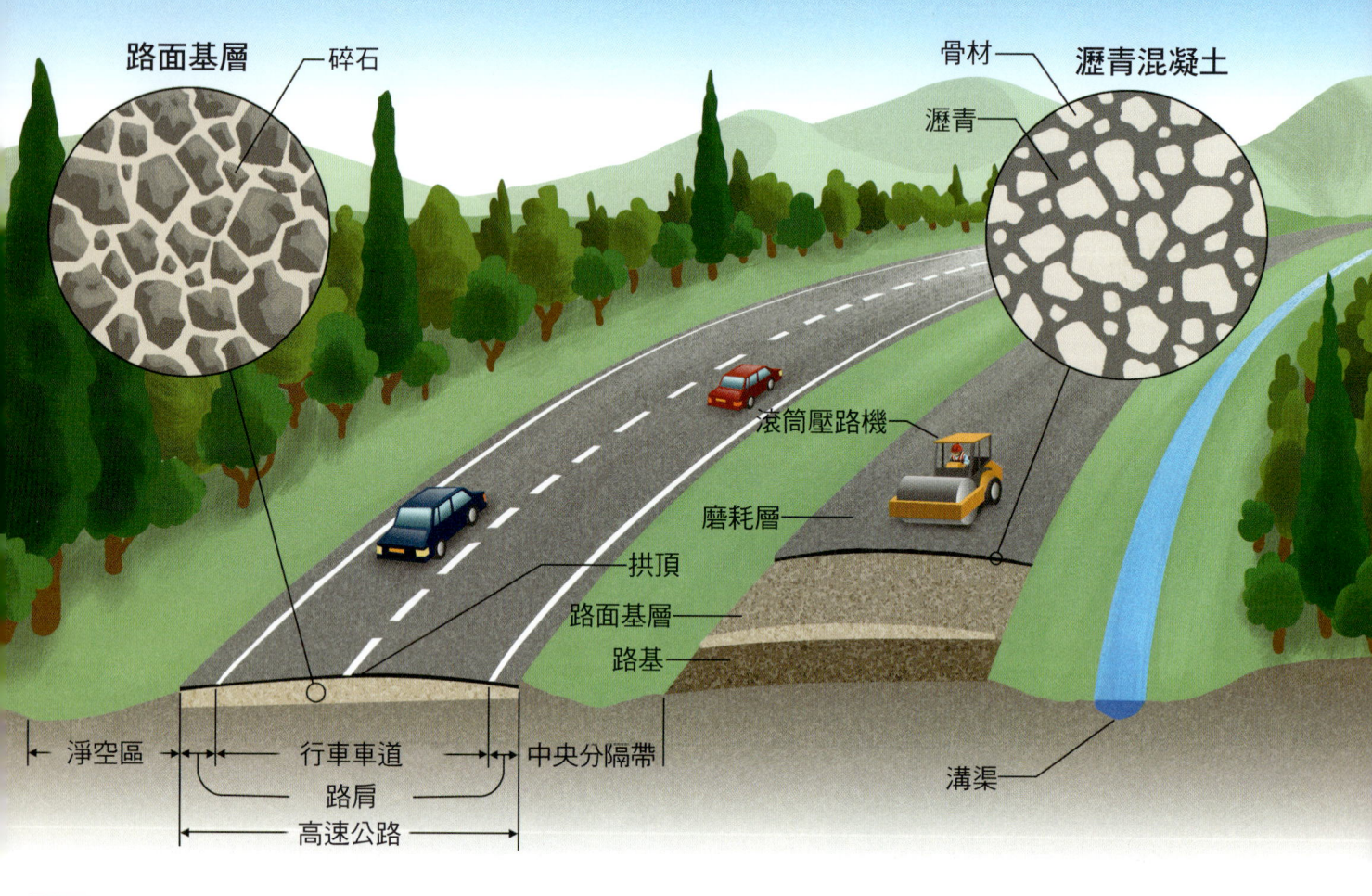

路面基層
- 碎石

瀝青混凝土
- 骨材
- 瀝青

- 滾筒壓路機
- 磨耗層
- 拱頂
- 路面基層
- 路基
- 溝渠

- 淨空區
- 行車車道
- 中央分隔帶
- 路肩
- 高速公路

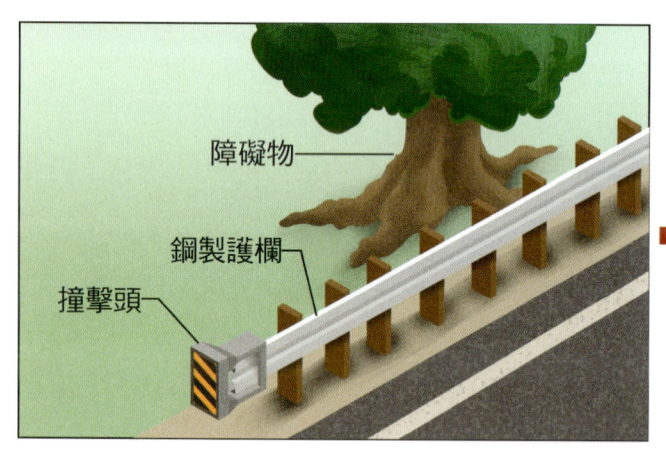

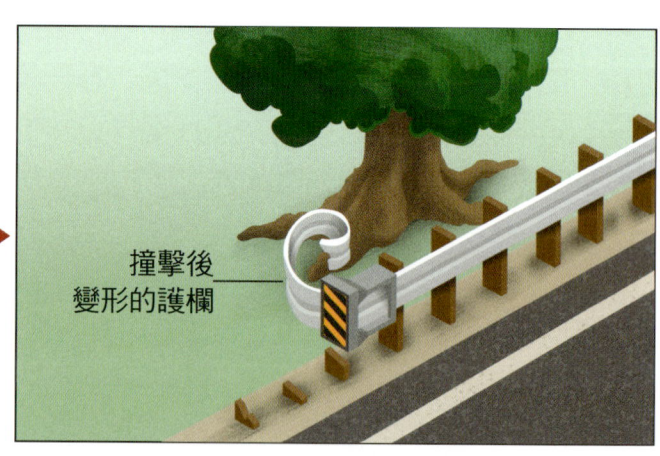

- 障礙物
- 鋼製護欄
- 撞擊頭

- 撞擊後變形的護欄

- 防撞緩衝護欄
- 紐澤西護欄

3-6 典型的高速公路斷面

經常有人問我,為什麼道路建設工程似乎花了很長的時間,而成品只是地上一條簡單的路面。這並不是因為建築工人和承包商偷工減料,而是因為高速公路很複雜。要確保道路能夠承載現代汽車和卡車的數量與重量,並且讓車輛能夠用驚人的速度安全行駛,絕不是容易的事。道路看似很普通的唯一原因,是它們經過精心設計與建造。從一開始,高速公路就具有許多特點,把快速、有效率的開車出遊變成可能。

開車時你只能看到道路的表面,但是在地表下,道路結構還有更多東西。道路是分層鋪上去的,這是為了使它耐用且持久。如上一節所述,在建造任何新道路之前,都需要進行土方工程來整平地面。要修建的道路原地的土壤層稱為路基,它不見得都能承受車輛龐大且頻繁的重壓。替代做法是在路基上面鋪一層或多層的路面基層,並且壓實。路面基層通常由碎石子製成,具有多種用途。在施工過程中,路面基層可以做為穩定的平台,把車輛的重量均勻的分散到路基上;此外它可以將滲到路面下方的水給排掉,並且保護路面不被霜凍裂。

路面最上層的結構由於暴露在持續不斷的車流中,所以稱為磨耗層。有時候,重要的高速公路會使用混凝土做為磨耗層,因為它非常堅硬且耐用。混凝土是用水泥、石塊(業內稱為骨材)和水組成,比任何其他路面都更能承受大量重型卡車輾壓。但它也有一些缺點,像是建造成本昂貴,以及很難維修,因為混凝土養護曠日廢時,因此道路和車道封閉時間會拖太長。而且混凝土打濕後可能會太滑,因此必須在上面刻凹槽,好提高輪胎的抓地力。這就是為什麼大多數道路都使用瀝青,而不是用混凝土來鋪設。

瀝青混凝土路面只有兩種主要成分:骨材,以及瀝青這種從原油精煉成的黏稠黏合材料。瀝青混凝土能滿足現代道路所需的許多條件。這些材料很容易獲得。它不需要開溝就能讓輪胎有出色的抓地力。它很有彈性,因此可以隨路基的一些位移變形而不會壞掉。最後一點,它很容易修補。把瀝青加熱到工作溫度,鋪在基層上面,然後用重型壓路機壓實到位,幾乎一冷卻就可以通車了。

「高速公路」一詞通常用在描述鋪好的道路的整個路寬,它包含了車輛行駛的行車車道,和故障車輛緊急停車用的路肩。路肩通常比行車車道窄,有時為了節省成本,鋪設的厚度也比較薄,因此不適合一般正常的行駛。儘管高速公路可能看起來是平的,不

過它們通常會向路緣傾斜，使道路中心形成拱頂。平坦的路面沒辦法很快把水排掉。任何積水都會讓道路變得濕滑，而且在冬季形成更多冰，對車輛造成危險。加拱路面可以加速降水排掉，保持路面乾燥。一旦水流到路面邊緣，就需要有地方可以排掉，否則會造成道路下方的土壤變軟和弱化。高速公路通常在路邊設有<u>溝渠</u>，好排掉雨水（有關排水結構的更多資訊，請參閱第七章。）

有些非常危險的撞車事故，是發生在車輛因為危險或失控而偏離道路的時候。公路上的許多安全設施，目的就在防止車輛偏離車道演變成嚴重撞車。重要道路通常會用**<u>中央分隔帶</u>**隔開雙向的車流，形成一條分割的公路。道路之間的中央分隔帶是一片植草區，用來防止車輛誤駛跨線到對向的車流裡，減少正面對撞事故。大多數高速公路沿著每條公路的外側，還會有個<u>淨空區</u>，這是個暢通無阻的區域，能讓駕駛人在車輛駛離道路時，有空間停車或重新控制住車輛。淨空區沒有樹木、交通標誌和電線桿等，可能使事故更加嚴重的障礙物。在淨空區非得設置交通標誌時，支架必須是可以脫離分開的，以減少萬一碰撞時的衝擊力。當淨空區內的障礙物無法移除或不具防撞能力，必須加上護欄做為保護措施。

縱向護欄可以防止車輛在遇到危險障礙物或陡坡時，駛離車道。它們還可以代替用於分隔高速公路的中央分隔帶，或是做為補強。護欄有許多類型，適用在不同的狀況，而且用在開通的道路之前，都會經過全面的碰撞測試。**<u>鋼製護欄</u>**受到撞擊時會彎折，這多多少少減輕了碰撞的衝擊力，但也意味著每次被撞之後都必須換掉。另一種常見的縱向護欄稱為**<u>紐澤西護欄</u>**，由混凝土製成，它的形狀可以讓輪胎開上護欄側面，通常能改變車輛的方向而不至於釀成重大損害。

縱向護欄面臨的一個大問題，是它們的平整末端可能會在淨空區域形成危險的障礙物。大多數護欄都會在末端做處理，以減輕碰撞時的嚴重程度。鋼製護欄通常具有一個**<u>撞擊頭</u>**，它在受撞擊時會沿著欄杆滑動，使欄杆變形來吸收撞擊能量，同時將能量重新導向到側面以保護車內乘員。剛性護欄的末端通常包括**<u>防撞緩衝護欄</u>**。防撞緩衝護欄有很多種設計，但最常見的是使用了裝滿沙子的桶子、或是能吸收碰撞能量的可潰縮鋼製組件，來大幅降低撞擊的力道。

仔細瞧瞧！

　　瀝青路面和混凝土路面不同，不會經由化學反應來固化，而是利用溫度把它從可施作的混合物，轉變為穩定的行車路面。這是個完全可逆且可以重複的過程，這代表瀝青幾乎百分之百可以回收。事實上，瀝青混凝土是世界上回收總重量數一數二的材料。你每天行駛的許多道路，可能至少有一部分，是來自附近其他已達使用壽命的街道或公路路面。我們甚至擁有可以就地回收**鋪面**的設備，能把交通中斷以及將所有材料往返工地運送造成的成本減到最低。典型的一組鋪路車隊包括了：

　　刨除舊瀝青的銑鉋機、用來加熱舊瀝青並將它與添加劑混合的回收裝置、用來放置再生瀝青的鋪路機，以及用來把瀝青壓實到位的壓路機。

視野
視距
彎道
彎道半徑
障礙物

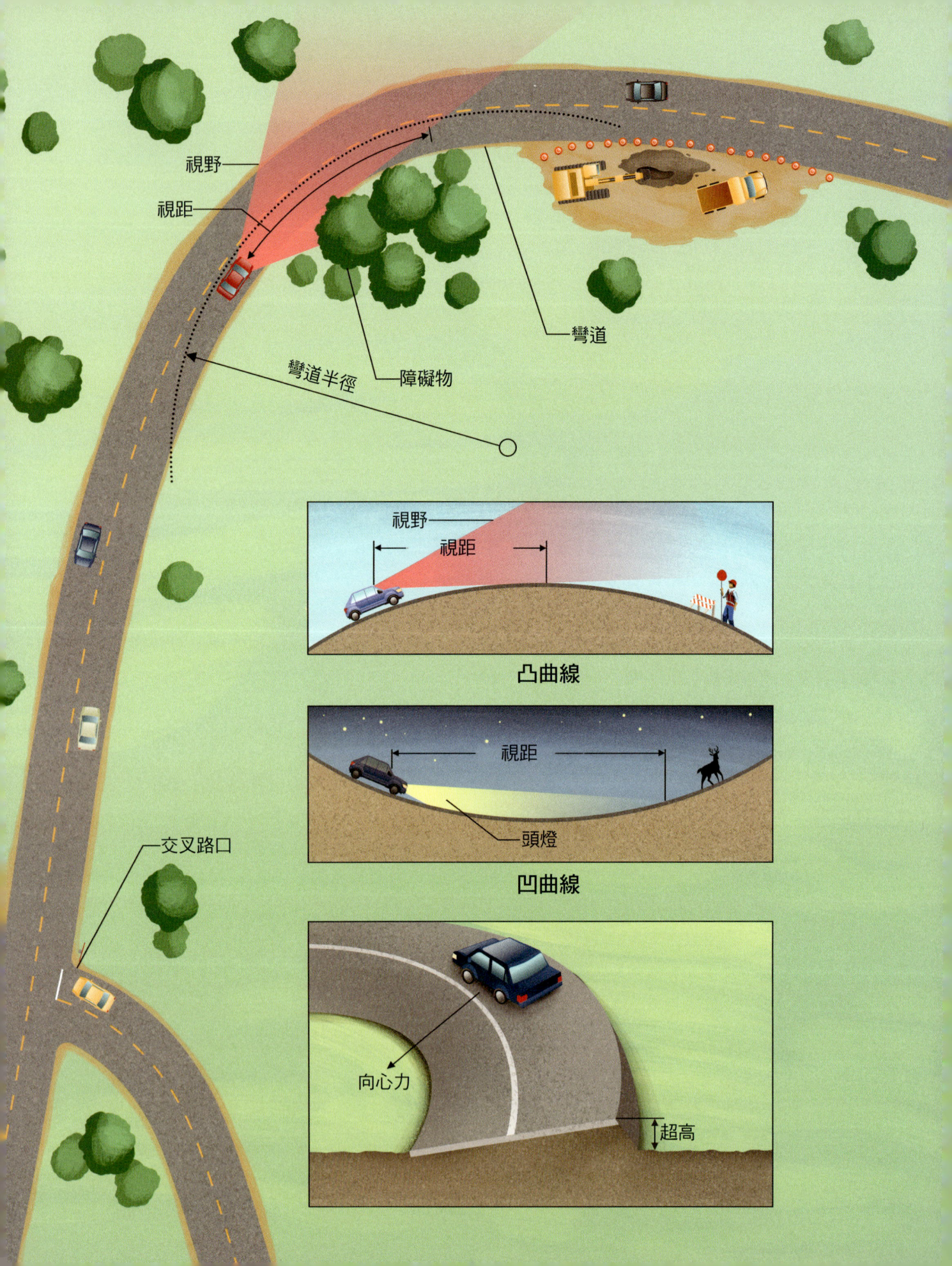

視野
視距
凸曲線

視距
頭燈
凹曲線

交叉路口

向心力
超高

3-7 典型的高速公路布局

有一種道路看起來和城市的主幹道與集散道路有很大不同，我在本書中稱之為「高速公路」，不過也有人稱之為高速路、快速道路、快捷道路，或直達公路。撇開稱呼不談，它們都是利用出入口控制來達到最高的交通運量。以較小的公路來說，這意味著車道和地面交叉路口數量減少。以容量最大的道路來說，這意味著進入或離開該道路的唯一方法，是經由匝道或立體交流道（後面章節將詳細介紹）。出入口控制可以減少車流被打斷的狀況，使得高速交通相對暢通無阻。行車速度提高，通常也代表道路交通容量增加。然而，它也減少了駕駛人下決定的時間，從而增加了發生危險事故的機率。我們能待在金屬車廂裡，用不可思議的高速，從一個地方前往另一處，這是相當了不起的事，而這都是拜公路上的諸多安全設施所賜。這種安全性從最基本的層面開始，可能就在你開車途中所看到的道路呈現方式中（通常簡稱為道路布局）。

在理想的世界裡，每條道路都既筆直又平坦，我們可以用自己想要的任何速度在上頭行駛。但是實際上，所有公路都有彎道、山丘、交通、天氣和障礙物等危險。現實要求我們衡量車輛的速度和駕駛人應對此類危險的能力。高速公路上有三種關鍵的速度：設計速度、標示的速度限制，以及各駕駛人選擇的行車速度，而三者不見得會相等。駕駛人會根據自己的駕駛技巧、舒適度和對危險的感知程度，來選擇速度。道路營運者是根據被廣泛接受的安全標準來設定速度限制。公路設計師則會選擇一種設計速度，以確保道路沿線的所有幾何條件（如彎道半徑、坡度、視距等）一致，且適合大多數駕駛人的最終行駛速度。

高速公路的定線是指其水平布局，也就是從正上方觀看時的樣子。所有道路都包含改變行駛方向所需的彎道，如果設計不正確，這些彎道可能會給駕駛人帶來嚴峻的考驗。要改變方向的任何物體，都需要一個朝向彎道圓心的向心力，不然的話，它只會繼續沿著直線前進。當你在轉彎時感覺到被推向車子的某側，那是你身體的慣性想要在汽車轉彎時，讓你維持直線前進。以車輛來說，其向心力來自輪胎與路面之間的摩擦力，這種向心力隨著轉彎半徑變小而增大。在某個特定的速度和轉彎半徑下，所需的向心力可能超過輪胎摩擦力，造成車輛滑出路面。為了避免險象環生，工程師會根據道路的設計速度，選擇彎道的最小轉彎半徑——設計速度越快，轉彎半徑就越大。

橡膠輪胎提供了對路面的抓地力，但是

我們也可以使用幾何形狀讓彎道對駕駛人更安全。公路設計者經常使道路外側邊緣高於中心線或<u>超高</u>（曲線路段外側與內側的垂直高度差），來減少繞彎所需的輪胎摩擦力。把道路繞著轉彎處做成斜面，是利用來自路面的<u>正向力</u>（即垂直力）來提供車輛在轉彎時所需的部分或全部向心力。一般來說，道路的設計速度越快，彎道處的坡度就會越陡。超高還能讓繞彎道行駛變得更舒適，因為離心力會將乘客推向座位，而不是離開座位。如果超高的角度剛剛好，並且你正以道路的設計速度行駛，那麼轉彎時你的咖啡液面高度甚至不會有變化。

　　設計水平彎道時，另一件相當重要的事，就是駕駛人需要看到即將發生的狀況，才能做出相對應的反應。這牽涉到視距，也就是駕駛人在任一時刻能看見的道路長度。在高速公路上筆直平坦的路段，視距只受限於駕駛人視力。然而，每當道路改變方向，駕駛人的<u>視野</u>都可能被障礙物擋住。如果視距不夠讓你辨別出危險並做出反應，就可能導致事故。行駛的速度越快，觀察轉彎或障礙物並決定如何應付它們所需的距離就越長。即使彎道足夠平緩，汽車可以在不打滑的情況下行駛，它也可能由於山坡或樹林等障礙物遮擋了駕駛人的視線，而沒有足夠的視距以確保安全。在這種情況下，公路設計者需要增加彎道半徑，讓駕駛人的視距得以延長到更安全的程度（或乾脆移除障礙物）。

　　道路幾何形狀的最後一個要點是垂直配置，也就是<u>縱斷面</u>。道路很少穿越完全平坦的區域，而是會翻過山坡，進入山谷。道路的斜度或說<u>坡度</u>，是設計裡的一項重要決策。道路太陡會變成很難行駛，尤其是重型卡車。上坡路段會讓車速變慢，較長的下坡路段則會使車輛的剎車過熱。坡度的轉換也必須平順，避免造成顛簸和突然的頓挫，確保駕駛人能開得舒適。除此之外，縱斷面曲線還可能縮短駕駛人的視距。

　　<u>凸曲線</u>會讓人看不到道路最高點之後的路面。如果你快速爬坡上去，另一邊出現熄火的車輛或動物可能會讓你措手不及。太緊迫的凸曲線，會讓你沒有足夠的視距來辨識障礙物，並做出反應。因此，設計師必須確保這些曲線足夠平緩，好讓你在上下坡行駛時，仍然能看到足夠的道路長度。凹曲線（向上彎曲的曲線）就沒有同樣的問題。在白天，你可以看到彎道兩側的所有道路。然而到了晚上情況就有了變化，此時車輛依靠頭燈來照亮前方的道路，有時候這可能會限制了視距。如果凹曲線太緊湊，頭燈就無法投射得那麼遠，結果就是視距縮短，導致在夜間難以及時察覺障礙物並做出反應。

仔細瞧瞧！

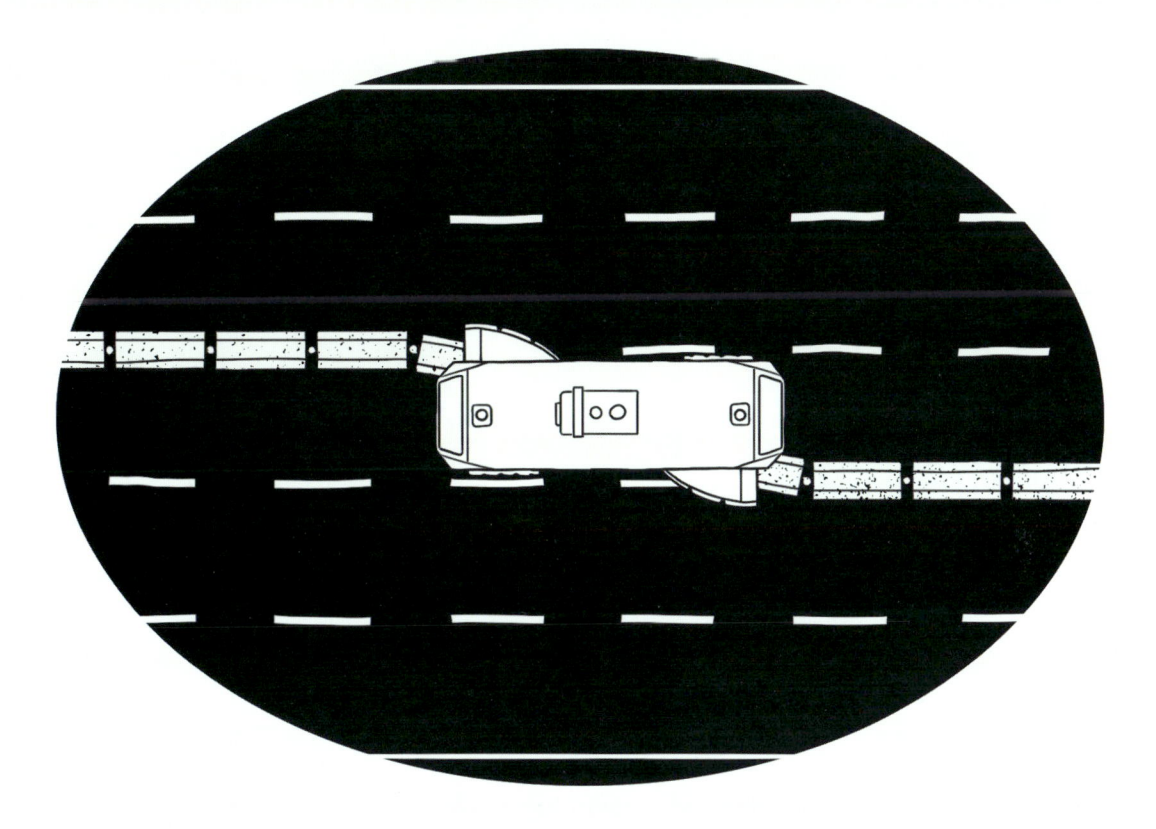

　　雖然早上和晚上的通勤期間都被稱為「尖峰時段」，但是兩者的交通尖峰期往往不一樣。在大都市地區，早上通常有比較多的車輛駛往市中心，然後在晚上遠離市中心。這樣的交通流量常常導致道路利用率不足，一個方向嚴重塞車，而另一個方向交通順暢。在路上塞車，而旁邊還有這麼多空的車道，確實會讓人很洩氣。許多地方都利用這樣的閒置車道，讓它們可以逆向通行，因此它們的行車方向要看是在一天裡的什麼時段。

　　有很多方法可以落實這種雙向變化，其中最有效的方法是可移動式護欄。某些道路裝設了可以在車道之間移動的鉸接式混凝土分隔板。每天早上和晚上的間歇期，會有一台機器穿過道路「拉開」這種分隔板，把一條或多條車道的行車方向倒轉過來，增加每個尖峰時段的通行容量。

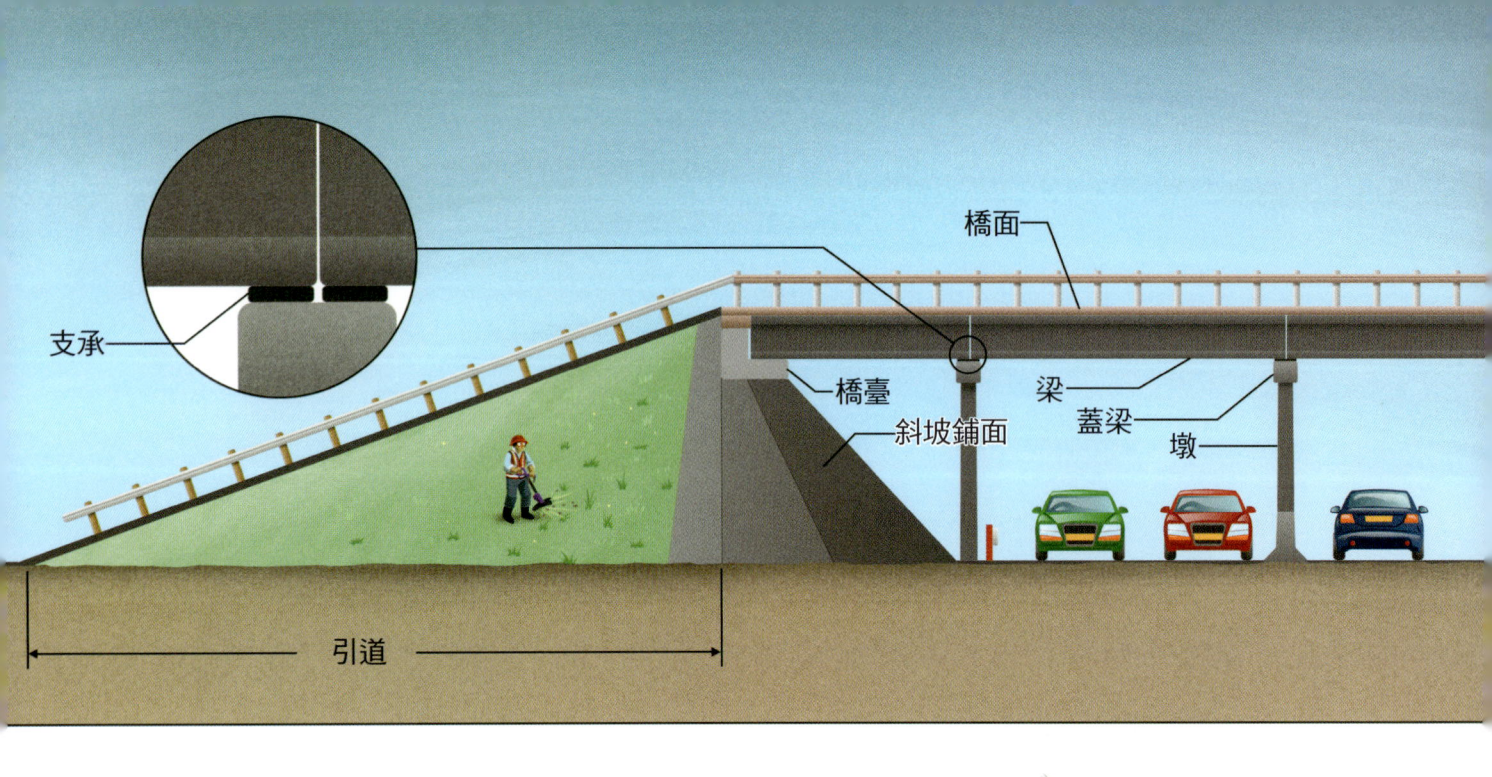

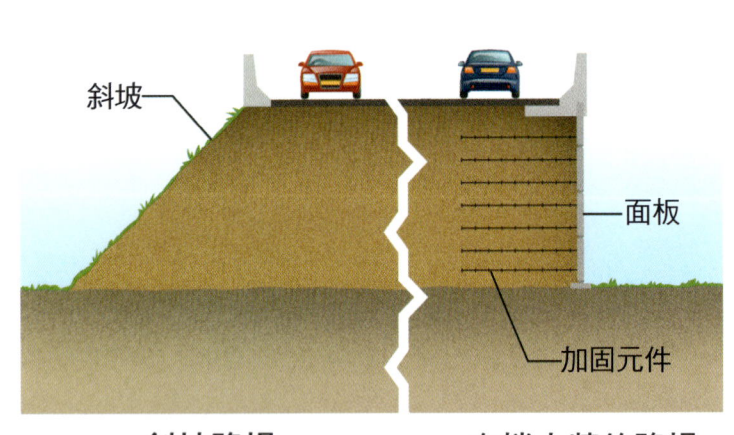

支承 — 橋面 — 橋臺 — 梁 — 蓋梁 — 墩 — 斜坡鋪面 — 引道

斜坡 — 面板 — 加固元件

斜坡路堤　　有擋土牆的路堤

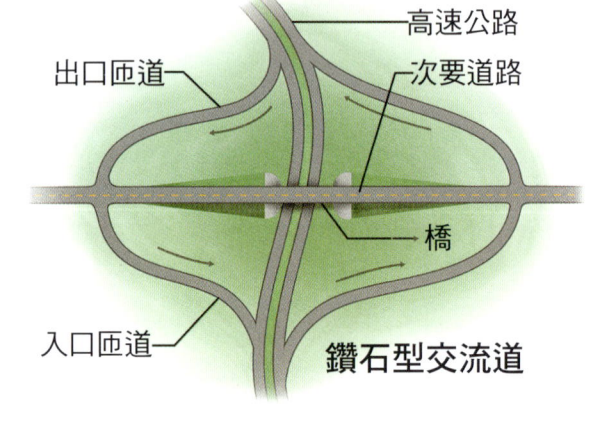

高速公路 — 出口匝道 — 次要道路 — 橋 — 入口匝道

鑽石型交流道

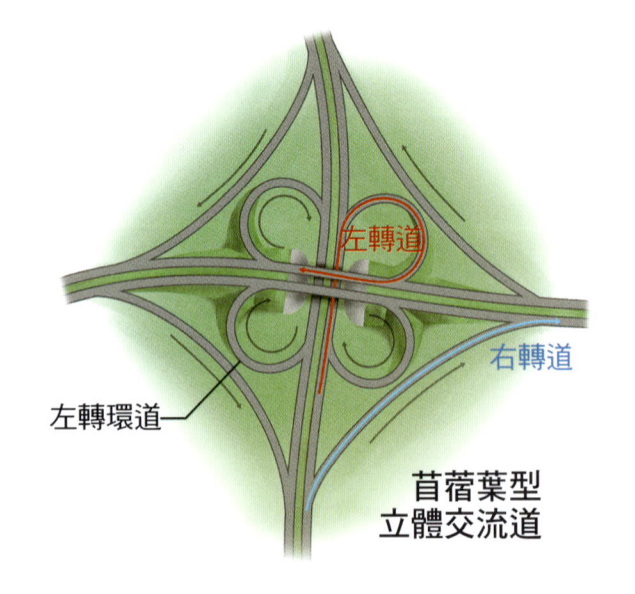

左轉道 — 右轉道 — 左轉環道

苜蓿葉型立體交流道

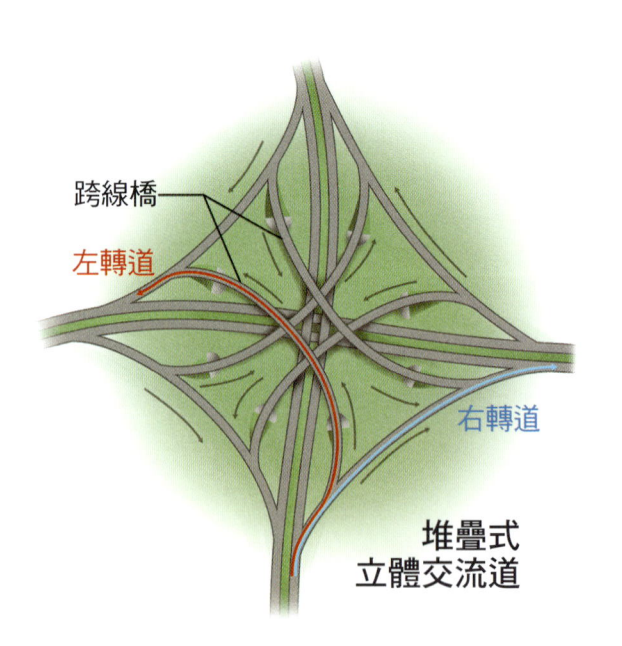

跨線橋 — 左轉道 — 右轉道

堆疊式立體交流道

3-8 交流道

　　就像前面幾節提到的，當道路交會時，幾乎總會造成很難克服的問題。多個交通流需要一種方法來安全的占用這個共同經過的空間。當交叉路口在同平面時（也就是說在地面上），交通流就必須中斷。透過交通標誌、號誌或圓環，路權會分別被分配給各個交通流，而讓其他交通流先等候。在高速公路上，像這樣頻繁走走停停是行不通的，因為高速公路使用受控出入口來減少車流中斷，得以達成相對不受阻礙的高速交通車流。相反的，高速公路的入口、出口和交叉路口通常是透過立體交叉路口（也稱為交流道）完成的。交通立體化讓車流能夠安全的相互交錯，而且行車效率高、不會中斷。

　　一種相當常見的立體交叉類型是<u>鑽石型交流道</u>，通常用在<u>高速公路</u>與<u>次要道路</u>交會的地方。<u>出口匝道</u>從高速公路岔出，與次要道路以直角交會。出口匝道經過次要道路之後，變成<u>入口匝道</u>，再接回高速公路。在匝道形成的兩個傳統型態交叉路口，就以交通標誌或交通號誌來管控。其中一條道路會包含一座橋梁（稱為高架橋），來達成交通立體化。高速公路的橋梁有很多可以從外部觀察到的特徵。

　　橋梁的上部結構包括了<u>梁</u>——用來支撐讓車輛通行的<u>橋面</u>結構構件。橋梁的重量、以及橋梁上面所有汽車和卡車的重量，必須轉移到橋梁的橋基上。這過程是經過下部結構來完成的。<u>橋臺</u>在橋梁的兩端為梁提供支撐，承受上部結構的水平與垂直載重。在橋梁每個跨距之間的中間支撐結構，由單一橋柱組成時稱為「<u>橋墩</u>」，在使用多橋柱構架時稱為「<u>橋架</u>」。它們通常只設計來負擔垂直載重，比兩座橋臺更簡單且更小。在某些情況下，橋墩會再加上<u>蓋梁</u>，把外力均勻分布到每根梁柱上。

　　橋梁可能看起來像靜態的結構，但其實它們必須具有一定的彈性。車輛震動、地基沉降、溫度引起的膨脹收縮，甚至連風力，都會導致橋梁的上部結構產生細微的移動。大多數橋梁不是建造到夠堅硬來承受最細微的移動，而是使用<u>軸承</u>（<u>支承</u>）來調節這種移動。這些軸承通常由橡膠與鋼材交錯層疊而成，它們可以轉移橋梁的荷載，同時容許上層結構稍微移動。

　　地面道路和橋梁的交接區稱為<u>引道</u>，通常由土壤做的<u>路堤</u>組成。土壤經過一層一層壓實，構成平緩往上連接到橋梁的路徑。有

垂直面的土層並不穩定，因此路堤兩側通常都是<u>斜坡</u>。斜坡上通常會植草覆蓋，以防止水土流失。然而，橋下遮蔭處的草不見得能長得好，所以在橋下的斜坡土壤表面，通常會安裝混凝土板（稱為<u>斜坡鋪面</u>或<u>護坡</u>）來防止侵蝕。（第四章會更詳細介紹橋梁。）

斜坡路堤的一個問題，是它所占用的空間有多少。在城市地區，引道路堤經常依靠擋土牆做支撐，所以能釋出寶貴的空間。這些擋土牆通常由分層加到路堤裡的強化元素和互扣式混凝土面板組成，這種技術稱為機械穩定土（更多資訊請參閱前面章節。）

當兩條或更多條高速公路交匯時，交流道會變得更加複雜。理想的路口能容許每條交通流銜接到任何方向的任何交叉道路，而不會中斷。要達成這種連接有很多種方法，每一種都有自己的優點和缺點。一種基本的類型是<u>苜蓿葉型立體交流道</u>，因為它在地圖上看起來像苜蓿葉而有了這名稱。在這種交流道中，右轉的車輛沿著平緩的彎道銜接到交叉路口。左轉的車輛則經過交叉路口，然後沿著右側急轉彎環道，進入交叉路口到反方向的另一條路。苜蓿葉型立體交流道只需要一座高架橋，因此建造成本相對較低。然而，它們也有一些缺點，尤其是左轉的入口匝道位在出口匝道之前，迫使要上高速公路

和下高速公路的車流相互交錯，而這會嚴重限制交流道的通行能力。

另一種立體交流道是<u>堆疊式立體交流道</u>。在這種類型的路口，右轉通常維持在上坡上，就像苜蓿葉型立體交流道一樣。然而，左轉彎是經過高架匝道處理的，通常稱為<u>跨線橋</u>。兩對左轉匝道必須跨過高速公路的上方或下方，所以才會叫做堆疊式交流道。在所有不同類型的四向交叉路口中，堆疊式立體交流道通常具有最高的容量，然而，由於需要許多層高架道路，它們的結構複雜而且造價昂貴。

還有很多其他種類的高速公路立體交流道，而且現實世界裡找得到的大多數交叉路口，都借鑑了各種設計的元素。城市地區對於這麼龐大的結構體，會施加許多限制，包括所連接道路的數量、大小和方向，以及所有這些匝道的可用空間（更不用說所有基礎設施工程裡始終存在的兩個限制：進度和預算）。最大、最複雜的立體交流道通常被稱為<u>義大利麵式交流道</u>，高聳的交織匝道銜接著每個方向的車流。

我駕車上公路出遊時，常會刻意安排路線以確保能經過每個交流道的最高層，只為了欣賞到城市的最佳景觀（就算為時短暫也無妨），對此我有點不好意思。

仔細瞧瞧！

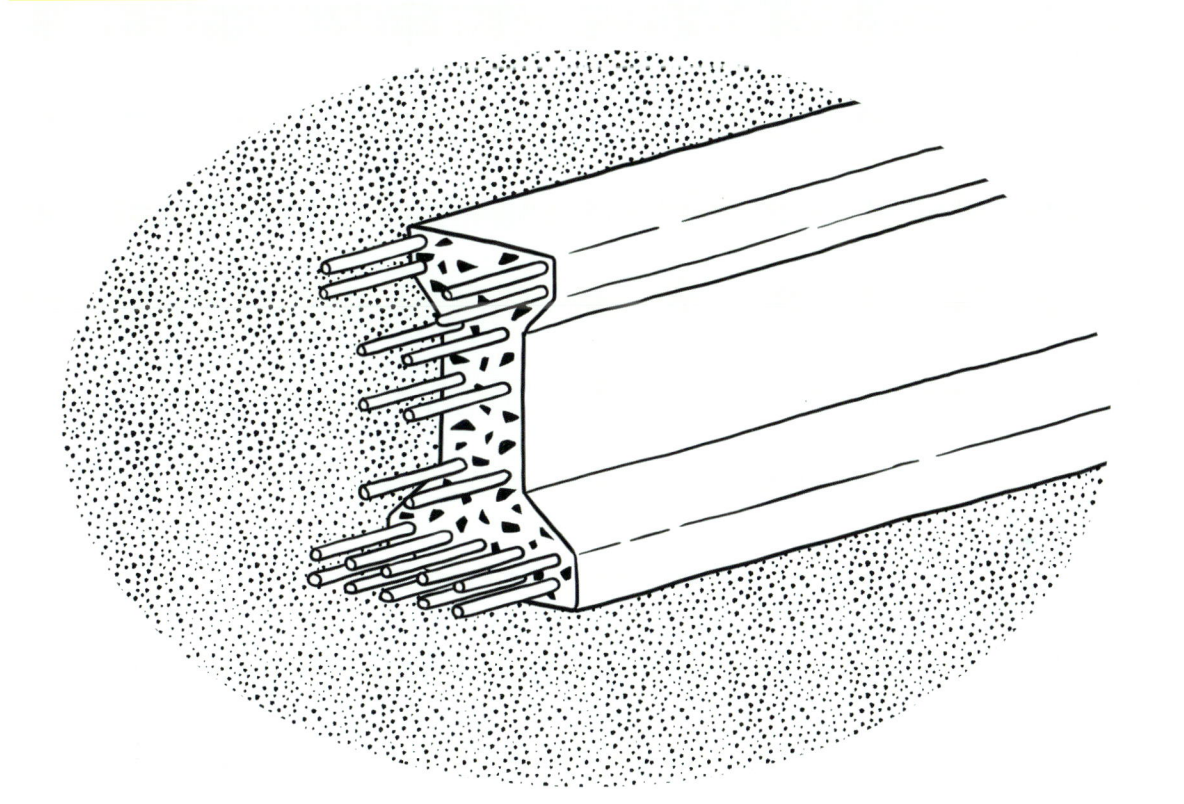

　　一種常用來製作橋梁大梁，且在這些結構中占有很大比例的材料是混凝土。和鋼構或其他材料製成的梁相比，混凝土製成的梁使用壽命更長，所需要的養護更少。但是混凝土也有一些弱點。雖然它的抗壓能力很強，但是一旦受到張力（試圖把它拉開的力），混凝土很快就會被破壞。橋梁的梁既會承受張力，也會承受到壓力，因此必須能同時抵抗這兩種力，這就是為什麼混凝土結構構件會用鋼筋強化。混凝土裡的鋼筋和混凝土組成一種複合材料，混凝土提供抗壓應力的強度，鋼筋則提供抗拉應力的強度。對於橋梁用的梁，這種鋼筋通常施加了**預拉應力**。當濕混凝土澆注到模具裡，鋼筋會拉伸並維持拉緊。等到混凝土硬化，鋼筋裡的張力就會像橡皮筋一樣將它緊緊壓縮，使得梁更加堅硬且不易開裂。這種梁是在工廠製作的，因此可以在運送到工地後，直接吊裝到定位。

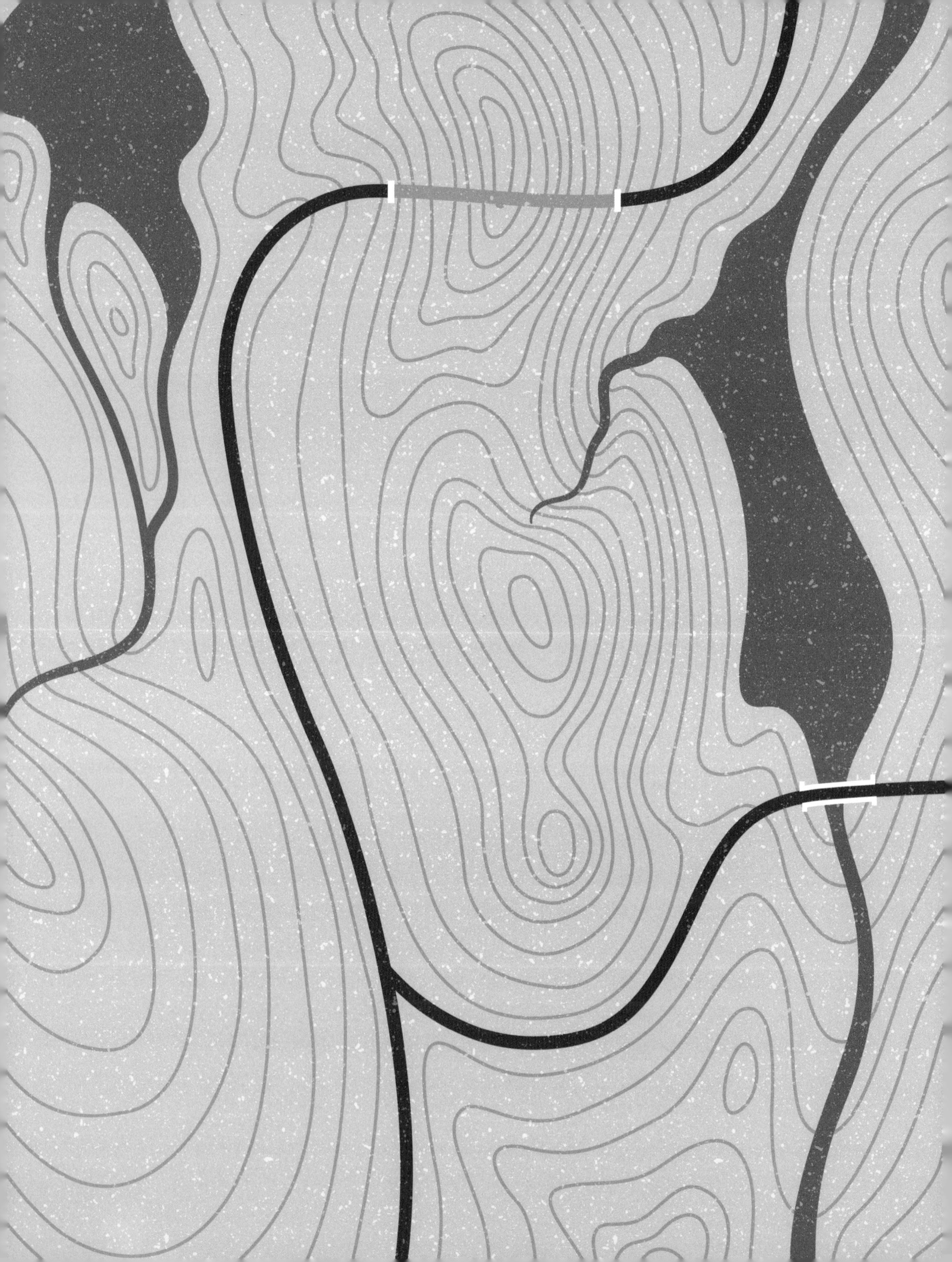

4

橋梁與隧道
BRIDGES AND TUNNELS

引言

儘管地球擁有不少自然美景，但它們也常常對我們的旅行和交通帶來不少的挑戰。事實上，地球上許多最壯麗的景觀，也最難以越雷池一步。對於道路、鐵路，或是其他沿著地表的通道，河流和山脈是很不利的地形。一旦地勢太潮濕、陡峭、凶險，或是很容易造成災害，能前進的唯一道路就是往上或往下。在峽谷、山谷和河川，道路是利用橋梁來擺脫大地的限制。而在山丘、山脈、以及較淺的水路，人們會逕自挖洞通到另一邊。或許是因為這些結構物解決了一個重大而特別的問題——也就是創造了一條通往另一邊的道路——橋梁和隧道成為備受讚譽的人造成就，而且充滿著令人著迷的工程細節。它們幾乎都是為特定地點量身打造，符合當地的景觀、地質和水文，更不用說當地的建築特色取向和風格了。因此，每座橋梁和隧道都獨具特點。由於這些橋梁和隧道的規模與重要性，它們往往就對外反映出那些特點，成為其所連接地點的象徵。

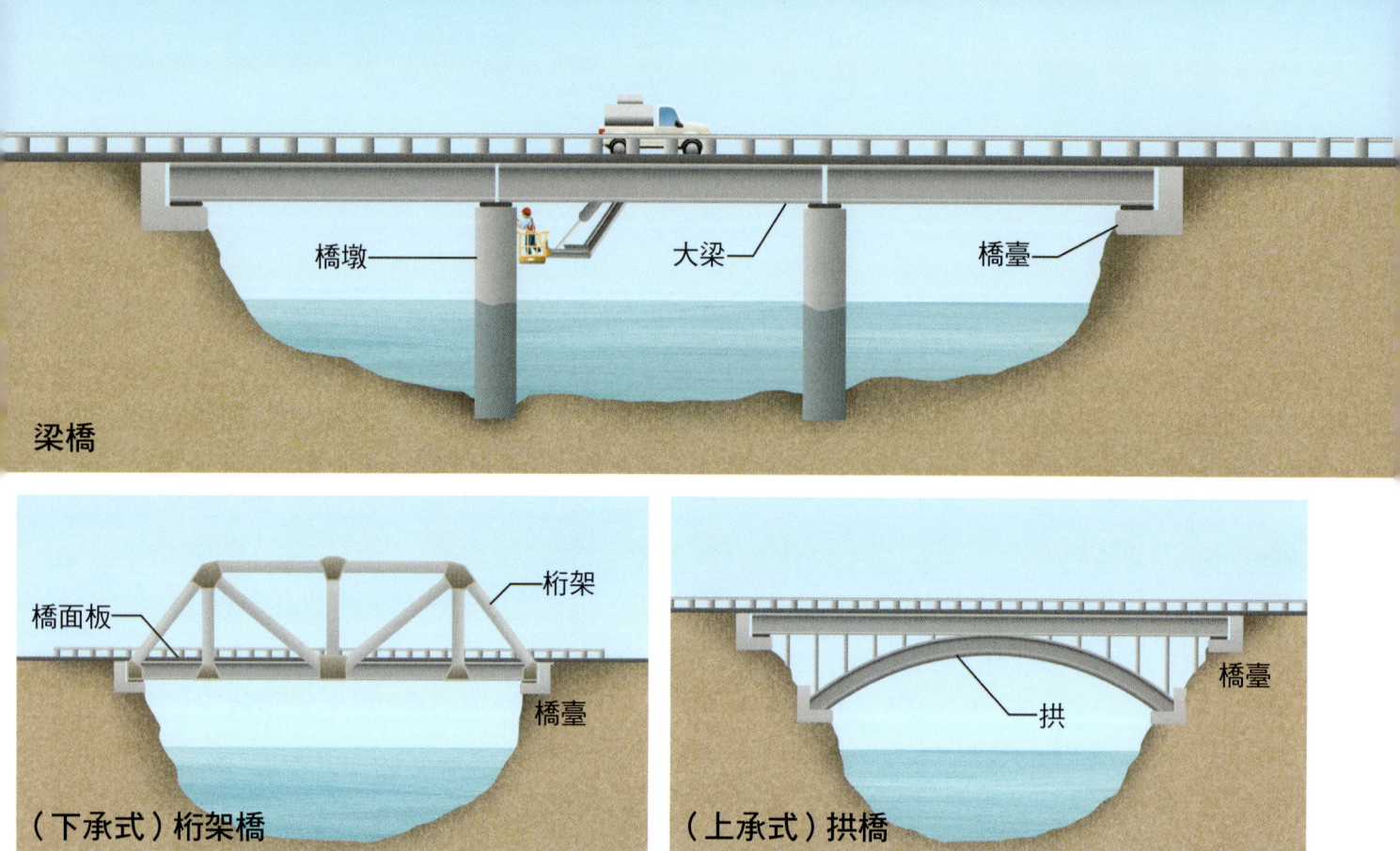

梁橋
橋墩　大梁　橋臺

（下承式）桁架橋
橋面板　桁架　橋臺

（上承式）拱橋
拱　橋臺

懸臂橋
懸臂　懸索段 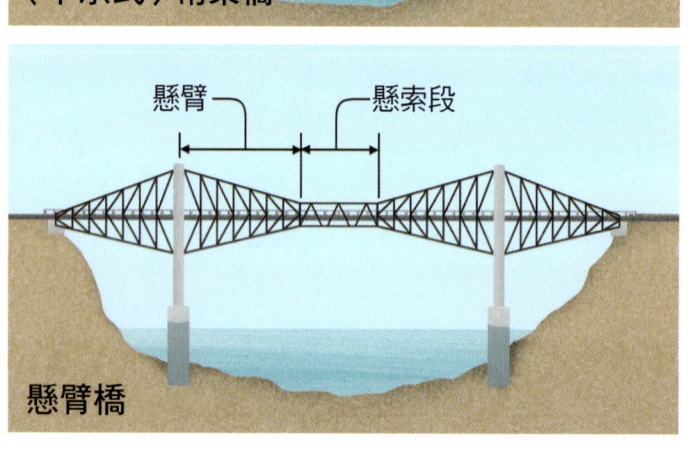

斜張橋
橋塔　斜索 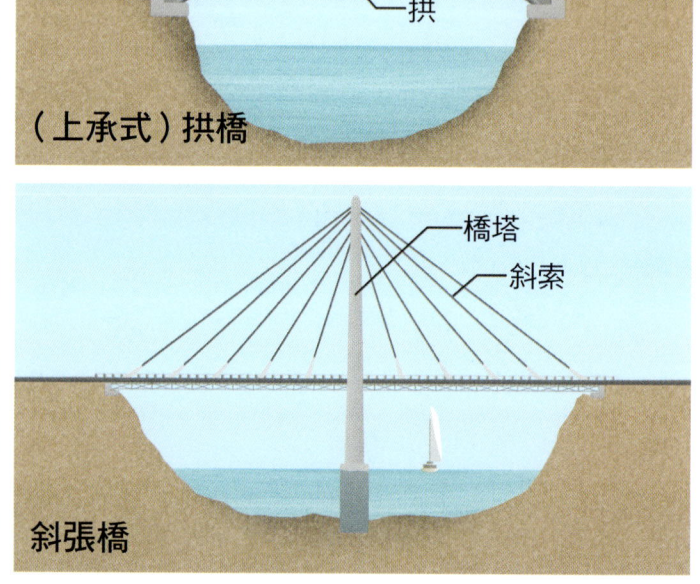

懸索橋
地錨　塔架　懸索　主懸索　地錨　桁架

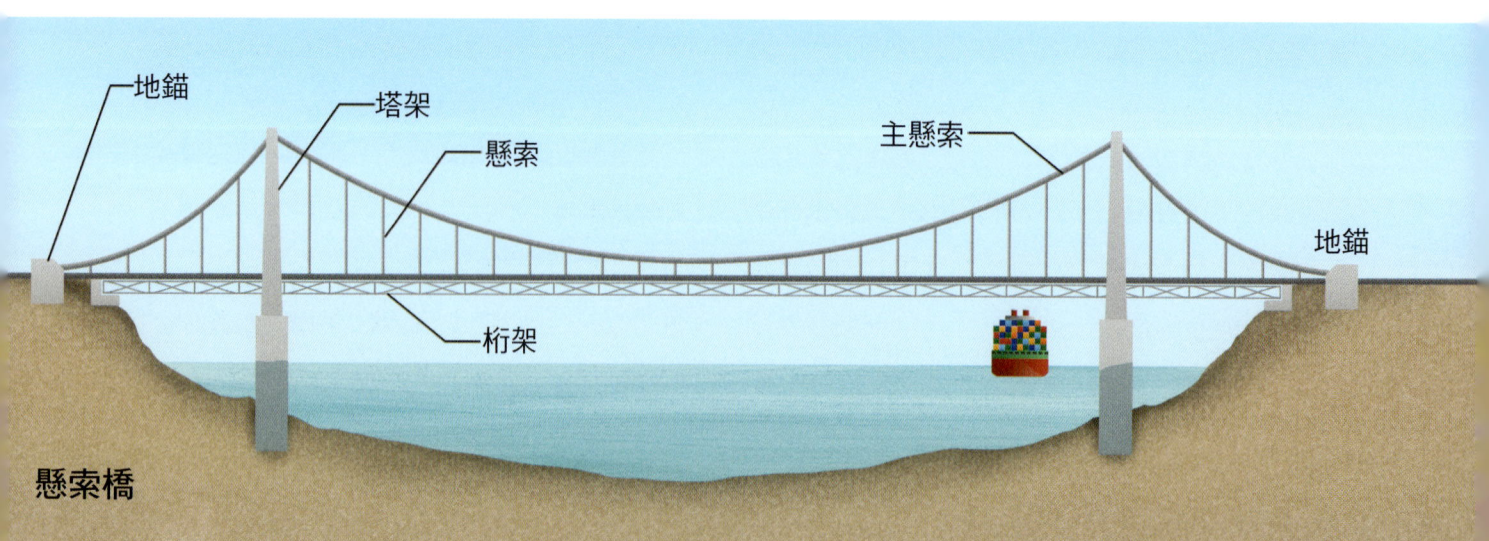

4-1 橋梁的種類

我們每天仰賴的基礎建設，有許多不見得美得像畫。我們一定有辦法打造出精美的電力傳輸線路，或是令人驚嘆的汙水下水道，但是很少有人想要背負那樣的花費。然而橋梁就不一樣了。人類似乎打定主意，要是我們非得用什麼結構物打亂最美麗的自然景觀，那麼至少應該讓它們展現點迷人風采。這倒不是說世界上沒有醜陋的橋梁，但是在設計橋梁時，它的外觀往往是重要考量。對於建築工程愛好者來說，有許多橋梁美得令人屏息。要橫跨一道缺口有很多方式，所有方式的功能就只有一個，但是外型上卻各有千秋。不論一座橋梁是如何完成的，它能在底下沒有任何東西的情況下支撐可觀的荷重，必定有某種神奇的結構。

其中一種最簡單的跨越結構物是<u>梁橋</u>，由安置在<u>橋墩</u>或<u>橋臺</u>上的一根或多根梁（通常稱為<u>大梁</u>）所組成。梁橋通常無法跨越太長的距離，因為所需的大梁勢必會太大。跨距長到某個距離的時候，梁會重到橋梁無法支撐它本身的重量，更不用說要支撐上頭的路面和交通流量了。梁橋主要用在跨距短、或是可以建造很多橋墩做支承的情況。公路交流道所使用的橋梁，大多數就是梁橋。雖然立體交叉橋有自成一格的美感，不過通常以實用為主要考量。（可參照第三章關於交流道的更多細節。）

要解決結構物構件自重這個難題，一種方法是使用<u>桁架</u>來替代大梁。桁架是一種使用較小的構件組合而成、兼具剛性與輕量化的結構。這些減重方法使桁架能比實心大梁跨越更長的距離。<u>桁架橋</u>可以採用多種形式。前一頁插圖展示的是<u>下承式桁架橋</u>，它包含了在底層的道路<u>橋面板</u>，以及橋面上方的結構構件。與它相對的是<u>上承式桁架橋</u>，這種橋是把結構構件隱藏在道路下方。

另一種橋梁則是利用已經流傳近千年的一種結構形狀：拱。大多數材料在對抗沿其軸線的施力時，要比對抗直角方向的施力（稱為<u>彎力</u>）時強得多。<u>拱橋</u>利用弧狀的構件，把橋本身的重量轉移到幾乎完全運用抗壓力的橋臺上。許多最古老的橋梁都運用了拱結構，因為這是唯一能夠用當時能取得的材料（石頭和砂漿）來跨越溝渠的方法。即使到了現在，有了方便的新式鋼骨和混凝土，拱結構仍然是興建橋梁的常見選擇。拱橋很有效率的運用了建材，不過在興建時可能會比較困難，因為拱結構在完工之前無法提供支撐力，在建橋期間必須要有暫時的支撐，直到拱橋的兩端在頂點連接為止。

當拱結構是在道路下方時，我們稱之為<u>上承式拱橋</u>，其垂直的支承會把橋面上的荷重轉移到拱結構上（參見前一頁的「拱橋」圖片）。如果有部分的拱結構延伸到道路上

方，使得橋面板懸在拱的下方，則稱為下承式拱橋。拱可以用多種方式組成，包括個別的鋼梁、鋼骨桁架、鋼筋混凝土，乃至石砌或磚造的結構。對拱結構加壓的一個結果，就是會形成水平方向的力（稱為推力）。拱橋通常在兩端必須有強固的橋臺來提供推力，以抵抗可能承受的額外水平荷重。或者，像繫索拱橋就使用像弓弦一樣的一條弦索連接橋拱的兩端，如此一來就能抵抗推力。如果拱橋的兩端都安裝在單薄的橋墩上，那麼你就可以確定它們是綁在一起的。

另一個增加梁橋跨距的方法，是移動支承的位置，讓每一段橋面板在該段的中心點達成平衡，而不是在每個端點做支承。懸臂橋利用從支承水平突出的梁或桁架，把大部分重量移到支承上，而不是在跨距中間。典型的懸臂橋有四個支承，由其中在中央的兩個橋墩來承受橋梁的壓縮負載；最外側的支承則抵抗張力，來提供每支懸臂所需的平衡力。懸臂橋往往使用大型的鋼骨桁架，不過也可以用混凝土興建。有些懸臂橋甚至會在兩支懸臂之間，加上一段懸索結構。

世界上最長的橋梁就是藉助了鋼能抗衡極大張力的優點。斜張橋藉由在橋面上方連接橋塔的鋼纜（即斜索）來支撐橋面，這些鋼纜會形成扇形，使這種橋梁有獨一無二的外觀。斜張橋依照其跨度，可能會有一座位在中央的橋塔，或是有兩座橋塔，由於其構造簡單，這種橋梁可以有更多樣的結構，因而出現一些引人注目且往往不對稱的形狀。

斜張橋的橋面是用斜索直接連接到每座橋塔，懸索橋（吊橋）則是使用兩條大型主懸索搭配垂直的懸索，把下方的道路橋面板吊起。懸索橋由於跨度極大且外觀纖細而優雅，成為一種代表性的結構物。這種橋兩邊的塔架會像帳篷的帳杆那樣，把主懸索撐起來，使橋梁絕大部分重量都經由塔架轉移到橋基上，其餘的重量則藉由防止主懸索被拉扯脫離地面的巨大地錨，轉移到橋臺上。由於懸索橋主體結構纖細且重量輕，所以大多需要沿著橋面加上大梁或桁架，來增加其剛性，以降低因風力和交通荷載遭成的移動。這種橋梁的興建與維護成本相當高，所以只有在別無選擇時才會採用。很多人認為，懸索橋是土木工程獨創性的極致之作。

最後一種橋梁是會動的那種，通常是為了讓船隻能夠通過。雖然不是很常見，但世界各地還是有不少類型的可動式橋梁，它們全都是為了特定地點量身打造、獨一無二的橋。我首次到訪一座城市時，很喜歡的一項活動就是觀賞作動中的橋梁，想辦法了解它是怎麼運作的。

仔細瞧瞧！

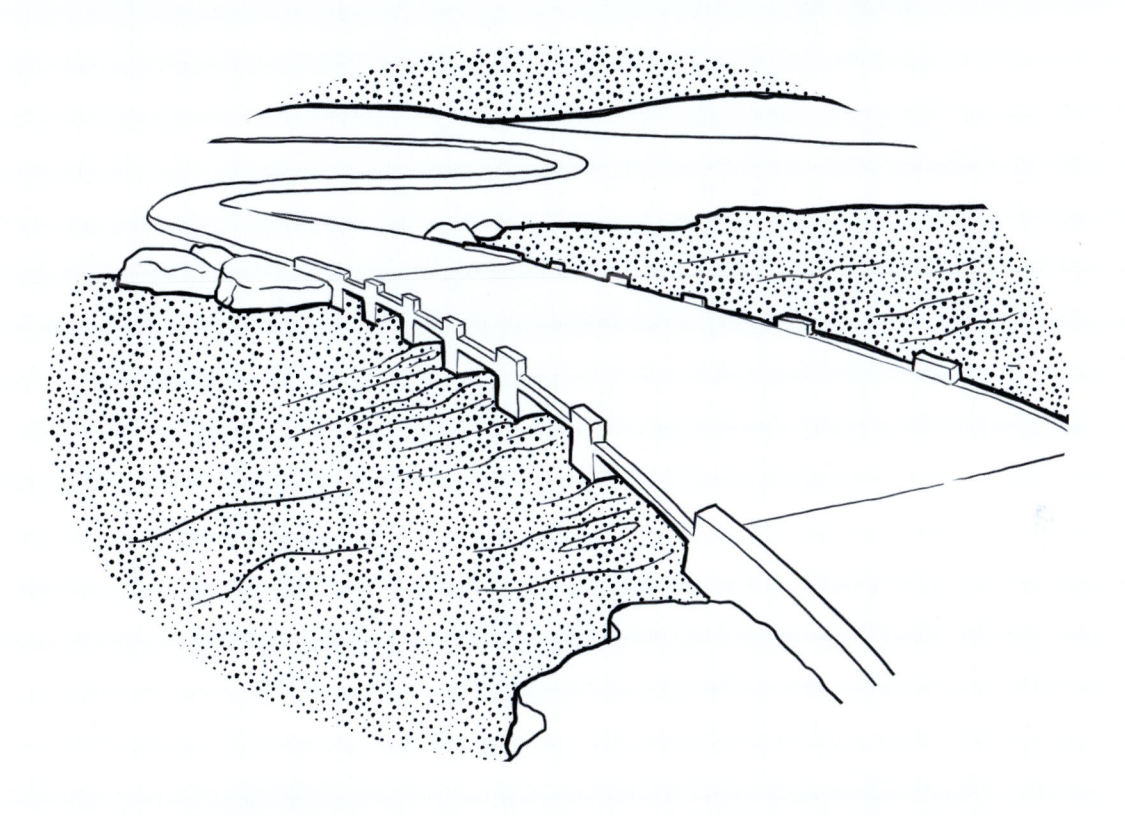

　　在資金吃緊時，要跨越小溪流的其中一種選擇，是採用**低水橋**（又稱**浸水橋**）。低水橋不像一般橋梁搭建在正常水平面以上，它的設計是在水平面上升時會被淹沒。這種橋在容易發生暴洪的地區最常見到，這些地區河溪的逕流升降得很快。在理想的情況下，低水橋每年在嚴重暴雨期間，只會有少數幾次無法通行。只不過，低水橋還有其他缺點。其中之一，是這種橋會像**水壩**一樣阻礙魚群通過。另外一些問題則和安全有關。有很大比例的洪水致死事故，發生在有人試圖駕車通過淹沒道路表面的積水時。水非常重，只要少量卻湍急的水流，就能把車輛推到河流或小溪裡。這就意味著，避免了橋梁成本花費所省下來的資源，往往至少有一部分要用在暴風雨期間架設路障，在繁忙的交叉路口安裝洪災自動警告系統，以及進行宣導活動，要求駕駛人不要駕車通過積水路面。

橋梁結構示意圖

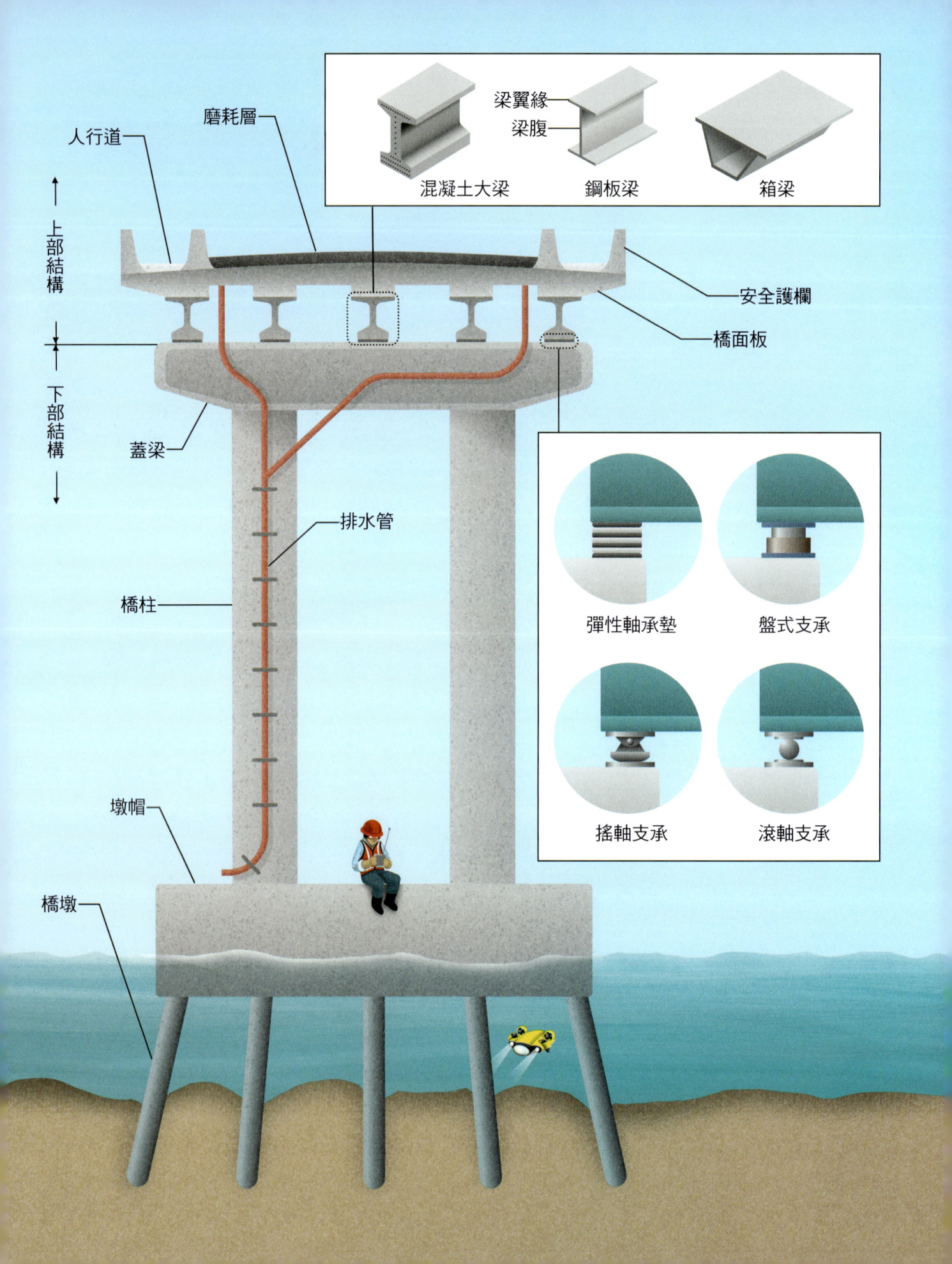

上部結構：
- 人行道
- 磨耗層
- 安全護欄
- 橋面板

下部結構：
- 蓋梁
- 橋柱
- 排水管
- 墩帽
- 橋墩

梁型式：
- 混凝土大梁（梁翼緣、梁腹）
- 鋼板梁
- 箱梁

支承型式：
- 彈性軸承墊
- 盤式支承
- 搖軸支承
- 滾軸支承

4-2 典型的橋梁斷面

雖然每座橋梁都不同，但是大多數都可以從外部觀察到它們共通的元素。從橋梁的橫切面可以看出有助於其功能的各個部分。橋梁通常可分為**上部結構**和**下部結構**，前者承載了跨過每個跨距的交通荷載，後者則把上部結構的重量轉移到橋基，這兩個部分都包含了迷人的細節。

橋梁表面讓車輛通行的地方稱為橋面。最常見的橋面，是由安放在大梁上的混凝土板所組成。在某些情況下，這些混凝土橋面板是預鑄的，在吊高到定位之前，就已經固化成形並且養護完成。另一些時候，橋面板則會當場澆鑄，用模具來保持它的外型直到混凝土硬化。如果在興建期間使用這種方法，務必要謹慎施作，畢竟混凝土相當重，一旦越來越多橋面板加在大梁上，結構物就會開始彎曲。為了避免裂開，施工人員會謹慎安排好作業順序，因此這種搬移工作大多會在放置橋面板期間的初期，在混凝土完全硬化之前進行。

橋面板會有個斜度，若不是從中央（稱為**拱頂**）、就是從一側邊緣開始傾斜，以確保雨水不會積在路面上。混凝土橋面板上會加一層防水層和鋪面，以保護橋面抵擋惡劣天候，以及交通造成的毀損。這一層**磨耗層**也能鋪平任何不平整的地方，讓駕駛人開車更舒適。磨耗層可以定期更換，而下面的混凝土板則是橋梁的永久結構。橋面板通常還會沿著邊緣加上**安全護欄**，以防止失控的車輛墜橋；還有**排水管**引導水遠離結構構件，以及**人行道**提供行人通行。

大多數橋梁會根據其設計，決定採用哪種大梁來支撐橋面板。在梁橋中，大梁是把所有外力轉移到下部結構的主要承重構件。而在其他類型的橋梁中，大梁也許只是用來增加橋面板的剛性，或是在橋面板與懸索、斜索、或是桁架承受抬升力的節點之間，支撐其重量。大梁上方與下方的最末端所承受的外力最大。通常梁的上側是受到壓力，下側是受到張力，所以大多數大梁會做成「工」字形，讓**梁翼緣**有更多材料，而中間的**梁腹**則比較窄，因為此處所承受的外力沒那麼大。這些大梁通常是用**鋼板**或**鋼筋混凝土**製成。另一種普遍採用的形狀是**箱梁**，它們基本上是一種封閉的管狀結構，由於比傳統的大梁更能承受扭轉的外力，因此通常用在有彎度的橋梁。

軸承（或稱**支承**）把橋梁上部結構的荷

載轉移到下部結構；它們「承受」了橋的重量。大梁不能直接放置在橋墩或橋臺上，原因很簡單：橋梁會動。上部結構在移動的交通荷重之下，會變形和震動；在烈日曝曬下會延展，在冷卻的時候（尤其是在冷冽的冬夜裡）會收縮。沒有和下部結構分開的話，這些位移會產生應力，很可能因而損壞橋梁構件。軸承提供了這種隔絕功能，同時也藉由確保外力平均分散，來降低軸承的磨損與撕裂。對於這些難題，有很多讓人拍案叫絕的解決方法，如果你細心觀察，就會注意到有很多類型的橋梁軸承系統。

現代的橋梁大多使用一種彈性（或者說柔性）的材料，來支撐橋面板和大梁的重量，同時容許橋墩之間較細微的震動、轉動和移位。這種**彈性軸承墊**有時是獨立的組件，由純橡膠或橡膠與鋼板層層壓合組成，以控制其膨脹。另一種選項是**盤式支承**，它是在鋼製圓柱上安裝彈性材料；這種支承可以防止橡膠受擠壓往側邊膨脹，所以能使用更柔軟而強韌的材料。有時盤式支承會再加上鋼板來適應滑動，並且根據橋梁的需求，設計成可抑制或釋放不同的運動。許多較古老的橋梁使用了**滾軸支承**或**搖軸支承**，以容許上部結構轉動及水平運動，這類支承由於

維護的成本太高昂，現在大多已經淘汰。

橋梁下部結構包含承載了來自大梁、橋面板、桁架、主懸索與懸索的載重的垂直構件，把這些載重轉移到底下的地面。下部結構可以採用許多形式，要看橋梁下方的土壤、岩石性質，橋梁構件是否容易受到河水強力沖刷，以及要支撐的橋梁種類而定。橋梁跨距中間的實心支撐通常稱為橋墩；如果一座支撐包含了好幾根**橋柱**和一個**蓋梁**，則稱做**橋架**。另外，橋跨的每個末端都有一個橋臺。這些支撐通常比橋墩或橋架更大，因為它們承受上部結構垂直和水平這兩者的荷載。橋臺也是橋梁和同平面道路之間的轉換點，因此有時候會充當臨近道路下方土壤的擋土牆。

橋基是下部結構的一部分，負責把橋墩、橋架或橋臺的重量轉移到地下。有些橋基由稱做基腳（footing）的簡單混凝土鋪層組成；不過大多數橋基會使用橋墩、細鋼柱，或是鑽入或打入地下的混凝土構件。有時，橋墩會採用斜撐方式（也就是和垂直方向形成一個角度），以幫助抵抗除了垂直力之外的水平力。每個支撐會使用多根橋墩，這些橋墩會用**墩帽**結合在一起，而橋柱就安裝在墩帽上。

仔細瞧瞧！

　　橋梁下部結構和上部結構之間的支承提供了支撐力，同時也容許橋梁有活動的空間，以避免累積不必要的應力。但是橋梁在路面板上也必須留出間隙，因應這種位移。這樣的間隙稱為伸縮縫，它的寬度至少必須和橋梁在最熱與最冷的日子的長度差等寬；橋梁的跨距越長，這個間隙就得越大。駕駛人通常不喜歡開車直接壓過這種沒有支撐力的大空隙。因此，橋面板就包含了可以讓汽車和卡車安全通過伸縮縫的迷你橋梁。這些伸縮縫通常採用交錯的鋼製齒狀或柔性的橡膠材料，來為駕駛人拉近間隙。下次你開車上橋梁或高架道路經過伸縮縫時，可以注意聽聽它發出的「咚咚」聲。

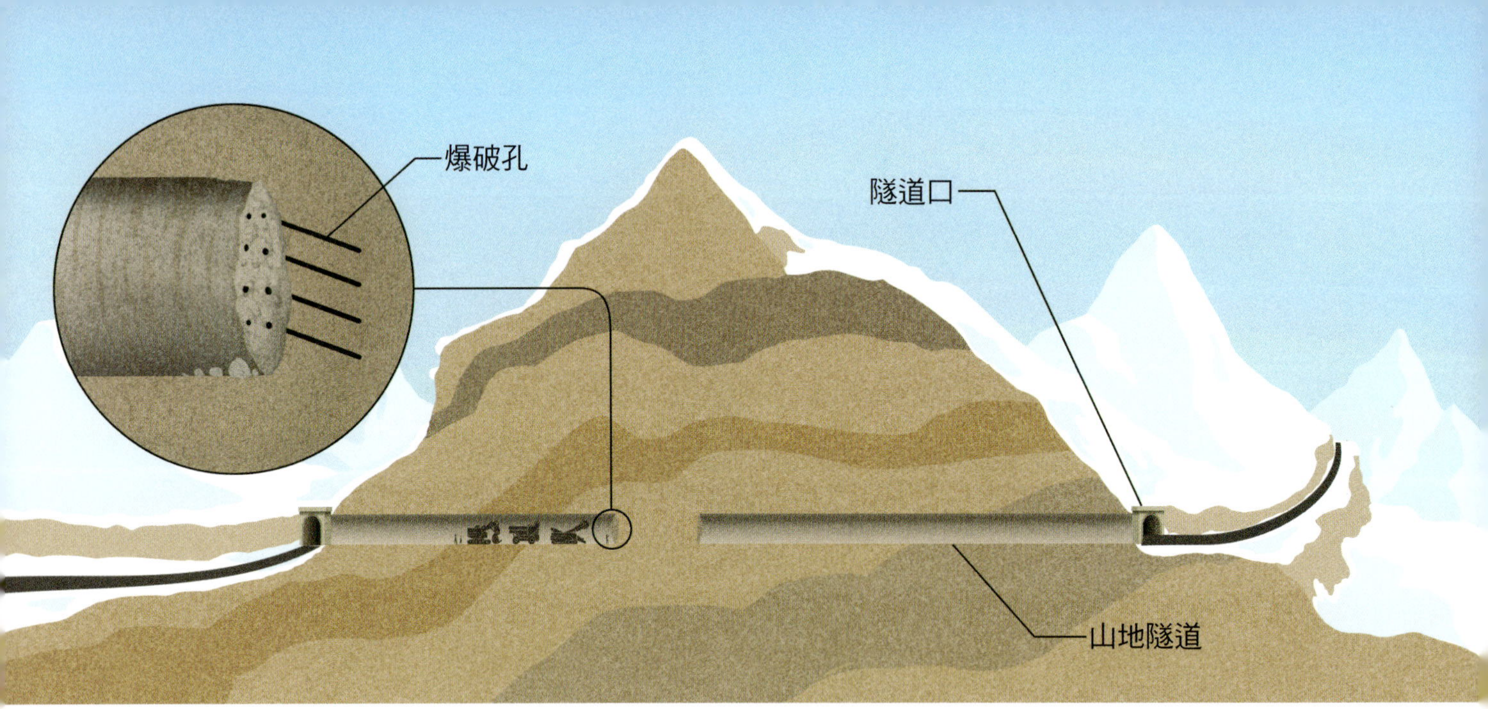
爆破孔
隧道口
山地隧道

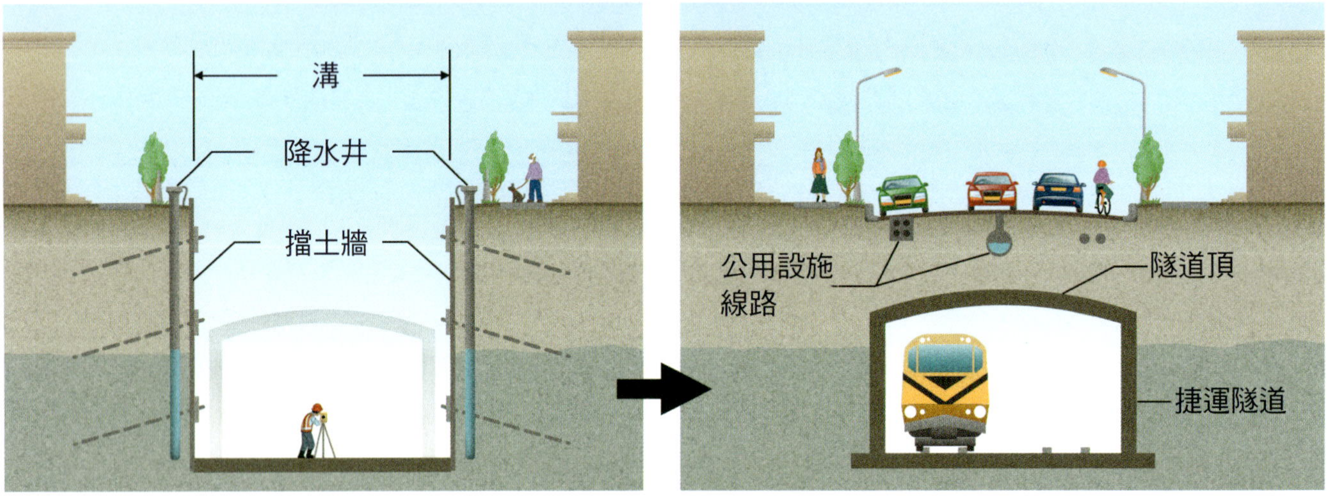
溝
降水井
擋土牆
公用設施
線路
隧道頂
捷運隧道

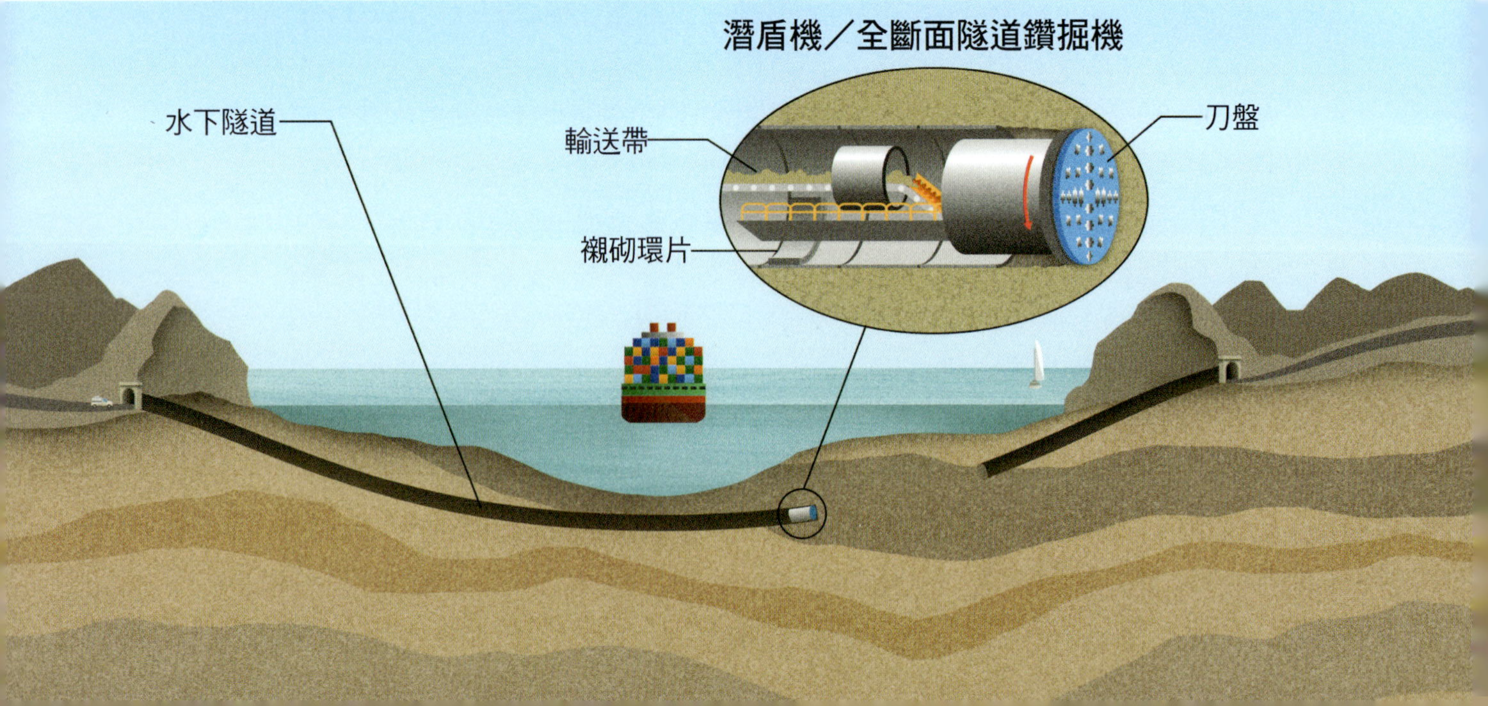
潛盾機／全斷面隧道鑽掘機
水下隧道
輸送帶
刀盤
襯砌環片

4-3 隧道概述

　　隧道的概念相對直截了當：一條穿過土層的空心管道，機動車輛、火車甚至行人，都可以從裡面通過。然而，隧道是世界上技術最為困難、施工成本最高的工程項目之一。有幾種類型的基礎建設會使用到地下通道（其中有許多在本書都有說明），但是本章的重點在介紹交通運輸用的隧道。儘管建造成本高昂且過程艱距，但是隧道可以穿越原本很難甚至不可能穿越的地理特徵。它們還開啟了旅行的全新層面，把人口稠密的都市地區的珍貴土地，做了最大程度的利用。對於設計隧道的工程師和通過隧道的旅客來說，地表以下是個截然不同的世界。不過，光是不在地表上而是在地面下行進，這件事本身就很有意思。

　　隧道的一個主要用途，是讓人們穿越障礙物。隧道在多山地區很常見，因為那些地方的地表坡度太陡或很危險。有時候，與其蜿蜒越過陡峭的地形，還不如直接穿過它。有些山地隧道的入口和出口（統稱為隧道口）之間距離很短，然而最長的隧道可長達三十英里（五十公里）。

　　隧道能克服的另一種障礙物是水。橋梁並不全然是越過河流或海灣最簡單的方法，尤其在海上交通繁忙的地區。在橋梁及其支撐可能占用到水道的地方，水下隧道就能夠讓船隻不受限制的通行。

　　隧道的另一個關鍵作用，出現在地面空間很珍稀的城市人口密集地區。捷運鐵道通常會使用地下的空間，以免和地面道路及其他基礎設施互有衝突。由於捷運通常距離地表不深，所以許多捷運隧道會採用明挖回填工法興建，從挖一道溝開始。要在都市地區開挖到地下，是一項具破壞性且極為艱鉅的考驗。現有的道路必須改道；公用設施線路必須加以保護或重新定向；附近的建築物可能需要另加支撐以免下陷。在隧道可以興建時，需要使用擋土牆來維持溝槽開口（可參考第三章更詳細的介紹）。最後，還必須持續處理地下水。如果擋土牆不防水，可以安裝臨時降水井，直接從地下抽水。另一種選擇是用地層凍結法，利用製冷系統和冷卻劑管線，把水和泥土凍結成一層不透水的屏障。這個臨時的冰製擋土牆可以加固土壤，並防止地下水轉移到施工區域。

　　一旦挖了溝槽，就可以開始建造隧道本身的結構，無論是鐵路還是公路。隧道頂是最後安裝的構件。完成後，再對溝內進行回填，並恢復地面上的基礎設施。

　　興建水下隧道時，也經常採用明挖回填

工法。在沉管施工法中，會將預鑄的隧道段小心沉入水下疏浚過的溝槽裡。每個單元都要靠潛水員安裝，再回填土壤以防止隧道漂浮上來，然後再把水抽乾。在城市，明挖回填隧道常會分段建造，而不是一次挖通，因為耗費幾個月甚至好幾年在地面開挖一條很長的路段，在城市中是行不通的。要避免這種破壞可以採用另一種隧道施工法：鑽掘。

就像明挖回填工法一樣，隧道鑽掘也遵循著幾個主要步驟：挖掘並清除土壤或岩石，安裝支撐以阻擋周圍的土壤和水，然後完成隧道的各個要項。鑽掘的好處是可以在不影響地面上的情況下進行，從而加快施工速度，並且能在原本無法進入的區域（例如繁忙的街道沿線或現有建築物下方）施工。儘管歷史上的隧道施工方法使用了許多種技術，但現代隧道的掘進主要採用兩種方式。第一種是手動挖掘。在岩盤中，利用鑽爆破孔、在爆破孔裡填入炸藥，然後把岩石爆破，來往前挖開隧道面。在鬆軟土壤的話，工作人員可以使用盾殼這種臨時支撐，來提供進入隧道面的通路。手動挖掘隧道的一大優點，是可以調整設計以適應不斷生變的地質情況，只有在必要時（例如岩石脆弱或破碎時）才安裝額外的支撐，因此能省下不必要的結構強化成本。

另一種選項是使用潛盾機（TBM；又稱為全斷面隧道鑽掘機）。這些巨大的機具設備就像超大型鑽孔機，使用旋轉的刀盤來鑿碎岩石和土壤。潛盾機還包含了在挖掘過程中清除棄土的輸送帶，以及用來安裝支撐隧道壁與隧道頂的混凝土襯砌環片的設備（下一節會更詳細介紹隧道襯砌環片）。儘管這些機器非常昂貴且不易載運，但是它們可以讓隧道施工過程變得更快速、更有效率。潛盾機最常用在地質條件非常惡劣的長距離、大斷面工程或隧道。

隧道開挖往往是個進展緩慢的過程，因此興建較長的隧道時，有時會同時從兩頭動工。這種做法縮短了工期，但也帶來了挑戰。兩組施工團隊要怎麼在看不見對方的情況下相互靠近，還能準確的在中間會合？引導隧道施工人員或潛盾機朝正確方向前進的測量員，無法使用導航衛星或地面的參考標記，經常是仰賴地球磁場來確立正確方位。而要達到這個目標，用羅盤儀是不夠精確的，因為營建工程使用的鐵和鋼構會造成干擾。即使方向最初只有一點點誤差，經過長距離後也會嚴重偏離，因此測量員會使用能以高精確度指向北方的陀螺儀。這種儀器能讓隧道在出口豎井的中心點準確貫通，甚至可以讓兩組隧道施工人員在中間會合。

仔細瞧瞧！

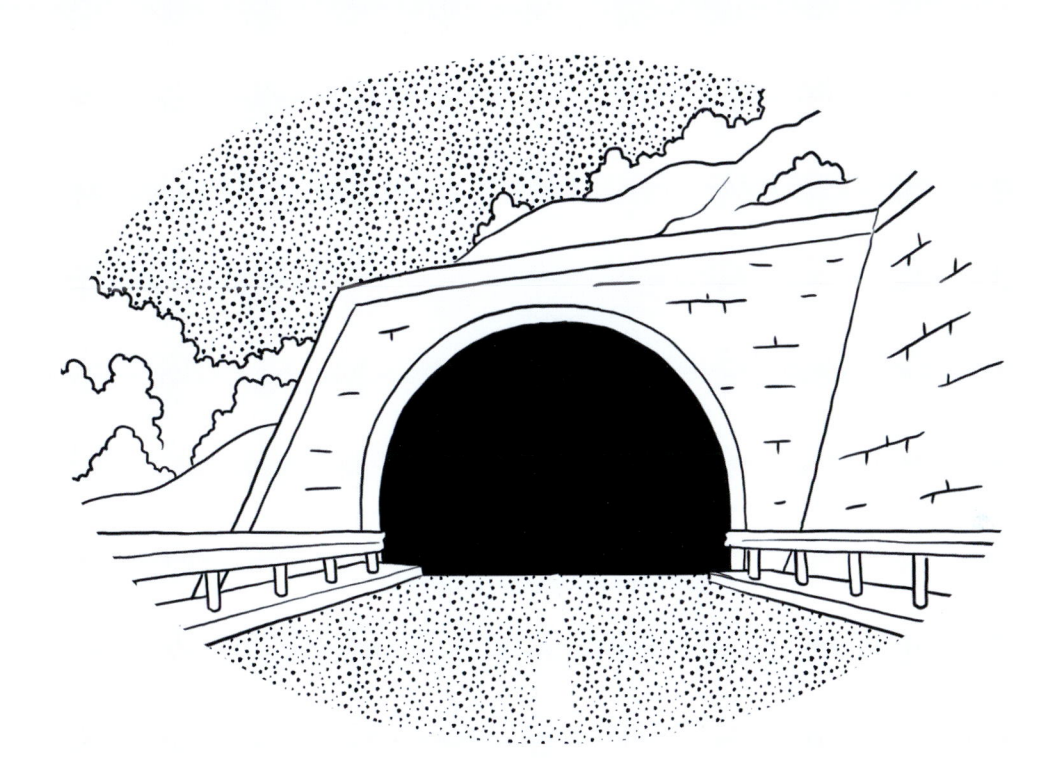

在白天開車進入隧道，從外面明亮的陽光進入到隧道內的人工照明時，視線會感受到急劇的轉變，工程師稱之為**黑洞效應**。這可能會成為嚴重的安全問題，因為人眼要適應亮度的變化是漸進式的。隧道入口處突然暗下來和隨後出口處突然變明亮，都可能會讓駕駛人一時完全看不到東西。目前已經採用許多創造性的解決方案，來解決這種亮度變化的難題。有些隧道在每個出入口前面使用遮陽結構，以提供更漸進的照明轉變。有些在出入口的牆壁上使用白色油漆，把更多人造光光線反射到駕駛人的視野中。大多數現代隧道使用了量身打造的照明方式，來確保駕駛人能夠清楚看到整段隧道。如果你留心注意，會發現當你經過隧道時，燈光的強度會逐漸從明亮變為昏暗，然後再度變亮。

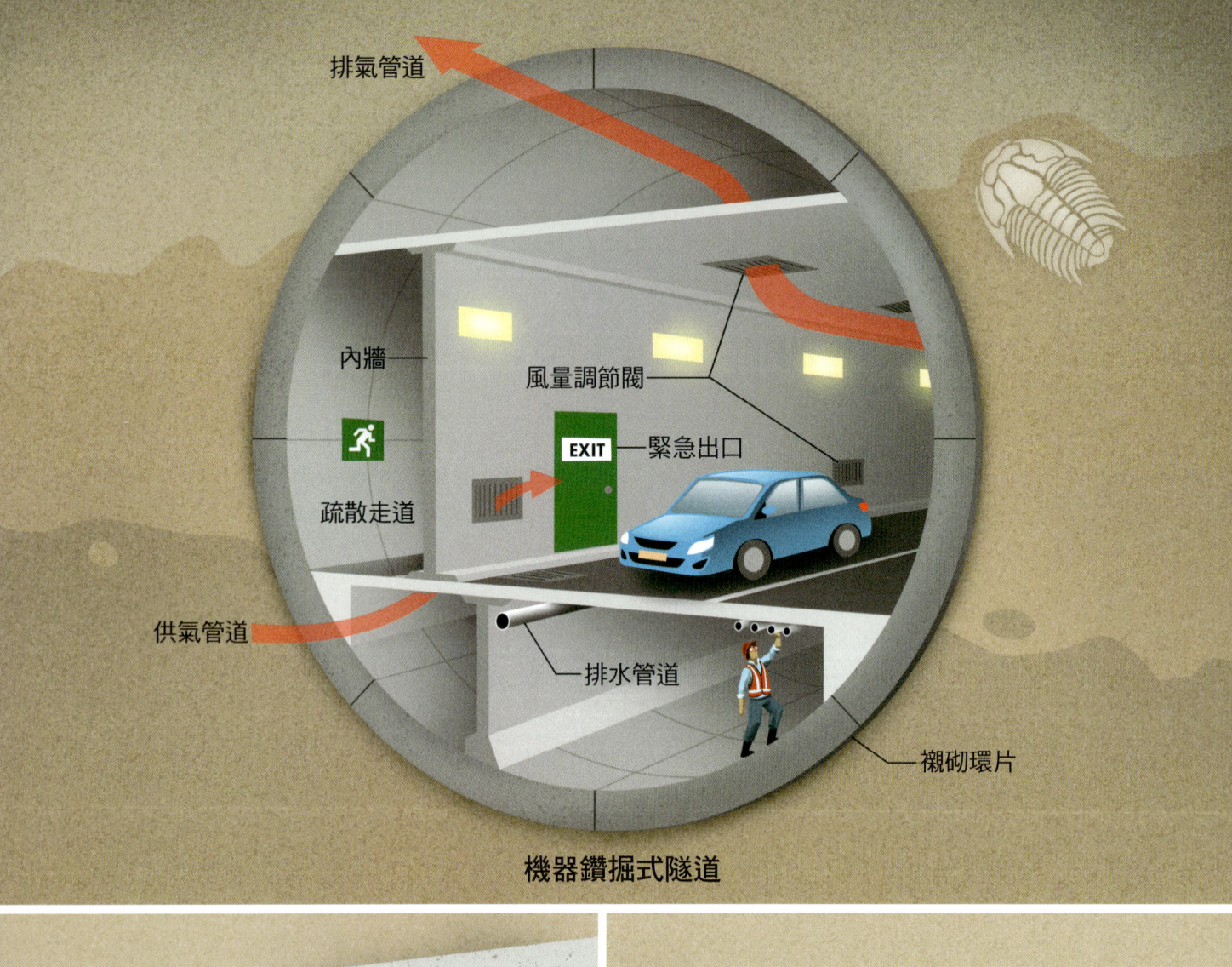

機器鑽掘式隧道

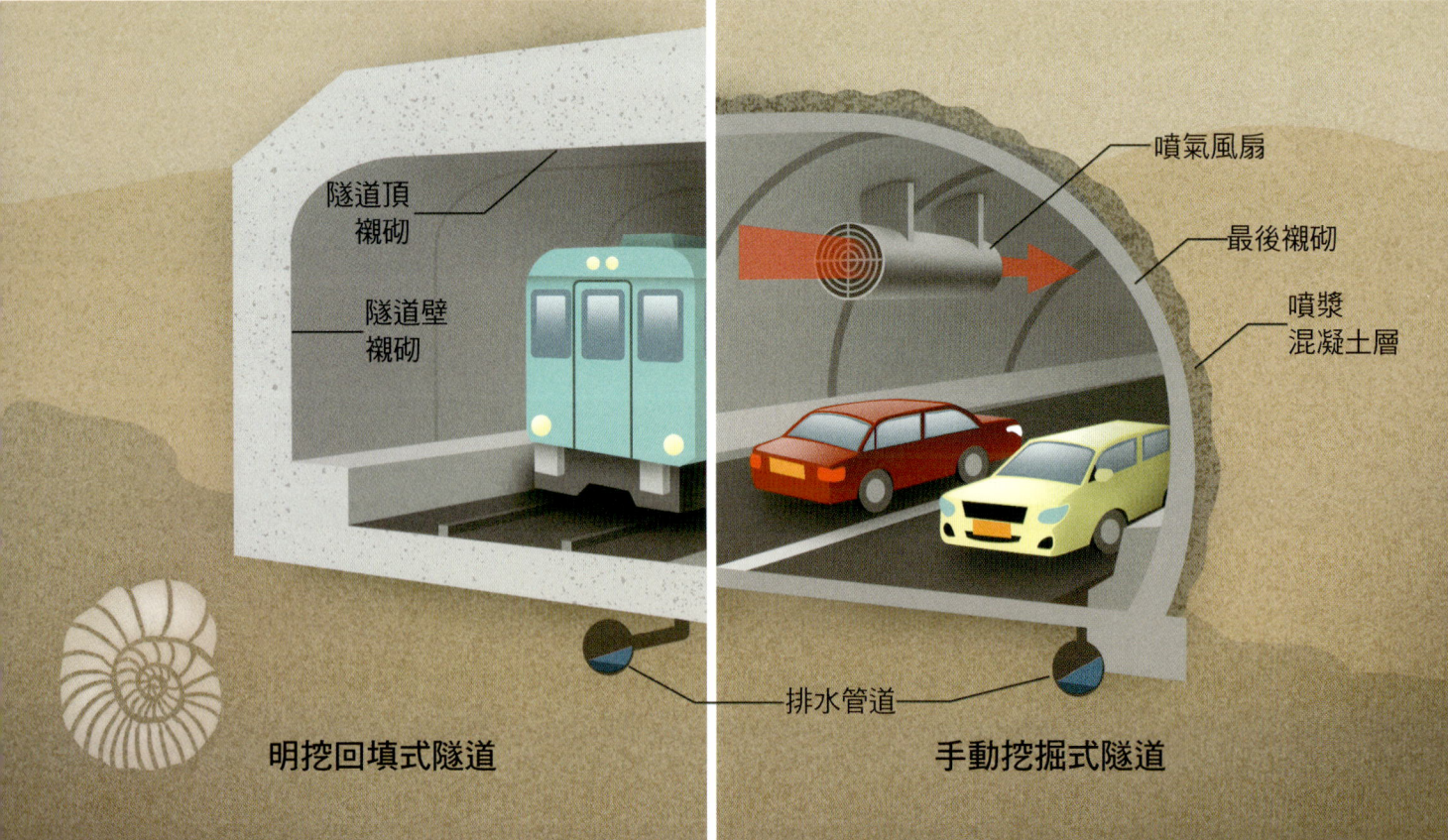

- 排氣管道
- 內牆
- 風量調節閥
- 緊急出口
- 疏散走道
- 供氣管道
- 排水管道
- 襯砌環片

明挖回填式隧道

- 隧道頂襯砌
- 隧道壁襯砌
- 排水管道

手動挖掘式隧道

- 噴氣風扇
- 最後襯砌
- 噴漿混凝土層
- 排水管道

4-4 隧道橫斷面

每條隧道都是針對特定情況設計的獨特結構。在地面上挖掘通道時，似乎沒有太多變化的空間。然而，有許多考量因素都會影響隧道的設計，包括地點、長度、深度、地質、交通量等。拜許多細節之賜，我們才得以安全舒適的穿越地層的通道，如果你知道要注意哪些地方，那麼找出這些地方是很有趣的事。

就像因為空氣重量而產生大氣壓力一樣，地下土層也存在來自上方土壤和岩石質量的壓力。往下越深，壓在地下物質上的這種壓力就越大。興建穿過地層的隧道，會阻斷這些壓縮力傳遞。這和把建築物上的柱子拆掉類似，挖掘隧道也是卸除了支撐。隧道常興建在地下水位以下，因此也會受到水壓影響只不過建築物的荷載只來自上方，而隧道裡的土壓力和水壓力，則可能來自側面的各個方向。大多數隧道都會安裝襯砌環片，以抵抗來自地層的壓力，保持通道暢通，防止坍塌，而且盡可能減少地下水滲漏。

手動挖掘式隧道通常使用噴在隧道壁上的**噴漿混凝土**打底，以便在開挖後不久提供支撐力。在隧道開挖之後、應力重新分布之際，這個噴漿層有助於把土壤和岩石固結在一起。最終的鋼製或混凝土製襯砌會在後來加上去。在市區的**明挖回填式隧道**中，襯砌通常是由現場澆鑄的鋼筋混凝土構成。最開始先架設作業鷹架和鋼筋，然後把混凝土泵送或灌漿到模板裡面固化。等到混凝土固化完成，就拆除模板，隧道壁和隧道頂周圍的土壤可以回填。至於**機器鑽掘式隧道**，襯砌通常是由混凝土**環片**組成。每個環片是以預鑄製成並運送到隧道口，備妥後吊舉到定位。這些環片包括一個**墊片**，用來密封擋住地下水，並且在安裝時使用漸細的幾何形狀緊密的鎖在一起。

大多數隧道具有拱形或圓形橫斷面，因為這是最能抵抗土壤壓力的形狀。拱頂會重新分配隧道周圍的外力，就像河上的拱橋一樣。不過在駕駛人看來，隧道可能不是圓形的，因為許多隧道使用**內牆**把車流和各種支撐系統與公用設施分開。雖然這些設施通常會隱蔽起來，不過細心的觀察者在通過隧道時，還是可以看到這些系統的蛛絲馬跡。

隧道支撐系統的一個重要功能是排水。必須要有方法來管理經由隧道口進入隧道的降水、滲入襯砌的地下水，以及用來清洗隧

道壁或滅火的水。汙水通常通過道路路緣的溝槽進入**渠道**或管路。如果條件允許，隧道會設計成有坡度，好讓水從中央往隧道口流出。然而，很多隧道位在地下太深處，無法輕易把水排出。在這種情況下，它們會在低處設置稱為集水池的小型水庫。當集水池滿水時，開關會打開抽水機，把隧道裡的排水輸送到下水道或排水口。隧道裡的水在流動時，常會夾帶汙染物而變得很髒，現代的隧道通常有方法在排放汙水前加以處理。

隧道裡最重要的安全要素之一是通風。引擎、輪胎、煞車會排放出各種汙染物，而它們可能會滯留和集中在隧道內。此外，車輛偶爾會起火，一旦隧道裡發生這種狀況，產生的煙霧可能特別危險，因為沒有太多出口可選。管控進出隧道的氣流相當複雜。通風太少會導致汙染粒子累積；而氣流過多則會加速火勢蔓延，並產生阻礙煙霧上升的亂流。隧道內會採用多種通風方案，來保持新鮮空氣流通。

許多隧道的工作原理就像簡單的管道：新鮮空氣從一端的入口進入，廢氣從出口排出。這種方案稱為**縱向通風**，這是透過在隧道天花板上安裝**噴射風扇**來迫使隧道內的空氣持續流動來達成的。另一種選擇是通過**薩卡度噴嘴**，以小角度將氣流吹進隧道入口。

縱向通風在單向交通車流的隧道裡效果最佳，因為空氣會跟著車輛流動。發生火災時，事故現場以外的車輛可以跟隨著帶走煙霧的氣流離開隧道。火災上游的車輛也位在上風處，因此不會暴露在有害的煙霧裡。

縱向通風系統超過一定長度時，效率就會降低。製造足夠壓力來讓空氣在極長的距離裡持續有效的流動，是一道難題。而且即使氣流足夠，它也會在行進時吸收汙染物，導致隧道末端的空氣品質比入口處的品質來得差。在這些情況下，採用**橫向通風**比較合理，這種系統會在整條隧道裡的分散位置，供應或排出空氣。橫向通風需要管道好把隧道裡每個風量**調節閥**的新鮮空氣送進來，或是把廢氣排出去。全橫向通風系統需要兩根管道：一根用來**供氣**，一根用來排廢氣。最新的通風系統使用分區設計把煙霧從火場中排出，而不用沿著整條隧道排煙。精密的控制系統可以辨別出事故區域，並調整風量調節閥和風扇來隔離每個分區。

許多隧道都設有**緊急出口**，以確保駕駛人在發生事故或火災時，能夠到達安全的地方。會有醒目標示的大門通往相鄰的平行隧道，或是受保護的**疏散走道**。通風設備會一直對疏散通道施加氣壓，這樣即使把通道的門打開，煙霧也不會進入通道。

仔細瞧瞧！

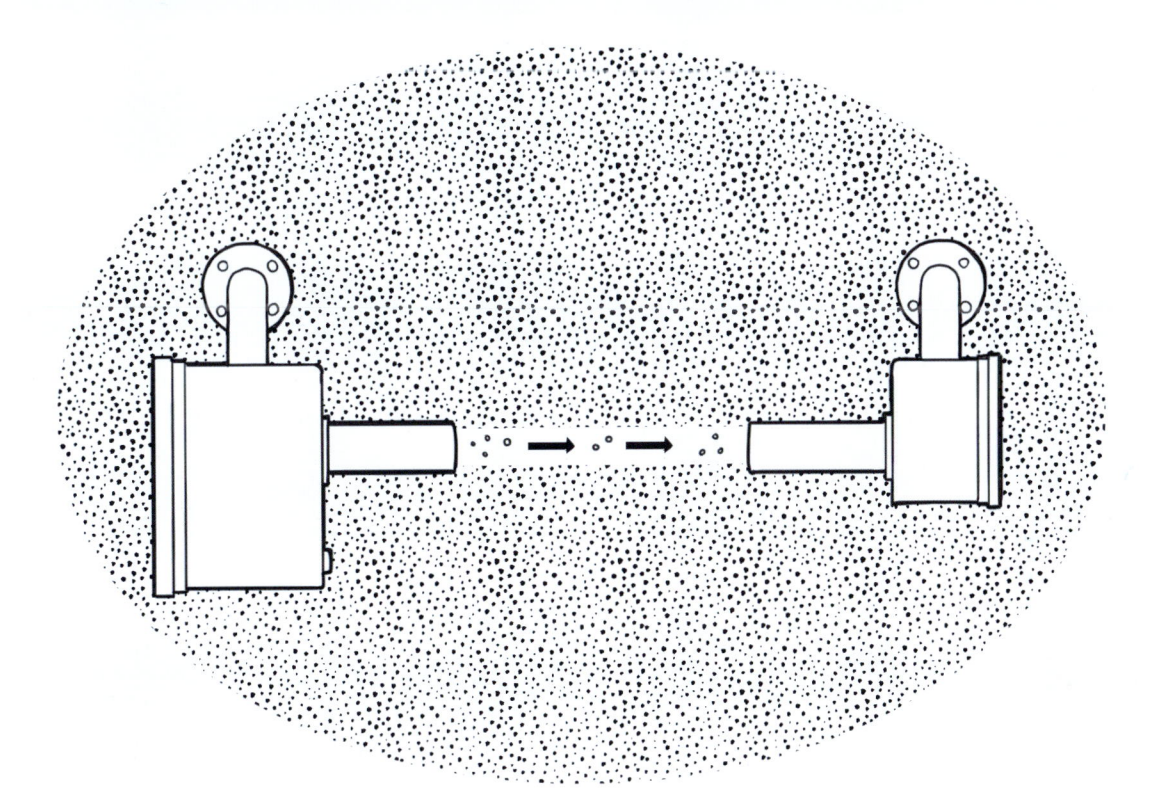

　　隧道的通風系統必須能夠調節，以確保無論怎樣的交通流量或是出現緊急情況，都能提供足夠的新鮮空氣。許多設計的運作原理就像家裡的溫度自動調節器，只不過它們不是依照溫度調整，而是測量空氣汙染。當隧道內的空氣品質開始變差，監控系統會提高風扇速度或打開風量調節閥，把外面的空氣吸進來。然而，量測汙染物比測溫度需要更加巧妙的做法。隧道裡的許多空氣品質感測器，是使用光來感應危險氣體的濃度。發射器會發出強烈的光束通過隧道周圍的空氣，一小段距離外的接收器會測量光的強度。隧道內有很多種汙染物都可能達到危險的程度，每種汙染物都有其吸收的特定光波波長，使其無法遁形。接收器運用複雜的演算法，以高精度的估計許多不同氣體的濃度。這種處理方式稱為**光譜法**，運用這種原理的監測設備具有獨特的外觀。找看看兩個一組、有圓柱形遮光罩外殼的裝置，它們彼此相對著，而且距離不遠。

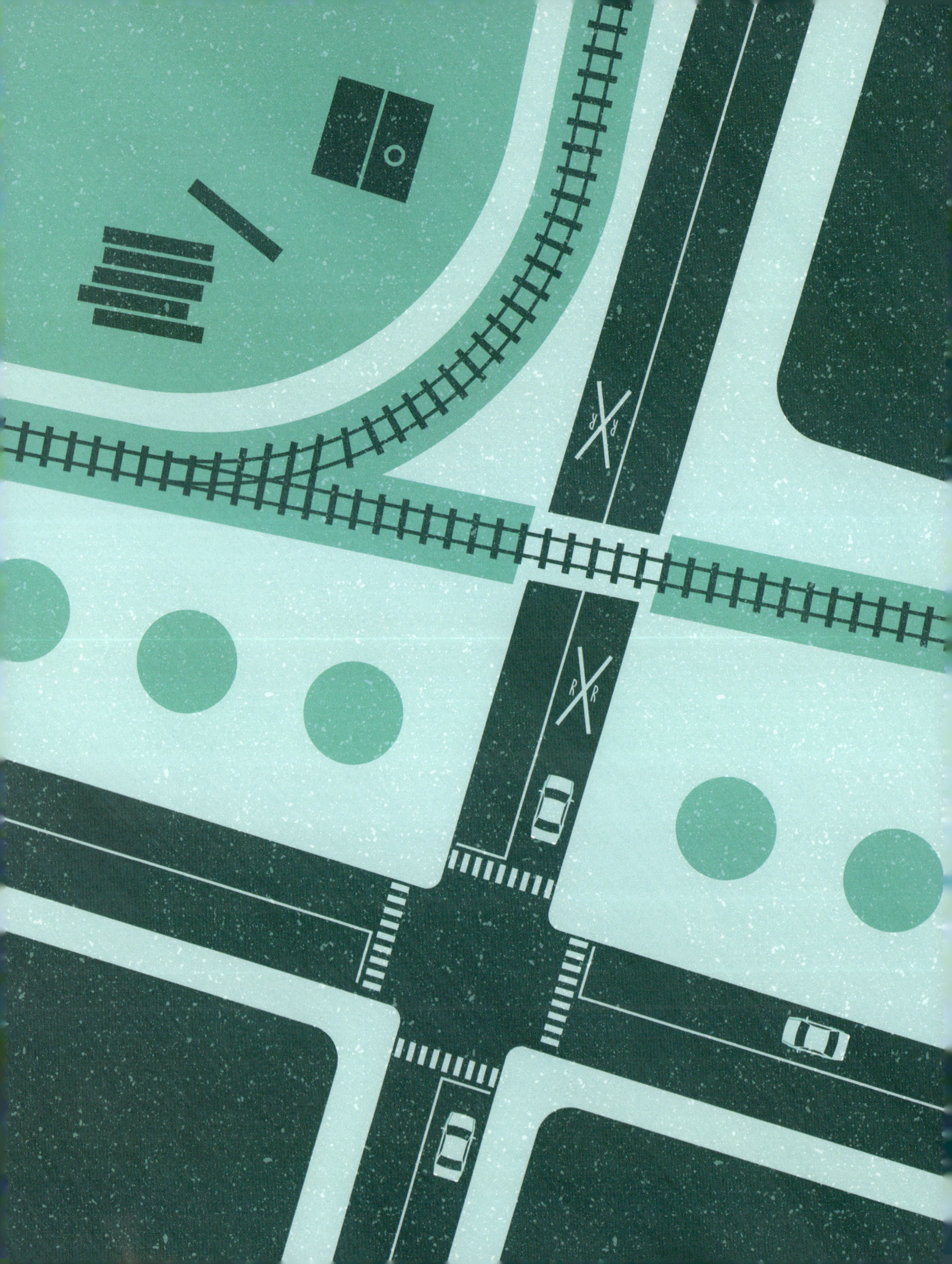

5

鐵路
RAILWAYS

引言

鐵路是最早的陸路旅行方式之一，幾乎在世界上每個國家的歷史裡，都占有一席之地。在美國，鐵路助長了巨大的擴張和經濟成長，也許比十九世紀的任何其他技術都來得重要。時至今日，鐵路仍然是貨物和人員從一地運輸到另一地的重要方式。

鐵路之所以能提供快速、高效率的載客與貨運運輸，是利用了兩點優勢。第一點，鐵軌上的鋼輪幾乎沒有浪費能量在摩擦力上（尤其是和柏油路上的橡膠輪胎相比）。機車頭看起來好像很大，但是和它們所拉動的巨大重量相比，它們的引擎可以說微不足道。如果你的汽車運輸效率有這麼高，驅動它的可能只要小小一具割草機引擎。第二點，也更重要的是，鐵路是沿著專用路權、相對直接且無障礙的路線行駛，不受機動車輛車流所影響。這些保留的軌道所創造的可靠度，是其他旅行模式都比不上的。

和其他類型的基礎設施相比，鐵路在世界各地都有一批死忠的愛好者（他們通常自稱為鐵道迷）。無論是出於懷舊心理，或只是單純想要近距離仔細觀賞大型機械，對許多鐵道迷來說，享受鐵路的細節是一種熱切的情感，也有很多樂趣。也許比火車本身更重要的，是它們行駛的路徑——這些路徑在觀賞和欣賞之餘，還蘊藏著許多值得品味的具體資訊。

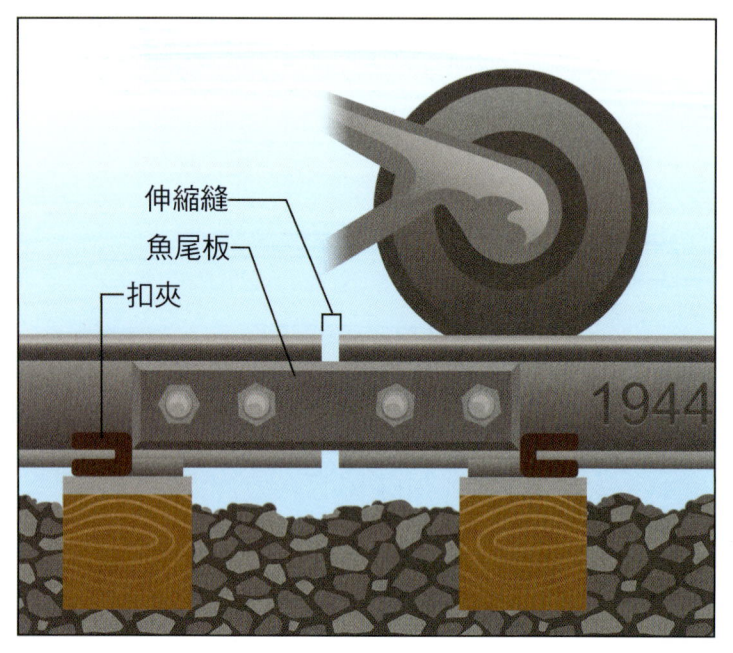

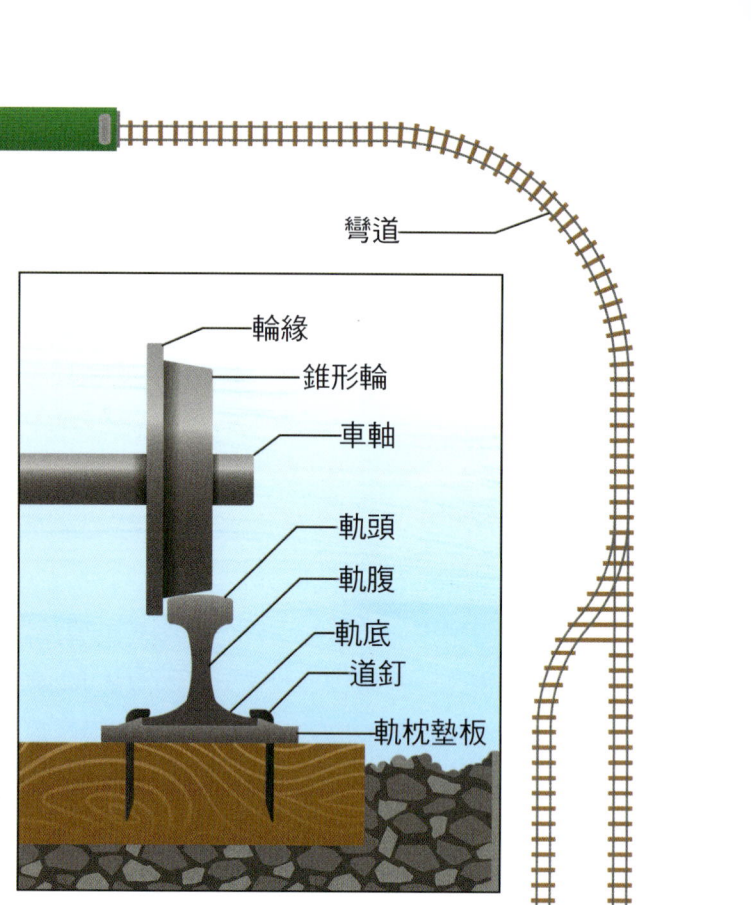

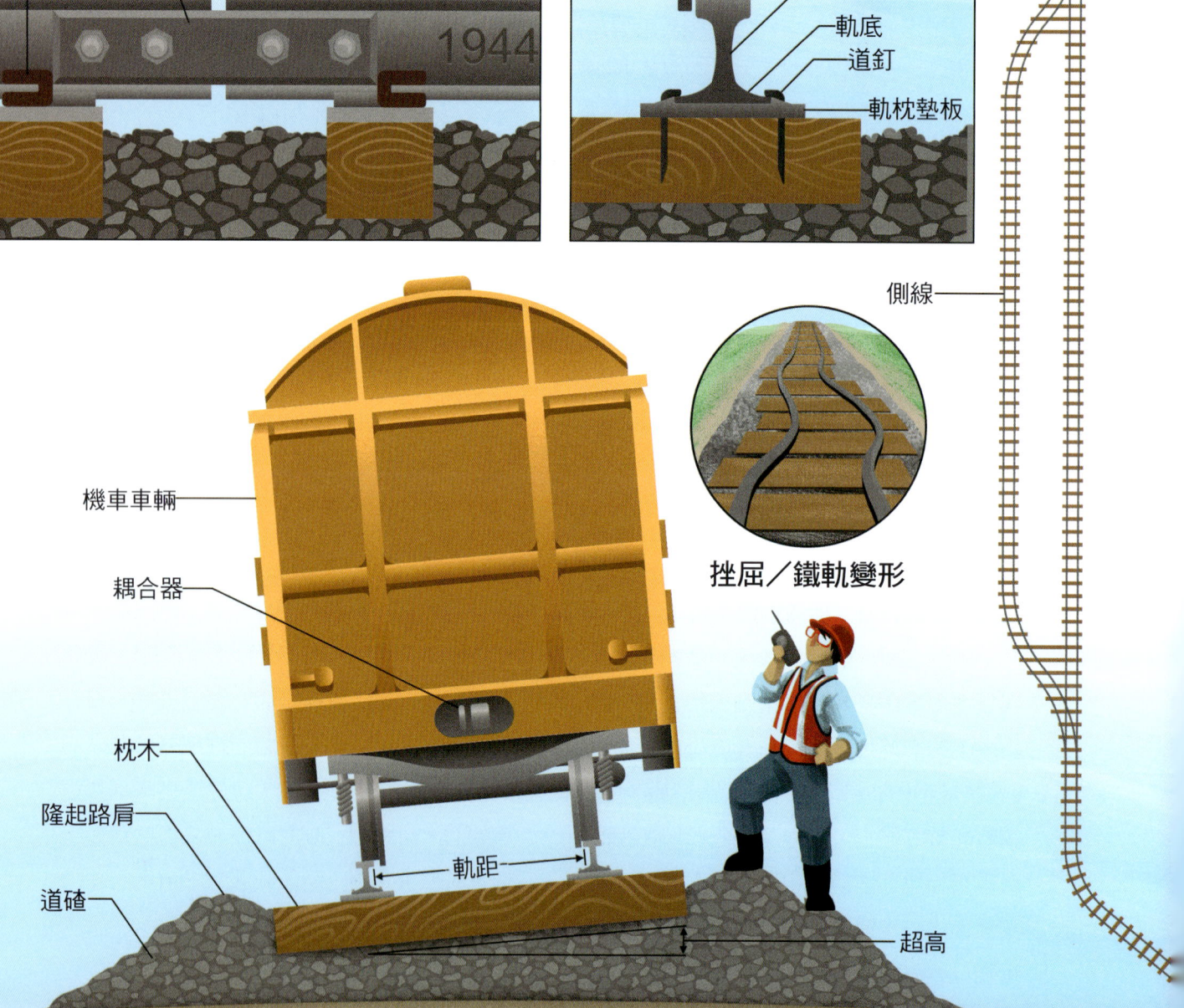

伸縮縫	輪緣
魚尾板	錐形輪
扣夾	車軸
	軌頭
	軌腹
	軌底
	道釘
	軌枕墊板

彎道

側線

挫屈／鐵軌變形

機車車輛
耦合器
枕木
隆起路肩
道碴
軌距
超高

路基

5-1 鐵軌

鐵軌包含了把火車快速、平穩運送到目的地的所有元素。鐵路最獨特的方面是鐵軌本身，它支撐著火車和貨物的巨大重量。導軌由高品質鋼材製成，能承受這種驚人的應力。仔細觀察，你通常可以注意到<u>軌腹</u>上的標記，它們列出了製造年份，以及每根<u>鋼軌</u>製造方式的其他詳細資訊。鐵軌可能有不同尺寸和形狀，但大多遵循一種相似的形狀：「工」字形，帶有球狀<u>軌頭</u>，鋼輪就是在其上行駛，還有平坦的<u>軌底</u>連接在軌枕上。

推動火車前進所需的力量，是藉由機車頭驅動輪與鐵軌的摩擦傳遞到鐵軌上的。令人難以置信的是，每個輪子與軌道之間的接觸面積，只有一枚小硬幣大小。這意味著：平均一列貨運與鐵軌的接觸面積，總共差不多只有一本書的大小。

過去，多段的鐵軌是使用<u>魚尾板</u>以螺栓固定在一起的。火車車輪通過每段鐵軌間的接頭的小間隙時，會發出大家所熟知的喀噠喀噠聲。這些微小但密集且不連貫的間隙，會對鐵路車輛（稱為<u>機車車輛</u>）造成磨損，也會使乘客感到不舒服。大多數現代軌道都已經改用焊接鋼軌來製造連續、平滑且沒有接縫的軌道。

然而，想要消除古早那種有間隙的接頭，打造出無隙縫的鐵軌，難關之一是熱脹冷縮。鋼在低溫時會收縮，在受熱時會膨脹。許多結構物使用伸縮縫來提供自由活動空間，但是採用長焊鋼軌的軌道就限制住了這種熱脹冷縮。在寒冷的日子，鐵軌在試圖收縮時會承受張應力；在高溫的日子，鋼軌試圖擺脫膨脹限制時，則會承受壓應力。在這兩者之間的某個溫度（稱為<u>中性溫度</u>），鋼軌就沒有熱應力。如果環境溫度偏離中性溫度太多，應力可能會超過軌道的強度。在炎熱的天氣裡，鐵路可能會產生<u>挫屈</u>（即<u>鐵軌變形</u>），進而有脫軌的危險。為了減少發生這種情形，鋼軌在安裝前通常會預熱或拉伸。這項技術提高了鐵軌的中性溫度，這樣在炎熱的日子，熱應力就不會超出其負荷。

有很多方法能把鋼軌連接到水平<u>枕木</u>（也稱為<u>軌枕</u>）。從以前以來，都是用偏心釘頭的大型<u>道釘</u>釘在定位，來固定鐵軌的每一側；目前美國的某些鐵路仍使用這種道釘。更現代的鐵路則在多種類型的厚重<u>扣夾</u>中擇一使用。在北美，由於木材資源豐富，軌枕通常採用木材，但也可以用混凝土製成。軌枕有兩項重要作用：承受上方火車運輸的負載重量，並且讓兩條鐵軌之間一路保持正確的間距（稱為<u>軌距</u>）。木製的軌枕通常還會有個<u>軌枕墊板</u>來分散鋼軌的集中壓力。

維持精確的軌距相當重要，這與火車如

何保持在鐵軌上密切相關。你可能會認為，使用固定軸的火車在彎道上行駛會很困難，因為外側輪需要比內側輪轉動更長的距離。汽車在驅動輪之間使用了<u>差速器</u>，這樣驅動輪在轉彎時便可以獨立轉動。火車的機車車輛則藉由使用錐形輪來解決這個問題：火車到達彎道時，每個車軸都會偏移，因此外側輪會以較大的半徑行駛，內側輪則以較小的半徑行駛。這樣一來，就可以補償彎道內側和外側行駛距離之間的差值。<u>車輪的凸緣</u>只是一種安全裝置，可以防止列車在軌道損壞或軌距偏差時脫軌。正常運行時，車輪的凸緣照理說是不會接觸到鐵軌的。

軌枕並非直接置於軌道下方的<u>路基</u>上。土壤很少堅硬到足以承受火車軌道的龐大重量，因此在土壤的上面，會均勻鋪上稱做<u>道碴</u>的鬆散石頭護坡。道碴通常由碎石製成，這是因為碎石有稜有角，有助於互相咬合形成穩固的地基。它不僅分散了軌道的垂直力，還為每根枕木提供橫向支撐，抵抗因熱應力引起的挫屈，以及列車行經轉彎處的水平力所造成的位移。許多護坡會有<u>隆起路肩</u>，以額外提供每根枕木對於側向力的抵抗力。此外石頭道碴內的空隙還可以讓水順利排出，而不是沿著邊邊積水。

鐵路的幾何形狀是其設計的部分關鍵。鐵路可以使用比高速公路窄得多的路權，不需要在行駛車道的每一側，都留出大片淨空區域。然而，火車比起機動車輛需要平緩的彎道和坡度，因為各列車之間的耦合器無法應付急轉彎。此外，繞彎產生的向心力會對乘客和貨物產生過度的壓力。解決這個問題的一種方案，與高速公路上設計的一種功能類似：升高外側鐵軌，讓火車傾斜進入彎道。這種傾斜也稱為<u>超高</u>或<u>斜切</u>，可以減少在火車轉彎時感受到的水平力。

至於縱向線形，由於火車在鋼軌上沒有足夠的牽引力，無法在陡坡上有效煞停。明顯的<u>上坡</u>也會導致火車減速，降低鐵路的運載能力。下次你開車和鐵路平行行駛時，可以觀察一下鐵軌。雖然道路通常會緊貼著自然的地形鋪設，但鐵軌則會保持比較一致的高度，只有和緩的坡度變化。

軌道數量是鐵道設計的另一項重要考慮。單軌的興建與維護成本比雙軌鐵路要低，不過也有一些缺點。最重要的是，對向行駛的火車必須有路可以讓它們互相避開。<u>側線</u>又稱為<u>待避</u>，是一小段允許火車通過的平行軌道，單軌鐵路的容納量便取決於這些側線的數量。雖然細心調度能將單軌的利用率發揮到最大，但如果有兩條甚至多條鐵軌，就能大幅度提高鐵路的容量和可靠性。

仔細瞧瞧！

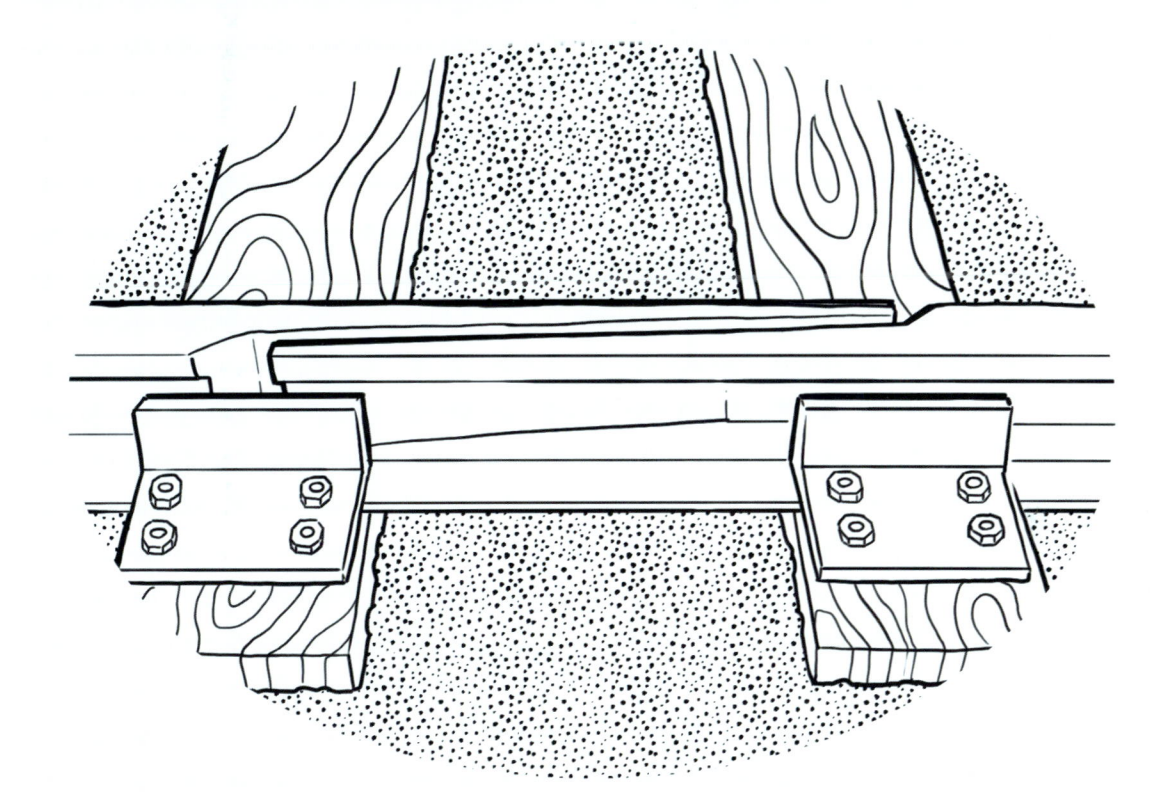

　　儘管現代鐵路大多採用長焊鋼軌，但較長鐵軌段之間偶爾還是需要斷開。對於橋梁或**高架橋**結構尤其如此，因為它們的膨脹率與收縮率和前述的軌道不同。在鐵軌上這些熱漲冷縮不會受到拘束的間斷點位置，其接縫必須留有足夠的空間，來應付大幅的長度變化。在不同段鐵軌之間使用對接接頭，會給乘客和機車車輛造成很大的衝擊。鐵軌上的**伸縮縫**（有時稱為**通氣道岔**）用的是斜錐鋼軌，這種斜錐接頭能讓火車車輪從A段鋼軌平順的通過到B段鋼軌，同時仍留下足夠的熱脹冷縮空間。

號誌燈　　　號誌燈　　　號誌燈

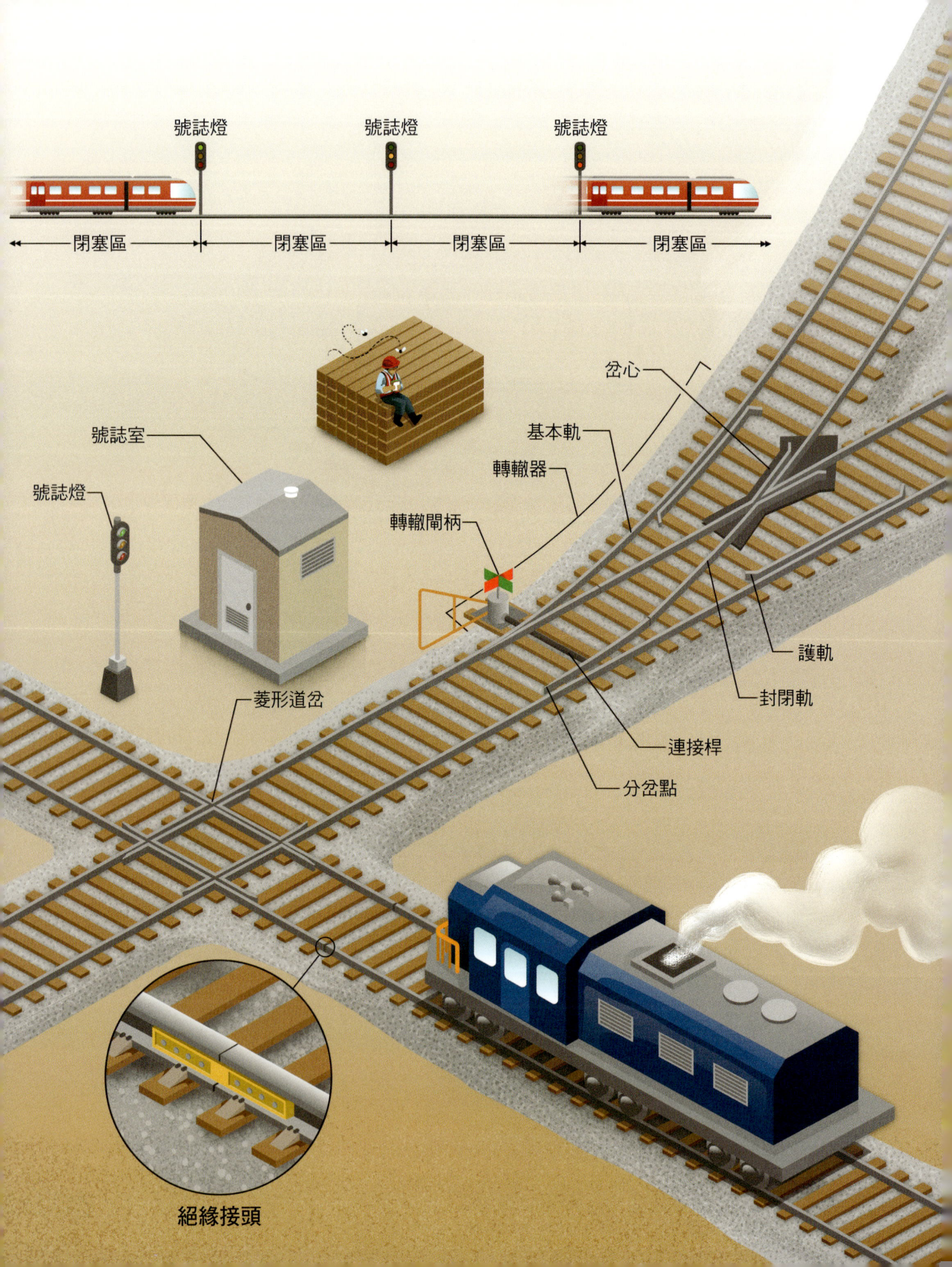

閉塞區　　閉塞區　　閉塞區　　閉塞區

號誌室

號誌燈

菱形道岔

轉轍器
轉轍閘柄
基本軌
岔心
護軌
封閉軌
連接桿
分岔點

絕緣接頭

5-2 轉轍器和信號

把火車限制在軌道上，似乎可以消除管理交通流量的難題。畢竟，當你只能在兩個方向擇一前進時，就沒有多少選擇。然而，想要有效利用鐵路，必須讓多列火車共用相同的軌道。要讓火車互動並引導它們避開對方，得要有些獨創性，這完全是因為鐵路就受限在單一維度裡運行。

管理鐵路交通的一個明顯難題，是讓滿載的火車停下來需要相當長的距離。不同於機動車輛的駕駛員在看到危險後，能夠即時做出反應，火車可能需要長達一英里多的距離，才能完全停下來。如果火車操作員在全速行駛時，看到鐵軌上有障礙物，那就為時已晚了。共用軌道的火車之間需要保持足夠的距離，以便依要求停車時不會撞成一團，而且它們需要不依賴火車工作人員的視野來保持這個距離。

許多年來，多列車交通管理方案已經採用過很多種了。最早的方法是簡單制定一個時刻表，規定一天中任何時刻的每班火車，應該在何時何地出發。該系統的明顯局限在於，火車可能會發生故障，或遇到無法照時刻表發車的問題。在最好的狀況下，故障只造成火車路線上其他所有班次延誤；而最壞的情況則是可能造成火車相撞。大多數現代鐵路交通控制方案，主要改採一種閉塞系統。軌道被細分為若干個區段（稱為<u>閉塞</u>），在任何閉塞區沒有淨空到無障礙物之前，火車不得進入該區。對於無號誌鐵路，可以透過<u>授權令</u>管理交通，調度員會提供列車人員標準化授權，允許該火車在主軌上行駛。然而，大多數交通繁忙的路線，主要是使用<u>號誌燈</u>來管制閉塞區之間的交通。

就像道路上的交通號誌一樣，鐵路號誌燈會告訴列車駕駛員，什麼時候可以安全行駛。事實上，許多鐵路號誌燈使用燈光組合，來提供有關前方路線和速度限制的進一步資訊。即使在北美，許多鐵路也採用不同的標準，因此要理解其號誌燈的含義，可能得多花點工夫。最簡單的號誌燈是閉塞區之間的信號，通常只有一個<u>號誌燈座</u>，帶有綠、黃、紅三色指示燈，與道路交叉路口使用的交通號誌類似。綠燈意味著後面的閉塞區暢通無阻，火車可以全速行駛。黃燈表示下一個閉塞區暢通，但是再下一個閉塞區有障礙物，下一個號誌燈會指示停車。紅燈表示下一個閉塞區已經被占用，火車無法繼續行駛。

有些號誌燈是由調度員控制，但有許多號誌燈是使用<u>軌道電路</u>自動運作。在最基本的配置中，低壓電流被引入到閉塞區一端的軌道中，另一端有一組繼電器會測量該電流來控制附近的號誌。當火車進入某個閉塞

區，車輪與車軸在鐵軌之間會形成導電路徑，使軌道電路短路並使繼電器斷電。每個軌道閉塞區之間安裝有絕緣接頭，以確保相鄰的號誌不會被觸發。兩段鐵軌之間使用非導電材料連接，讓它們彼此不會通電。現代軌道電路甚至能提供有關每列火車位置和速度的資訊。用來控制號誌的繼電器、電子設備和電池，通常隱藏在稱為號誌室的機箱內。

除了閉塞號誌之外，帶有不同含義的多號誌座與燈號組合，進一步增加了複雜性。最繁忙的公司使用集中式交通控制辦公室，其運作方式類似於由空中交通管制員來協調班表和行車路線，以避免路線衝突。現代交通系統在每列火車的駕駛室內，會提供警示和資訊，降低人為失誤發生的機率。此外，最先進的號誌系統允許火車相互傳送其位置資訊，因此閉塞區可以與火車一起移動，而不是地圖上靜態的軌道段。

鐵路交通管理的另一個要素是從一條鐵軌轉換到另一條鐵軌。火車經常需要相互交錯，改道到主線以外的目的地，以及在鐵路站場交換車廂。如果火車沒有辦法在不同鐵軌之間切換，就只能永遠在單一軌道上行駛，完全沒辦法換車廂、換路線。**轉轍器**（也稱為**道岔**）為火車提供了換軌的方法。最基本類型的轉轍器使用兩個柔性錐形導軌，稱為**分岔點**。火車車輪會被引導到哪個方向，就要看兩個分岔點裡哪一個連接到不動的**基本軌**。軌道下方的**連接桿**會把這些分岔點連接到選擇火車方向的機構上。有時候，鐵路員工必須利用帶有槓桿的**轉轍閘柄**，來手動操作轉轍器。或者，調度員可以使用電機式的**轉轍機**從遠端控制轉轍器。

一旦經過這些分岔點，火車車輪就會行駛到兩條軌道的其中一條。然而，在到達主軌道之前，左輪必須越過對向軌道的右側鐵軌，反之亦然。這些交叉點必須在鐵軌上留出一個間隙，好讓輪緣可以通過，而這個工作仰賴**岔心**來完成。當輪緣通過間隙時，換軌的車輪會從其中一條**封閉軌**轉移到岔心上。與岔心相鄰的是**護軌**，它們與主軌平行，以維持車輪在路線上並防止脫軌。在急轉彎處和橋梁上你也可以看到使用護軌。

當兩條軌道會相交但彼此不會連通時，會安裝上菱形道岔（diamond）。這種道岔由四個岔心組成，能讓每個車輪通過相交軌道的兩條鋼軌。在正常的火車交通量之下，轉轍器和菱形道岔都會大量磨損。車輪在跨越鐵軌間隙和接合處時，會產生巨大的衝擊力，可能會損壞機車車輛和鐵路本身。因此，檢查員會額外注意道岔和鐵道交叉路口，以減少發生可能導致出軌的故障。

仔細瞧瞧！

　　儘管鐵路運輸至今仍然是全球貨運和客運的重要方式，但是鐵路建設的鼎盛時期已經過去了。由於後來鐵路運輸業整合，加上其他載客方式效率提高，造成很多國家的鐵路關閉。幸運的是，不再使用的鐵路廊道由於坡度平緩、穿越美麗的鄉間，以及連接市中心，非常適合用做他途：散步和騎自行車。**鐵路步道**把廢棄的路線改造成長長的多用途道路，在世界各地都可以看到它們的蹤跡。最長的鐵路步道綿延數百英里，連接社區、公園、商店、餐館，甚至露營營地。

平交道

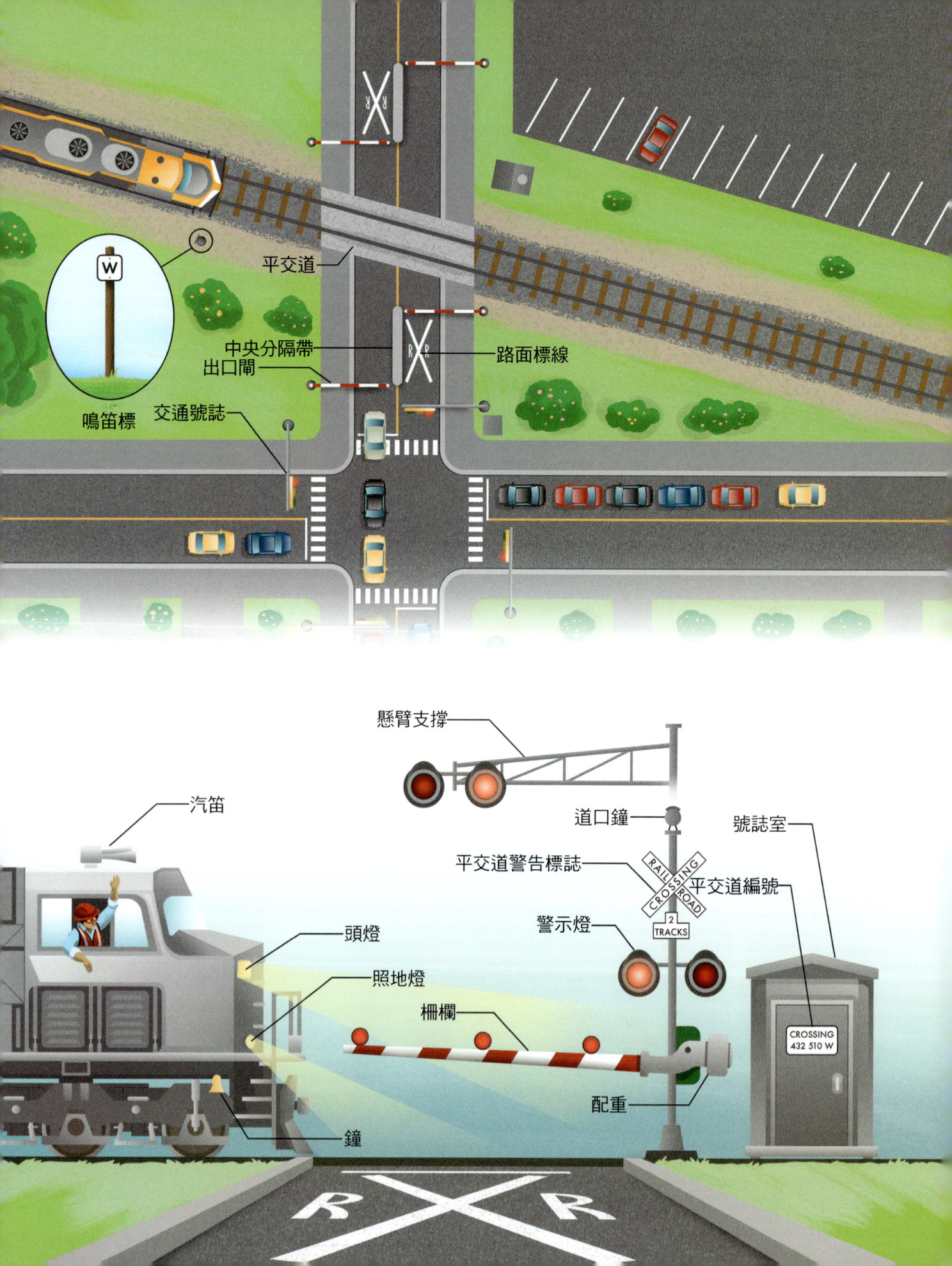

鳴笛標
交通號誌
中央分隔帶
出口閘
路面標線

懸臂支撐
道口鐘
號誌室
平交道警告標誌
平交道編號
警示燈
汽笛
頭燈
照地燈
柵欄
配重
鐘

5-3 平交道路口

綿延很遠的鐵路經常穿越杳無人煙的區域，但是在這些空曠的區域之間，卻有與鐵路連接的城市中心。鐵路距離人口稠密的地方越近，和其他基礎設施的衝突就越多。最重要的是，鐵路會阻礙行人和車輛交通的流動。有些公路和鐵路使用橋梁相互跨越，因而不受干擾，但有很多公路和鐵路是在同一平面交會。這些<u>平交道路口</u>是一般人最有可能遇到鐵路的地方。由於全速行駛的火車無法在操作員的視距內停下來，也無法轉向以避開危險，因此它們在十字路口始終擁有通行權，行人和機動車輛必須停下來等待火車通過，為此平交道路口會加上許多安全設施，以減少發生危險的碰撞。

在許多國家，平交道都會分配一個識別碼（稱為<u>平交道編號</u>），以簡化通報事故和故障的程序。現代鐵路公司及其管理機關相當注重公共安全，會快速回應問題通報。平交道路口的安全設施一般分為「被動式」和「主動式」兩類。<u>被動示警裝置</u>是指火車駛近時不會發生變化的警示設備。它們包括一個「停」或「讓」標誌，加上<u>平交道警告標誌</u>——這是鐵路平交道的國際通用標誌，由兩片長條組成 X 形。如果平交道有多條鐵軌，交叉處會附上一塊牌子，補充標明有幾條軌道。平交道警告標誌通常還會加上<u>路面標線</u>，以確保車輛駕駛人知道前方即將出現鐵路。許多交通流量低的平交道只使用被動式安全設施。駕駛人有義務遵守這些警告、留意火車，而且只有在安全的情況下才能繼續往前行駛。

<u>主動示警裝置</u>會以燈號或聲音通知駕駛人，火車即將駛近。它們通常由自動閉塞號誌裡使用的同類軌道電路觸發（可參見上一節）。和鐵路號誌一樣，控制平交道自動警示裝置的繼電器、電子設備和電池，也隱藏在通常稱為<u>號誌室</u>的機箱內。當火車接近平交道路口時，一對紅色警示燈會開始閃爍，讓汽車駕駛人知道必須停車。如果道路有多條車道，交叉路口可能會在懸臂支撐上方加裝第二對警示燈。機械或電子式<u>道口鐘</u>還可以發出聲音，在交叉路口向可能看不到閃爍警示燈的行人或自行車騎士示警。

除了警示燈光和鈴聲，許多平交道還設有<u>柵欄</u>，當火車即將通過道路時，柵欄會在來車的車道上降下。柵欄上面有反光條和燈號，使它們即使在夜裡也很顯眼。許多十字路口都設有<u>中央分隔帶</u>，以阻止汽車駕駛人繞過柵欄。在風險最高的交叉路口，基於同樣的原因，通常會安裝<u>出口閘</u>，它們會延遲作動以避免車輛困在軌道上。大多數平交道柵欄用意是提供視覺警告，它們的強度不足

以阻止違規車輛。在高速火車的交叉路口，可能就會安裝更堅固的管制閘門。

在城市地區，平交道口面臨的一項挑戰，發生在鐵路附近有號誌交叉路口的情況。紅燈會形成排隊等候的車列，這些車可能往後排到跨過鐵軌。所以要注意，除非知道鐵路另一頭的空間足夠讓你的車子完整通過，否則切勿穿越鐵路。只不過，在交通號誌前排隊的駕駛人，經常會誤判可用的空間，以致不小心停在鐵軌上。平交道附近繁忙路口的交通號誌，通常會和自動警告裝置連動，當火車接近時，號誌燈會變綠燈，以清空擋在軌道上的車列。

平交道路口設計裡的一個重要考量，是設備啟動和火車到達交叉路口之間的預警時間。工程師需要為車輛提供足夠的時間讓鐵軌淨空或停車，但又不能久到讓沒耐性的駕駛人誤以為設備故障，而企圖繞過柵欄。人們天生就不信任自動化設備，而在號誌燈花太久作動，或是在行程被無緣無故打斷時，這種懷疑會更強烈。工程師會考慮交通量和種類、號誌化交叉路口的距離、軌道數量和其他諸多因素，來取得嚴謹的平衡。最精密複雜的軌道電路可以估算火車的速度，來確保預警時間不會過長，如果火車在到達交叉路口之前停下來，甚至可以取消預警。

自動警告裝置的設計遵循失效安全原則。當發生故障或是斷電時，設備會恢復到最安全的狀態，也就是假設火車正在駛近。如果斷電，大多數設備都配有電池來為閃光燈和警示鈴供應電力。柵欄的配重也經過仔細調整，以便在沒有電力支撐時，柵欄會自動降下。失效安全操作能確保在警告裝置出現問題時，機動車輛不會無意中跨越軌道。

除了道口警告裝置，機車頭還提供自己的警告，包括鐘、明亮的頭燈和較小的閃爍照地燈。最引人注目的是，列車在每個平交道路口前都會發出刺耳的汽笛聲，標準模式是兩聲長鳴、一聲短鳴和最後一聲長鳴。鳴笛聲會依這個順序每一聲拉得更長，或者不斷重複，直到火車到達平交道路口。如果你仔細觀察，有時會在軌道旁看到一個鳴笛標，那是放在平交道路口前的短標誌，用來通知火車駕駛員何時開始鳴笛。美國的鳴笛標通常是帶有大寫字母 W 的白色小標牌。

有了這麼多種類的警告，人們看似會在穿越鐵軌之前，注意是否有火車即將抵達，但實際上，每一年在世界各地，還是會發生數百起火車與機動車輛在平交道相撞的事故。如果你在開車時看到平交道，請務必在穿越鐵軌之前停下來，聽聽聲音，並仔細查看一下兩邊。

仔細瞧瞧！

　　鐵路最難以避免的一個部分是噪音，尤其是在平交道，經過的列車都會發出震耳欲聾的汽笛聲。火車發出的過高噪音有可能危害人體健康——增加壓力、擾亂睡眠，甚至導致聽力長期受損。火車常常經過人口稠密的地區，在這些地方汽笛尤其令人覺得干擾。為了減輕這種擾民的情況，許多政府會設立**寧靜區**，也就是在某段軌道，火車在平交道口前不會鳴笛。為了彌補這個重要的示警聲響，通常會加裝額外的安全措施，包括提醒駕駛人注意火車的路標。當然，要警告鐵軌上的動物、車輛或人員還是得用到汽笛，但是設置寧靜區可以讓鐵路附近的生活或工作變得更加平靜。

承力吊索
接觸線
滑輪
張力重錘

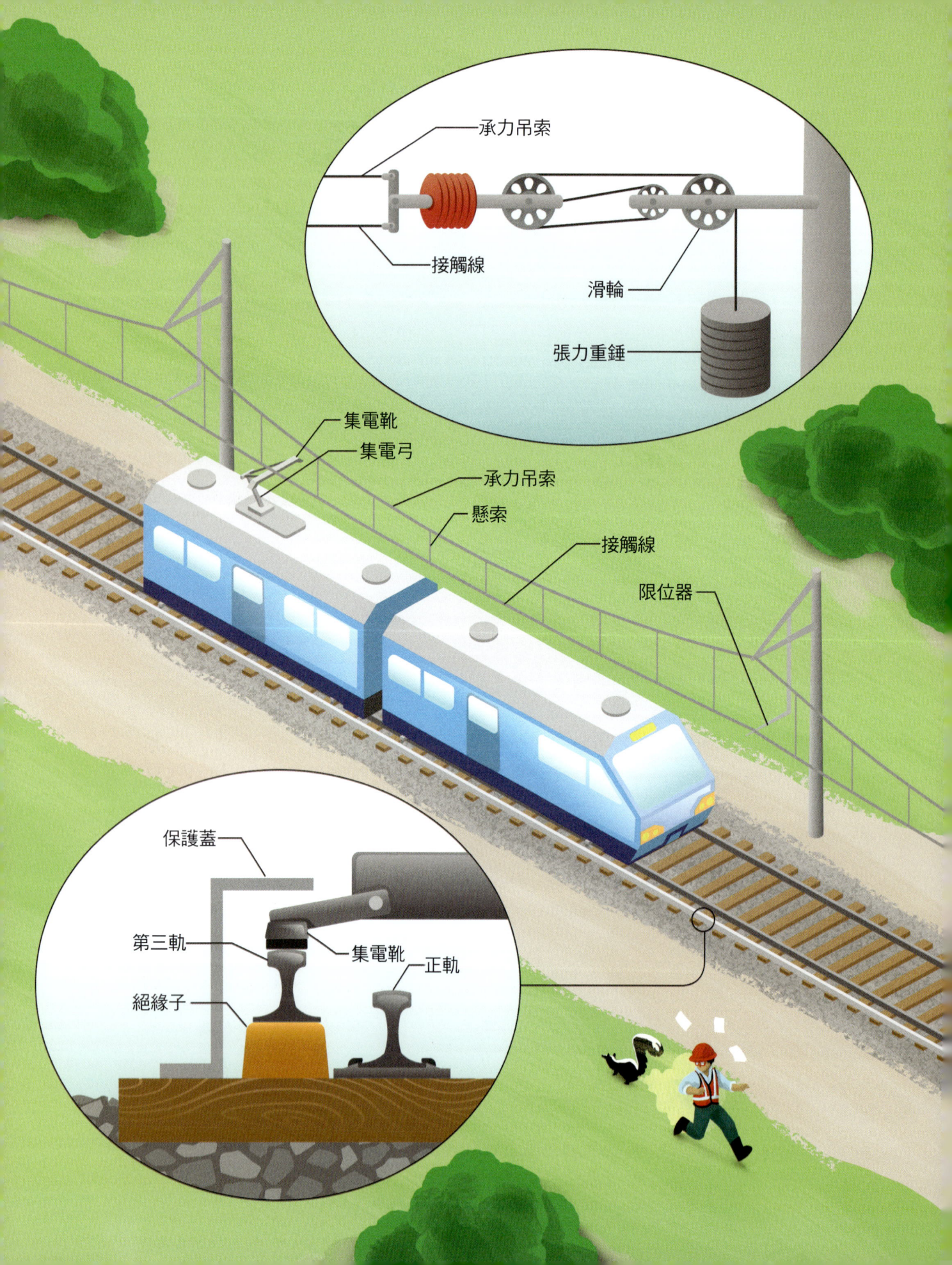

集電靴
集電弓
承力吊索
懸索
接觸線
限位器

保護蓋
第三軌
集電靴
絕緣子
正軌

5-4 電氣化鐵路

幾乎所有現代火車都是依靠電力運行。即使是貨物列車裡的大型柴油引擎，也連接到發電機，為拉動火車的**牽引馬達**提供電力。**電動馬達**使得我們不再需要龐大複雜的傳動系統，因為如果沒有傳動系統，傳統引擎就無法直接驅動車輪。由於從長距離供電相對簡單，人們自然會疑惑：為什麼有必要在火車上裝引擎？事實上，很多鐵路都已經電氣化，直接提供了火車推進所需的電力。

鐵路電氣化有許多優點。第一，火車不必攜帶沉重的大型引擎和引擎所需的大量燃料。它們通常比柴油火車更快、效能更高。拆掉引擎還能少掉廢氣，也改善了空氣品質。這一點對於會經過隧道或地鐵系統的火車尤其重要，因為在這些地方，引擎排煙的濃度可能會高到危險的程度。幾乎所有捷運系統都是使用電氣鐵路。最後，電氣化火車能夠在煞車時再生電力。電動馬達可充當發電機，把動能轉化成鐵路上其他火車可以使用的電力，而不是變成煞車系統的廢熱。在捷運系統中，由於列車減速很快，**再生電能**只會短暫爆增，從而減少了它對其他列車的用處。然而，在多山地區，這可能是個福音。在理想的情況下，火車爬上一座大山所消耗的大部分能量，可能在它下山時返回到鐵路系統，供其他火車使用。

世界各地有諸多電氣化鐵路標準，其中許多標準已經一百多年沒有變過。許多系統使用的是直流電，因為可以藉由駕駛室內的簡單設備，輕鬆改變直流馬達的速度。然而，低壓直流電無法在導體中傳輸很遠而不大幅損耗，因此大多數直流電鐵路系統需要在固定間隔設變電站，以便把電網電力沿著軌道沿線轉換成直流電。交流電可以用更高的電壓傳輸，並在火車內降壓。然而，交流電比較危險，並且需要在機車頭安裝額外的設備，來轉換交流電供牽引馬達使用。

為行駛中的火車提供電力所需的基礎設施，有可能相當複雜；路線較長且運量小的鐵路很少電氣化，主因就是成本高昂。提供火車電力的主要方式有兩種：**第三軌**或架空電線。第三軌系統使用通電導體，沿著與主軌平行的軌道佈線。通電的軌道架設在絕緣子上面，使它和地面隔離。火車上裝設了沿著第三軌滑動的**集電靴**，來收集牽引馬達電力。這是個簡單而有效的系統，但它確實會對鐵路附近的人或動物造成觸電的風險。為了安全，必須嚴格控制通行權，包括圍欄和警告標誌。許多第三軌都配備了**保護蓋**，把鐵路人員受傷的機會減到最低，並且防止表面受到雨、雪和冰的影響。

為火車提供電力的另一種方式，是架

空電車線。架空電纜更安全，也因此大多數高電壓系統都安裝在軌道上方。在這種設置中，集電器位在火車最上面。擔負這項任務的有好幾種設備，但大多數現代火車都採用集電弓。它們使用彈簧臂，來維持可換式石墨集電靴和架空電車線之間的接觸。這是一個簡單的概念，但實際要做到卻很複雜。看一下標準的架空電線或公用設施線路，你馬上就會注意到這問題有多棘手。它們在每一跨的中間會下垂。在高速行駛之下，是不可能跟每個支撐之間這麼大的高度差都保持接觸的，因此架空電車線系統會使用一對線路，來確保電力能可靠的傳輸到火車。最上面的鋼索稱為承力吊索，僅用做支撐。兩極之間的弧線稱為懸鏈線，因此整個架空系統也經常被稱為「懸鏈系統」。從承力吊索拉出的垂直支撐稱為懸索，連接著下方的接觸線，集電弓就沿著這條線滑動。

兩線系統允許接觸線沿軌道保持在一致的高度，從而使集電弓能夠沿著接觸線快速滑動。兩根電線都有通電以承載牽引電流，而且在電線兩側通常會用滑輪懸掛張力重錘拉緊，讓兩條電線維持張力。當線路因溫度變化而膨脹或收縮時，這種張力會吸收鬆弛量，減少電線下垂幅度。張力還會增加沿著電線傳播的波速。張力能使得振動更小、頻率更高（就像吉他弦一樣），把彈跳程度減到最低，而在彈跳時每次接觸線和集電弓分離都會產生電弧。接觸線會以限位器來維持一種水平的Z字形，因此集電靴在它的那個寬度會均勻磨損。

一個帶電電路需要一個迴路，因此電氣化鐵路需要第二根導線來完成連接。在大多數電氣化鐵路中，返回電流在車輪滾動的鋼製正軌裡流動。透過良好的接地連接，鐵軌上的電壓會維持得夠低，以避免對人和動物造成危險。然而，返回電流在工程上有一些不易克服的地方。其一，軌道基本上是號誌電路傳送的地方。如果鐵軌承載了返回電流，微小的軌道電路信號就會被蓋掉。電氣化鐵路通常使用交流電軌道電路來控制號誌。用來偵測火車的繼電器，可以設計加上濾波器來接收特定頻率的信號，並忽略鐵軌中的牽引電流。

使用與地面接觸的鐵軌做為返回路徑的另一個大問題，是雜散電流。這種電流可能會無意中偏離流到附近的管道、隧道襯砌、公用設施管道和其他金屬結構物。如果不減輕這些雜散電流，可能會導致那些金屬快速腐蝕。有些鐵路使用第四根鐵軌或另外的架空導線，來提供電流返回路徑，該路徑不太可能誤入附近的金屬物體。

仔細瞧瞧！

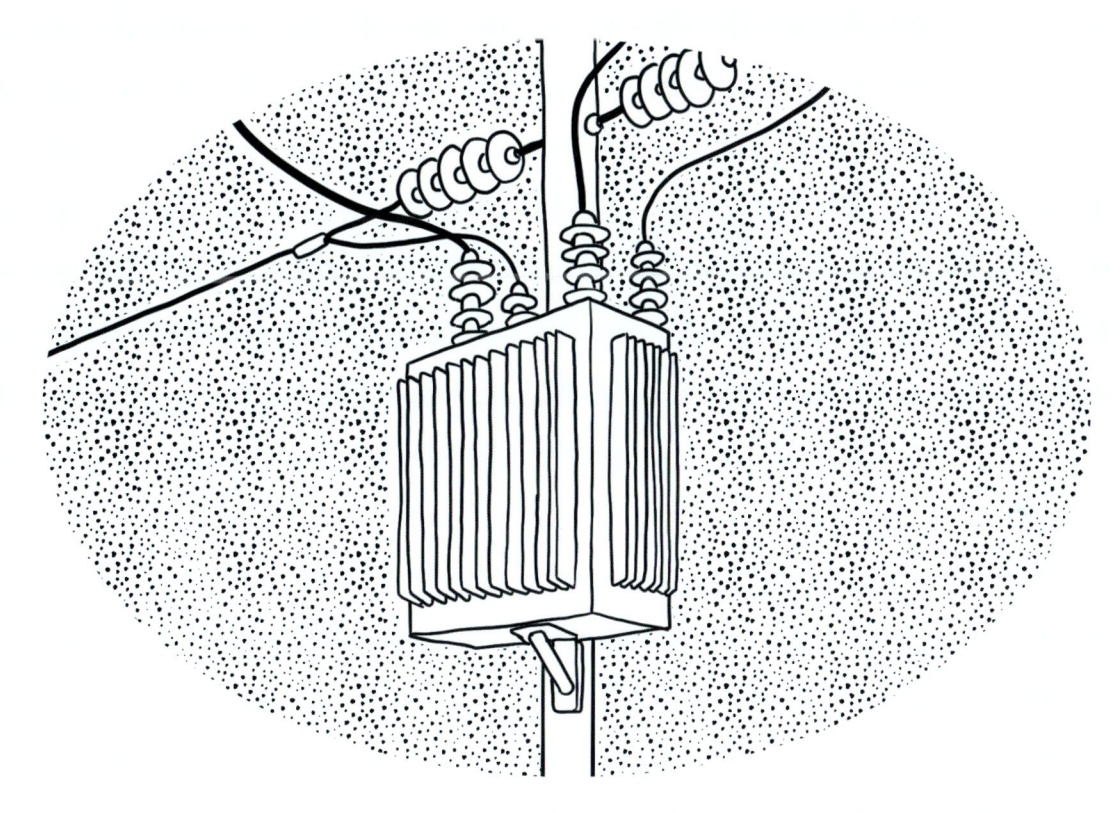

除了雜散電流，當返回電流流經鐵軌時，帶有高架電纜的交流電系統還會產生很大的迴路。這些迴路會產生電磁場，可能會在與軌道平行的通信線路上，感應出噪聲和電壓，包括那些攜帶訊號資料的線路。你絕對不希望紅燈因為感電噪聲而無意間變成綠燈！因此，通常會在固定間隔安裝升壓變壓器，迫使返回電流進入架空線路，以此來縮減這些迴路的大小，並消除絕大部分可能出現的干擾。

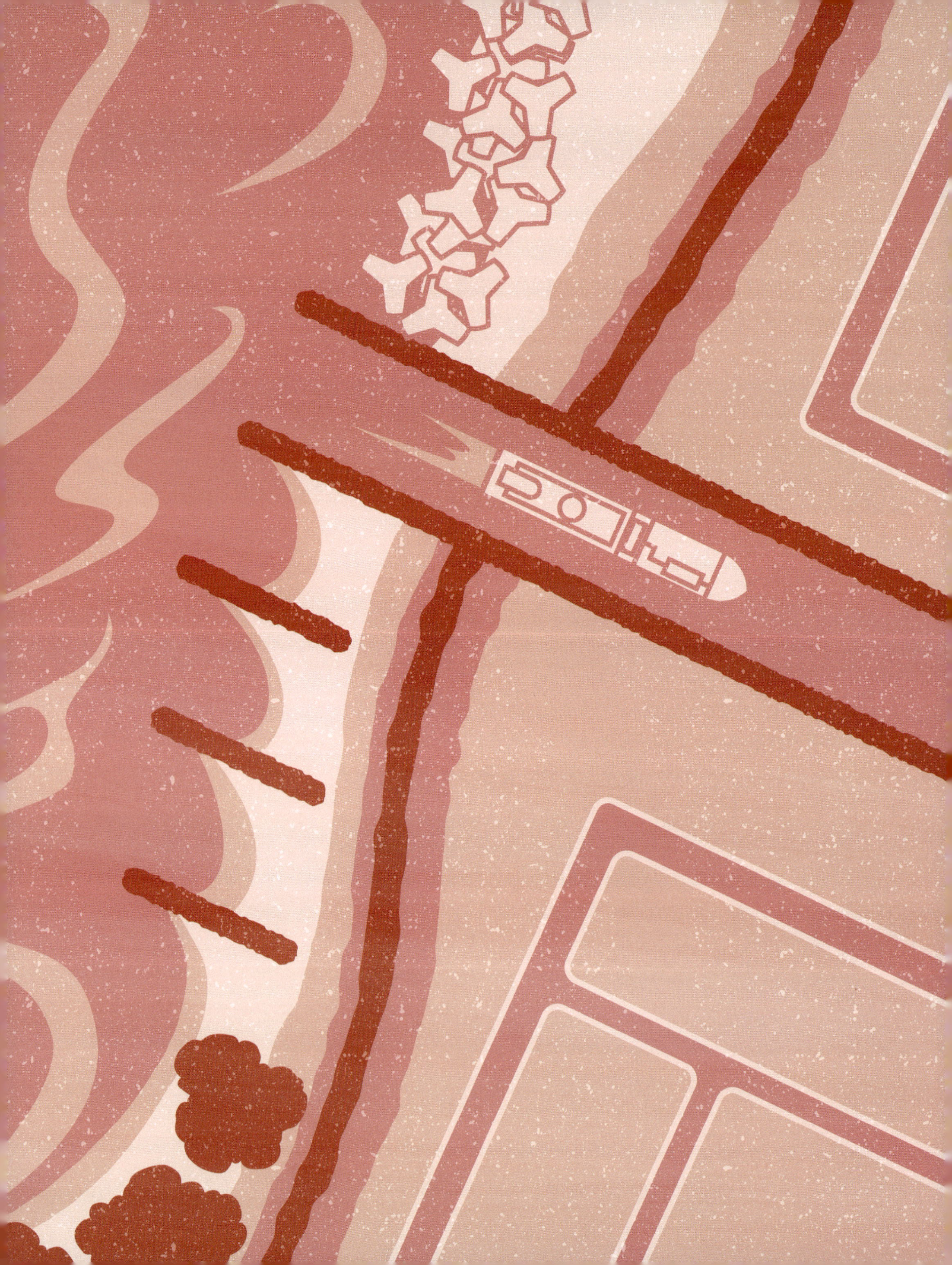

6

水壩、防洪堤和海岸防護結構
DAMS, LEVEES, AND COASTAL STRUCTURES

引言

　　就像我們呼吸的空氣一樣，人們很容易想當然耳的認為，我們的生活實際上是圍繞著水展開的。水不僅是生理必需品，還是一種能源、運輸貨物和乘客的工具，以及娛樂活動的絕佳場所。它也是許多水生動、植物的棲息地。另一方面，水能載舟、亦能覆舟，它也能造成洪水破壞財產、危害公共安全，並侵蝕河岸和海岸線。正因為水是人類生存所不可或缺、卻又始終存在著威脅，我們的大部分基礎建設都致力於控制和管理水，也就不足為奇了。

　　現在世界上許多規模與複雜程度數一數二的工程項目，都是為了防止或利用「水」這項地球的龐大資源，而設計與興建的。我們在世界各地建造了巨大的水壩來儲存淡水、打造了龐大的航道網路，並且設置了巨大的防洪和海岸防護設施。其中許多設施甚至吸引了足夠的關注和民眾的興趣，因而設立了自己的旅遊中心，提供視野良好且安全的觀察環境，以及了解其歷史和技術細節的機會。下次當你經過水壩、港口、<u>船閘</u>或<u>堤壩</u>，請在遊客中心稍作停留，參觀參觀，順便買件紀念T恤吧！

護岸

海堤

港口
防波堤
堤心

紅樹林

人工魚礁

挖泥船
海灘營養

突堤

折流壩

6-1 海岸防護結構

在地圖上,海岸線是靜止不動的,但實際上,它們是世界上最具活力的地方之一。海岸會受到大量自然破壞力影響,包括風、波浪、潮汐、洋流和風暴。人類也會因為疏浚渠道、修建水道、開發沿海建築物,以及在沉積物到達海岸前就在高地水庫攔住,而大大影響海岸線。因此,海岸線會隨著物換星移而產生變化,就不足為奇了。形成海岸線的土壤和岩石不斷變化,不停的從一處被侵蝕帶走,然後在其他地方沉積下來。

海濱對於人類至關重要,但這不只是因為海濱的夕陽很美。由於航運和漁業提供了機會,有很多大城市都位在沿海地區。此外,海灘還撐起了當地的經濟,在世界各地透過旅遊業提供數百萬個就業機會,以及數十億美元的經濟活動。海岸線侵蝕一直威脅著我們的基礎設施、已開發地區和通航水道,危及沿岸的結構和廣大沿海人口的生計。海岸工程的大部分重點是如何保護海岸線,以對抗導致海岸線變化甚至消失的破壞力。

最基本的海岸結構之一是**護岸**,也就是天然斜坡上的一層簡單的硬質防護塊。護岸通常採用大石頭,或是能承受波浪和潮流持續衝擊的混凝土塊。使用阻礙物或石頭還能吸收每道波浪的能量,減少海浪衝上斜坡的距離。與護岸類似,**海堤**是一種與海岸平行的垂直結構,通常使用鋼筋混凝土建造,能保護高地地區免受侵蝕。許多海堤都採用一種稱為**反曲**的形狀,可以把海浪能量重新轉回大海,減少海水沖過堤頂的機率。海堤通常興建成正常大潮以上的高度,以防止洪水和暴風雨暴漲。此外,海堤還經常把上方要保護的開發地區與下方的沙灘隔開來。

防波堤是另一種與海岸平行的結構,用來保護海岸區域不受波浪影響。和護岸與海堤不同的是,它們沒有和海岸相連。相反的,防波堤建在近海,以消散波浪的能量,也為沿海的船隻和建築物製造平靜的水域,稱為**港口**。有很多種材料可以建造防波堤,但最常見的是碎石堆。防波堤的**堤心**通常使用較小的岩石,來減少波浪的能量流動穿過結構,而外層則是用較大的石頭組成,可以更好的抵抗波浪。

另一種保護結構稱為**折流壩**,它是延伸進海裡來對抗沿岸漂沙,也就是沉積物沿海岸平行移動的過程。折流壩和防波堤一樣,通常是用岩石或礫石堆建造的。折流壩會攔住懸浮在洋流中的沙子,形成海灘(這個過程稱為**沖積**)。如果大小合適,折流壩還可以藉著降低沿岸洋流的速度和力量,來保護下

流一側的區域。然而，太大的折流壩會攔下水流中的所有沉積物，使得沉積物無法補充到遠處的海灘，這反而會加速未受保護的海岸遭到侵蝕。建了一道折流壩後，通常需要再建造更多折流壩來保護下流區域，最後形成越拉越長的鋸齒狀海灘。

和折流壩類似，**突堤**是垂直於海岸興建的結構物，通常會成對建造，藉由把航道入口伸入大海來保護該入口。它們不僅能阻止沉積物進入通道，在潮汐變化期間也能限制海水流動，加速海流沖走底部的沉積物，盡可能減少沉積物堆積。

這些防護結構通常為海岸侵蝕提供了長期解決方案，但是它們也可能產生意想不到的後果。舉例來說，平緩的混凝土海堤不會吸收波浪，而會把波浪反彈回去，所以可能更進一步侵蝕海岸。這些結構還會影響海洋棲地的品質，造成難以解決的環境問題。海岸工程師會盡可能尋求「更溫和」的海岸侵蝕解決方案，其中一項技術，是關於種植或保護可以在沿海潮汐帶生長的樹木和灌木。這些植物稱為**紅樹林**，它們密集的根系網絡會吸收波浪的能量，並保護沿海的土壤。

解決海岸侵蝕的另一個溫和的方案，是建造**人工魚礁**，為魚類、珊瑚和其他海洋生物提供棲息地。已經有許多材料被用來建造人工魚礁，包括岩石、混凝土、沉船，甚至沉到水下的地鐵車廂。這些魚礁除了提供海洋生物可以附著或藏匿的表面，還能消散近海波浪的能量，充當水下防波堤。

第三種溫和的解決方式，是透過替換已損失的材料來逆轉侵蝕過程，這種技術通常稱為**海灘營養**。海灘不僅是重要的休閒區和經濟帶動者，還是開發地區與海洋之間的緩衝區。它們在風暴和海浪到達開發地區之前，削弱了其能量，但是在這個過程中，沙子可能會向下流動，或被牽引到更深的水域。補充流失的沙子可以保護沿海的結構物，並且創造休閒空間。海灘營養通常是利用**挖泥船**從海底挖出沉積物，並把它們以水和沙混合的泥漿形式，經由管路泵送回海岸來完成的。把泥漿排放到岸上的一個大池裡，讓水排出，讓沙子沉澱，然後就可以使用土方設備將沙子沿著海灘散布。海灘營養會對環境產生影響，所以不是永久的解決方案，但它是解決海岸侵蝕的常見做法。

最後，有時保護海岸線、讓人類的開發不遭受損害的最廉價選擇，是從一開始就不要開發海岸。這種策略通常稱為**退縮**，關係到購買和廢棄資產，或是把建築物和基礎設施遷到遠離海岸的地方。在某些情況下，最好的工程就是讓大自然發揮它最擅長的作用，也就是讓海岸線充滿活力和動力──這才是它一開始吸引人類的原因。

仔細瞧瞧！

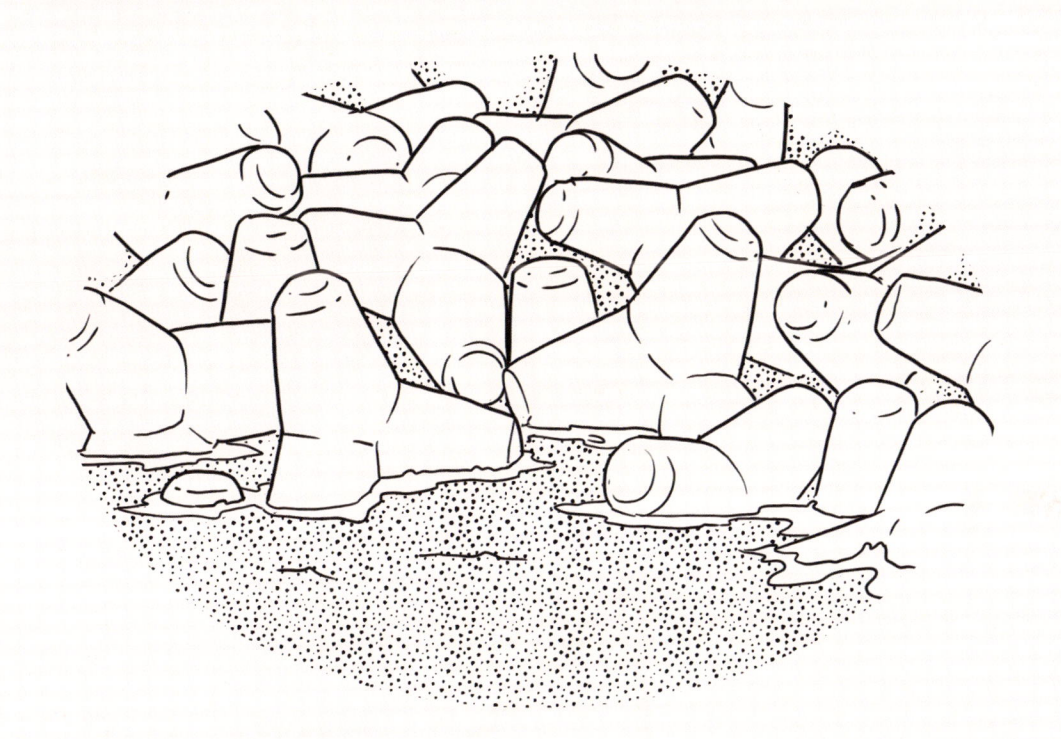

巨石是保護海岸線免受海水、風和波浪破壞的一種經濟有效的方式。然而，並非海岸的每一處都有鄰近的採石場，可以提供沿海建築物所需的岩石數量。建造護岸和防波堤的另一種選擇，是使用澆鑄的混凝土塊，通常稱為消波塊。這些獨特的結構物形狀多樣，它們是以幾何形狀成型的，以便能互相嵌合卡死，好抵抗強大的水動力。由於這些混凝土塊的尺寸、形狀和重量一致，它們通常比笨重的巨石更容易運輸和放置。此外，它們還可以在離工地現場較近的地方製造，好降低運輸成本，對於附近沒有採石場的地區尤其有利。

貨櫃正面起重機　跨載機　繫固鎖扣

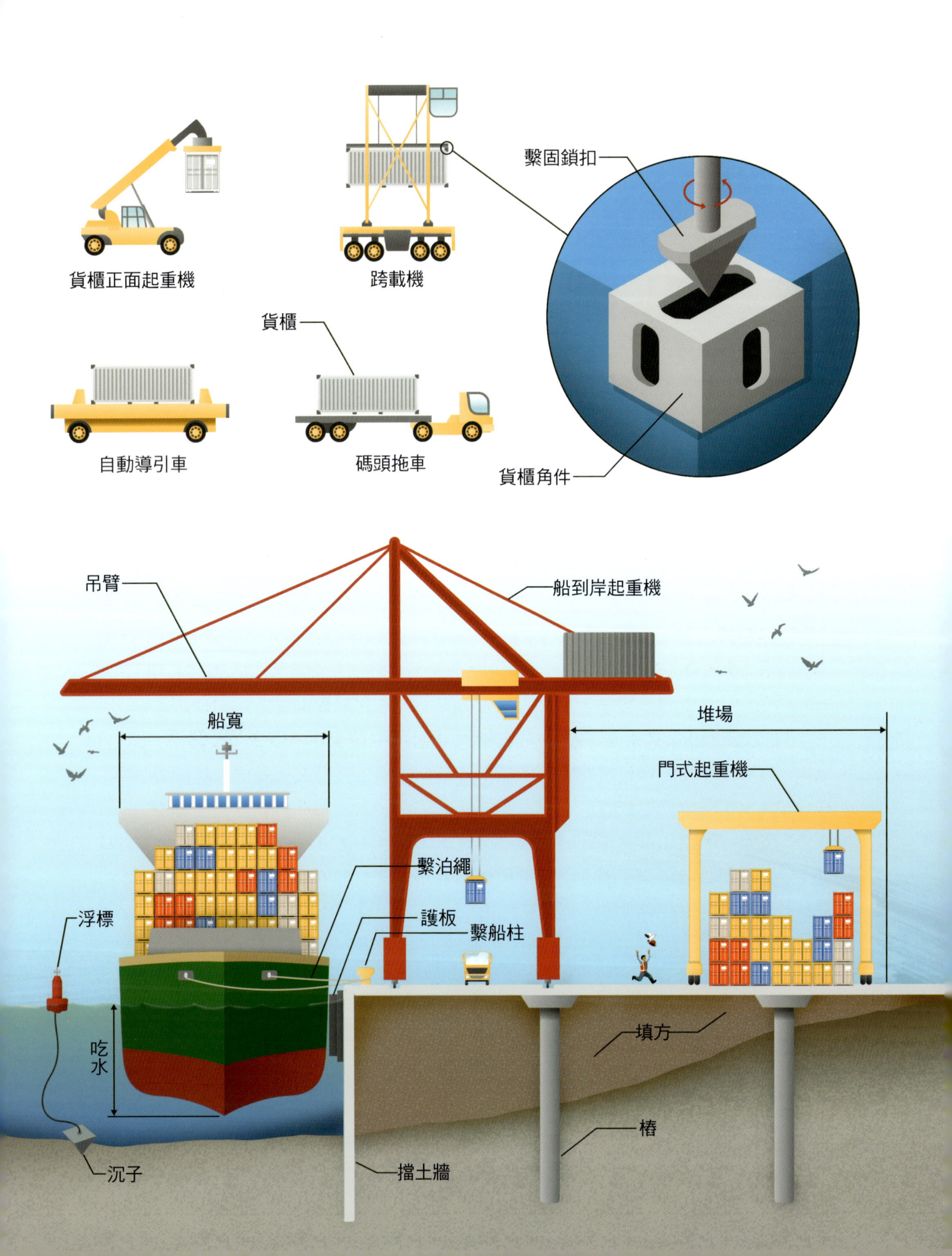

貨櫃
自動導引車　碼頭拖車　貨櫃角件

吊臂　船到岸起重機　堆場
船寬　門式起重機
繫泊繩
護板
浮標　繫船柱
吃水　填方
椿
沉子　擋土牆

6-2 港口

　　海運運輸是現代生活重要的一環。由於速度慢，現在人們不再時常乘船遠行，但是**貨運**這個詞其來有自。世界各地每天仍有大量貨物得使用船隻運輸，維持從原始材料到成品的複雜供應鏈。水路運輸得以持續存在，是由於船隻運輸效率高。即使是最大的貨物，一旦漂浮在水面上，移動起來幾乎毫不費力。用船把一噸的貨物移動同樣距離所需的能量，大約是用火車運送的一半、用卡車運送的五分之一。此外，在全球沒有陸地接壤的地區，航運是貨物運輸的主要方式。

　　港口是連接海上和陸路運輸方式的中心。用最簡單的話來說，港口是船隻可以停靠的地方，但這種簡單的功能無法反映現代海事設施實際上非常複雜。不只沿海城市有港口，河川沿岸和內河航道的城市也有。港口通常有個好幾個碼頭用來裝卸貨物，或是讓遊輪乘客上下船。每個碼頭都經過專門設計，能快速有效率的把船上運輸的特定類型貨物搬上搬下。**散裝貨船**運送的是沒有包裝的貨物（例如穀物和礦石），必須使用大型輸送帶或抓斗起重機進行卸貨。載運石油這類液體的**油輪**，則利用大型軟管裝油和卸油。大多數運輸有包裝貨物的貨船都是使用**貨櫃**，這種標準化的鐵櫃可以使用起重機在火車、卡車和其他船隻之間輕鬆轉運。

　　貨櫃碼頭裡有著巨大的起重機和色彩繽紛的貨櫃堆，是航運商港裡最好認的區域之一。巨大的**船到岸起重機**通常安裝軌道上，這樣它們就可以涵蓋貨船的全長，以每兩分鐘一個的速度裝卸貨櫃。

　　有時候，貨櫃會直接在不同的運輸方式之間轉移（主要是卡車、火車或是另一艘船），不過通常必須在接續轉運的車輛到達之前，將它們存放在貨櫃**堆場**裡。將貨物統一裝進標準化的貨櫃造成了一個難題，因為每個貨櫃堆只能從最上面的貨櫃拿取，要動到最底下的貨櫃，就必須把上面全部的貨櫃乾坤大挪移。電腦化管理系統可以優化每個貨櫃的放置方式，從而減少將它們運送到目的地所需的搬移次數。

　　碼頭內用來裝卸和移動貨櫃的車輛五花八門，而且在現代港口裡，它們的控制也越來越自動化。**碼頭拖車**是一種可以在堆場載運貨櫃的小型半聯結車（它有很多名稱，包括**場內拖車**）。**自動導引車**做的事情也一樣，只不過不需要人工操作。**貨櫃正面起重機**和**跨載機**可以載運貨櫃到堆場，以及從堆場最上面吊舉貨櫃。**門式起重機**在長排的貨櫃堆上面穿梭。這些車輛都使用**吊架**來吊舉貨

櫃，而不是用掛鉤。每個貨櫃都有安裝加固的<u>貨櫃角件</u>。四個<u>繫固鎖扣</u>嚙合到每個角件的橢圓形孔裡。鎖扣旋轉90度，把吊具和貨櫃牢牢的結合。鎖扣機構巧妙簡單，可以安裝在船隻甲板、卡車和火車上，以及堆場裡的每個貨櫃之間。它們每天負責把數百萬只笨重的鐵櫃整整齊齊的扣好。

儘管世界各地的海事術語有所不同，不過在港站邊緣的結構物通常稱為碼頭或泊岸。碼頭可能會有一個或多個泊位供船隻停泊，每個泊位都有幾座大型<u>繫船柱</u>，船隻的<u>繫泊繩</u>可以固定在這些繫柱上。船上的<u>絞盤</u>會把繩索拉緊，盡量減少船隻在貨物裝卸過程中移動。此外，每個泊位沿線的<u>護板</u>可以當緩衝墊，避免碼頭和船體損壞。傳統上會拿舊輪胎來做護板，但現代的港口會使用對應船隻種類與尺寸，而專門設計的設備。

在港口設施設計裡，一個關鍵的決策是可以容納的最大船隻，這稱為<u>設計船型</u>。要容納較大的船隻，會使港口設施的興建與維護成本更高，但它可以帶來更多運量和更多收入，所以這是個必須謹慎的權衡。設計船型的長度決定了每個泊位的長度，以及港口的總體規模。其<u>船寬</u>會影響用來裝卸貨櫃的船到岸起重機的<u>吊臂</u>尺寸，其<u>吃水</u>則決定了下方港口的最小深度。而港口可以使用挖土機或抽沙管，疏浚水道底部的沉積物，來維持它的深度。船隻設計師（造船工程師）會盡可能把船隻做得更大，同時符合它們會遇到的<u>運河</u>、船閘和港口。實際上。有許多船型，都是以它們剛剛好能符合條件的設施來命名的，例如「蘇伊士船型」便是能夠通過蘇伊士運河的最大船隻。

碼頭必須具有堅固的結構，能夠承受風、波浪、潮汐、洋流以及船隻繫泊繩日復一日的極端拉力。此外，它們必須相當高，高到能夠讓巨大的船隻直接停靠。很多碼頭都興建在<u>填方區</u>上，把土壤運到現場並壓實，來做為穩固的地基。擋土牆加固了填方區，同時讓船隻能靠近港邊。當工地地質狀況不夠理想，難以支撐港口設備和貨物的重量時，碼頭可能要用<u>樁</u>支撐。這種垂直的鋼骨或混凝土構件，用鑽掘的或是打入地下土壤深處，以防止碼頭逐漸下沉或位移。

水道使用許多導航輔助設備，來協助海員安全駕駛船隻。<u>浮標</u>能示意出可通航的水道和危險區域。就像路標一樣，浮標使用標準化的顏色和符號，來傳達指標和資訊。它們通常會用鏈條和錨固定在定點，鏈條有足夠的鬆弛度可以吸收波浪、風和洋流的衝擊力道，而且能配合上潮汐的水位變化。錨可以採用重物（稱為<u>沉子</u>），也可以是打入或鑽入地下土層的裝置。

仔細瞧瞧！

　　長期以來，超載的船隻因敵不過巨浪而沉沒的情況很常見。如果沒有規定，船長就有動機盡量多載些貨物，而且經常高估船隻的負荷量，而導致貨物和船員全數覆滅。隨著時代進展，保險公司和國際航運界正式要求，在每艘船隻的外殼標記法定載重限制。載重線通常標示成一條水平線穿過圓圈，如果船隻超載，水平線會沉到水面以下。這條線通常稱為**載重吃水線**，是用支持此規定的英國政治家薩繆爾　普利姆索爾（Samuel Plimsoll）的名字命名的。船隻的浮力要看水溫，以及是在海水還是淡水，所以現代船隻大多有一整組載重線，以因應航行途中可能遇到的各種環境條件。

滚轮閘門

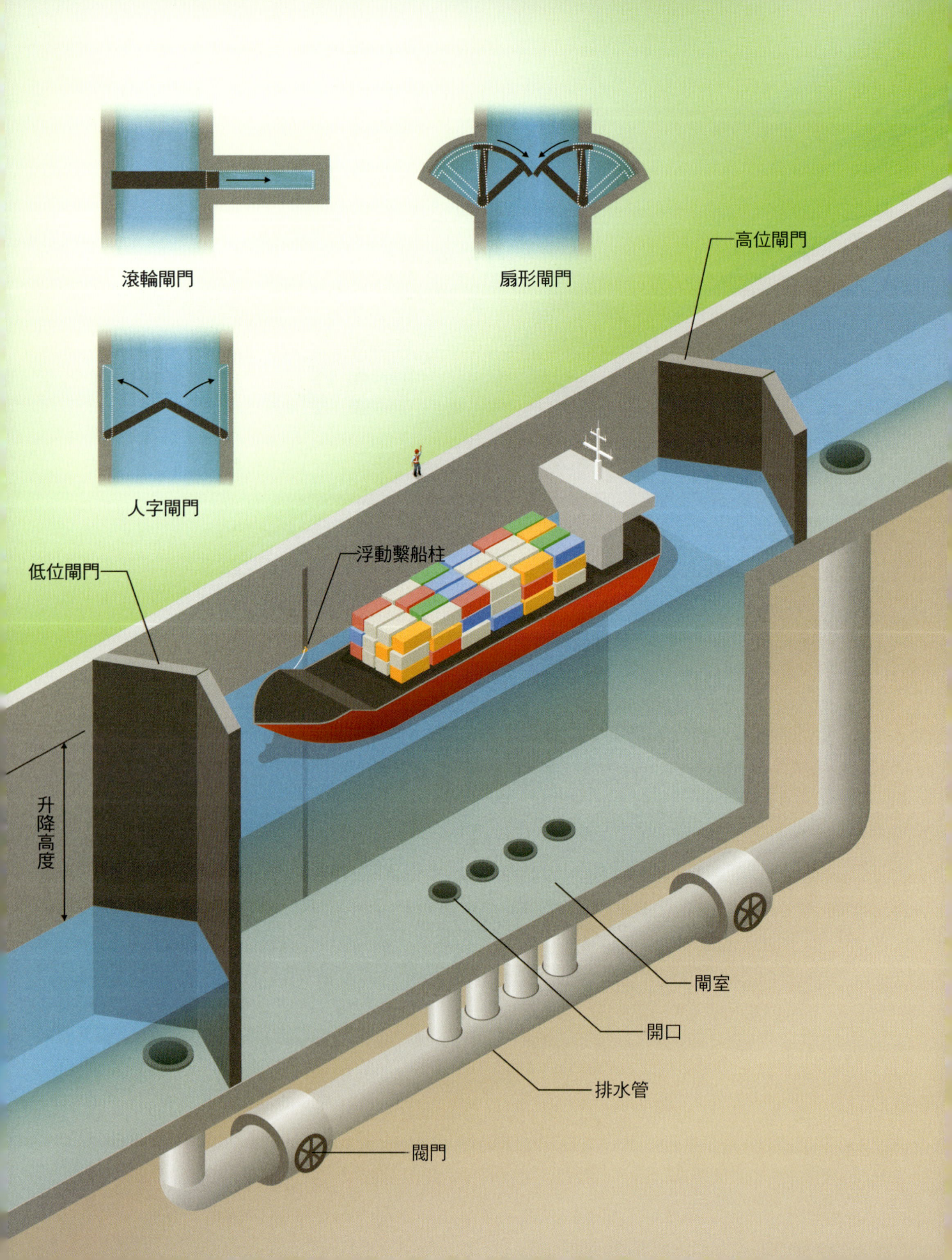

扇形閘門

人字閘門

高位閘門

低位閘門

浮動繫船柱

升降高度

閘室

開口

排水管

閥門

6-3 船閘

水路運輸有其局限性，主要是並非每個地方都可以搭船到達。靠著修建水道或運河，人們在某種程度上克服了這個障礙。最早的歷史文件就曾寫到了運河和航運；甚至早在幾千年前，人類就試圖拓建水路，讓船隻通行至原本無法到達的地區。然而，有另一個限制更難克服。水會自動流平——與公路或鐵路不同，你不能在斜坡上靠水來上山或下山。一條理想的運河應該全長都位在同一個水平面，但是在地形崎嶇的地區，這需要大量開挖土地，實際上不可能辦到。我們不是挖出巨大的峽谷來保持運河的高度一致，而是像在踩樓梯一樣，利用船閘，把船隻往上或往下移動到不同水位。

船閘由一個防水閘室與兩端的大型閘門組成。船閘的工作原理非常簡單。一艘要往上航行的船進入幾乎空蕩蕩的閘室後，關閉低位閘門。然後水從上面流進來充滿閘室，把船抬升。一旦船閘的水位達到較上方運河的水位，就完全打開高位閘門，船隻就可以繼續航行。向下航行的步驟相同，只是方向相反。一艘船進入滿水的閘室，高位閘門關閉，排出閘室內的水。一旦閘室裡的水位和下方運河的水位相等，就完全打開低位閘門，船就可以繼續前行。這是個完全可以反向操作的升高系統，其中最簡單的方式除了用到水本身，不需要外加電源就能運作。

河川上的船閘可以和蓄水與洩洪的水壩結合起來。大多數容納大型船隻的現代船閘，都是用鋼筋混凝土建造的，它們有外牆和底板，就像個超巨大的浴缸。通往船閘的通道設計為筆直的，沒有橫向水流，因此船隻可以輕鬆排隊進入閘室。休閒船隻所用的小型船閘通常可以自行操作，但是繁忙水道上的大型船閘，則需要操作人員每天二十四小時負責升降船隻。

閘室兩端的閘門本身就是工程奇蹟。大多數船閘都是使用人字閘門，它們由兩扇門組成，就像巨大的鉸接門，朝中心線關閉。門扇關上緊閉時並不是一直線，而是以朝向上游的角度合攏。來自上游水流的壓力能使閘門緊緊關閉，進而在船閘操作期間保持密閉且不會漏水。在某些地方，尤其是受到潮汐影響的地方，下游水位可能會高過上游運

河的水位。在這種情況下，人字閘門會無法正常運作。**扇形閘門**提供了另一種選擇，它能夠應付來自兩個方向的水壓，可以補人字閘門之不足。扇形閘門的形狀像切成片狀的派，在尖端處鉸接而在中心線合攏。一些現代船閘採用以滾輪開啟和關閉的門，而不是使用鉸鏈。滾輪閘門的好處是會滑進凹槽，維修和保養時只要把凹槽的水抽乾就可以了，不需要把每個閘門完全移開。

在全部的船閘當中，低位閘門才是真正的要角。高位閘門的高度，只需足夠讓船隻在滿水後進入閘室；反觀低位閘門，則必須能夠頂住閘室從最上方到最底部的水壓力。水壓會隨著深度增加而變大，因此**升降高度**大的船閘，其低位閘門必須能夠承受極大的外力。當運河需要升高的高程差比較大時，會採用多個串聯的小型船閘（稱為**梯段**），而不是單一的大型船閘。

閘室注水和排水所需要的輸水管道，是其設計的另一個重點。許多船閘都是水路交通的咽喉要道，因此營運商想盡辦法要縮短船隻通過的時間。想像一下，每天要讓一個巨大無比的游泳池注水和排水三十次以上，而且裡面還有人，這有多麼困難。同樣的，你不能只打開高位閘門讓水流入。一方面，水位差會產生很大的水壓，閘門實際上打不開。更重要的是，水流進流出會危及通過船閘的船隻。大多數船閘反而是使用單獨的系統，來為閘室注水和排水。最簡單的做法，是在每個可以打開和關閉的閘門中，安裝一個較小型的遮擋板，有時稱為**閘門水閥**。大型水閘使用排水道讓水流過閘室側面或底部的開口。有兩個**閥門**控制流量。開啟高位閘門處的閥門可以將水注入閘室，打開低位閘門處的閥門則能將水排出閘室。這些開口經過精心設計，可以盡可能快速的為閘室注水或排水，而不會在閘室產生危險的湍流、噴流或湧浪，導致船隻傾覆。

即使有設計良好的注水系統，閘室仍可能產生湍流。船隻需要停泊在適當的位置，以避免與閘門或閘壁碰撞。但是，繫泊纜繩不能連接到閘壁的頂部。對於上行的船，纜繩會一下子變鬆；對於要往下航行的船，它們可能會直接把船從水裡拉出來！較小的船閘需要引航員在水位上升或下降時，收起或放出繩索。較大的船閘則使用**浮動繫船柱**，這些繫船柱沿著垂直導軌滑動，讓停泊的船隻在上升或下降時，保持在適當的位置。

仔細瞧瞧！

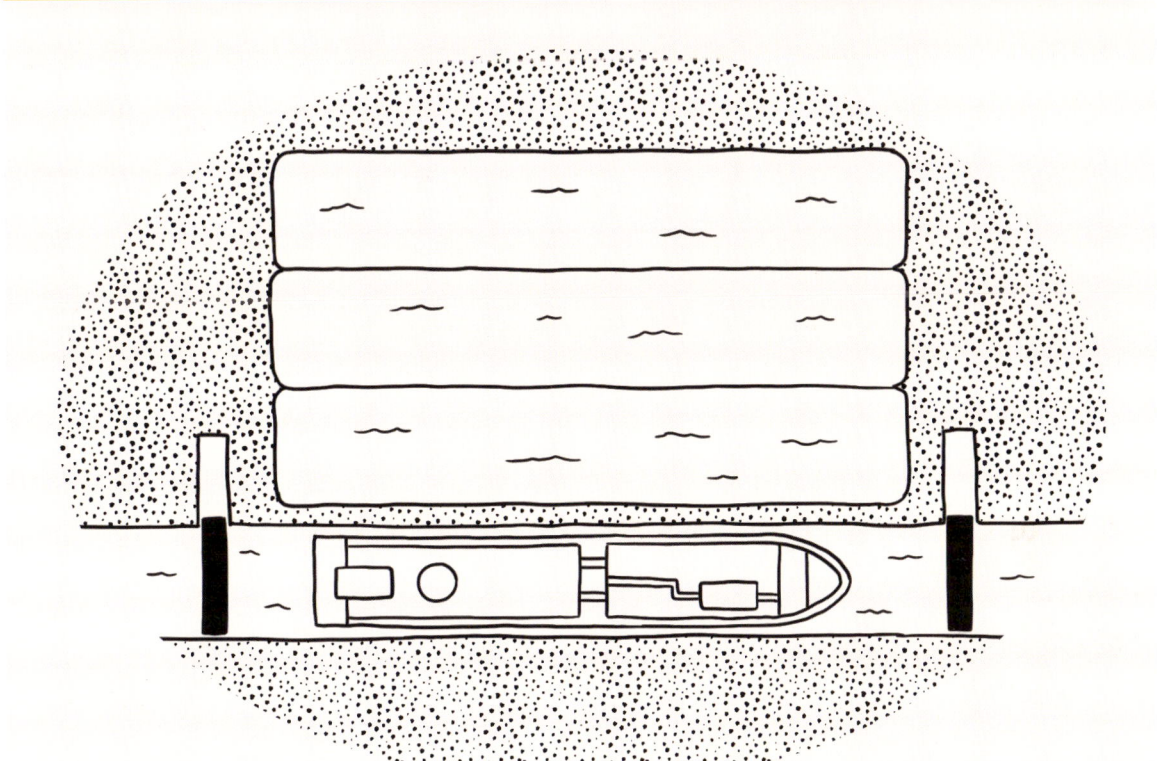

儘管船隻可以從兩個方向穿過船閘，但是水只能從一個方向穿過。每次操作船閘時，都會損失「一整個船閘」的水流到下游。運河的水並不是無限量供應的，日復一日的操作船閘，就代表每天可能損失數百萬公升的水。一些設施使用**節水池**（也稱為**側池**）來減少流經船閘的水損失。當船隻要降水位時，船閘閘室會把水排入附近的節水池，而不是排到下游。當船閘要注水時，會優先使用節水池裡的水，來盡可能讓水位升高。閘室的其餘部分就由運河上游供水。

如果沒有大型抽水機，節水量就會受到重力限制。節水池必須位在閘室最上端和底部之間的高度，好讓水可以流入和流出，這代表只有大約三分之一的水可以回收利用。不過，若是節水池更大或者數量更多，就能節省下更多的水。例如，巴拿馬運河最新的船閘各有三個水池，這使得它們只需用到原本所需水量的40%左右。

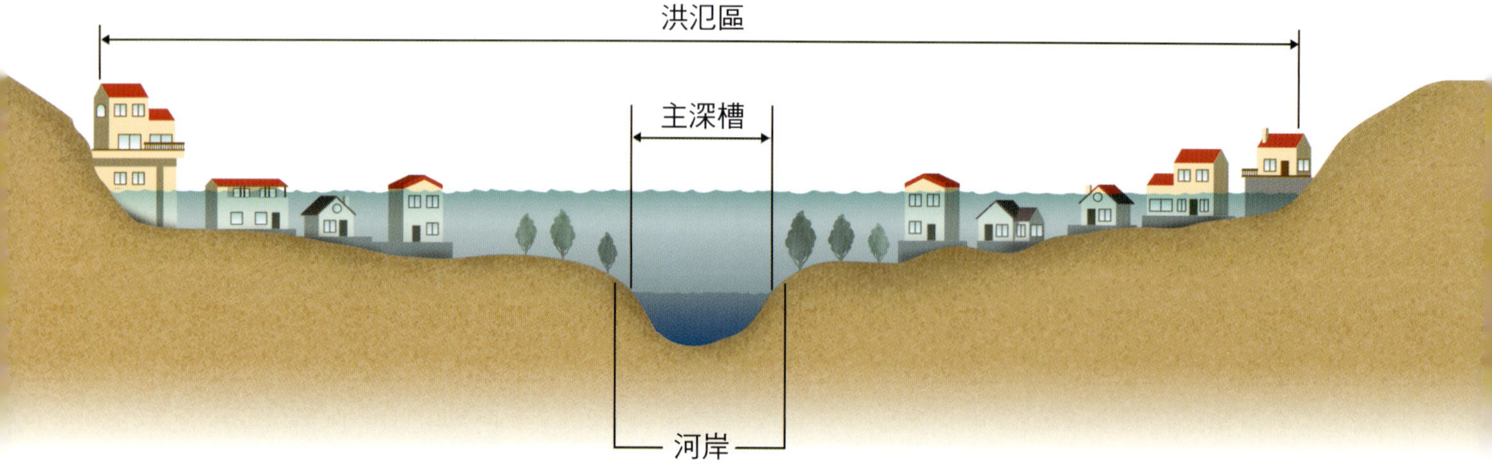
洪氾區
主深槽
河岸

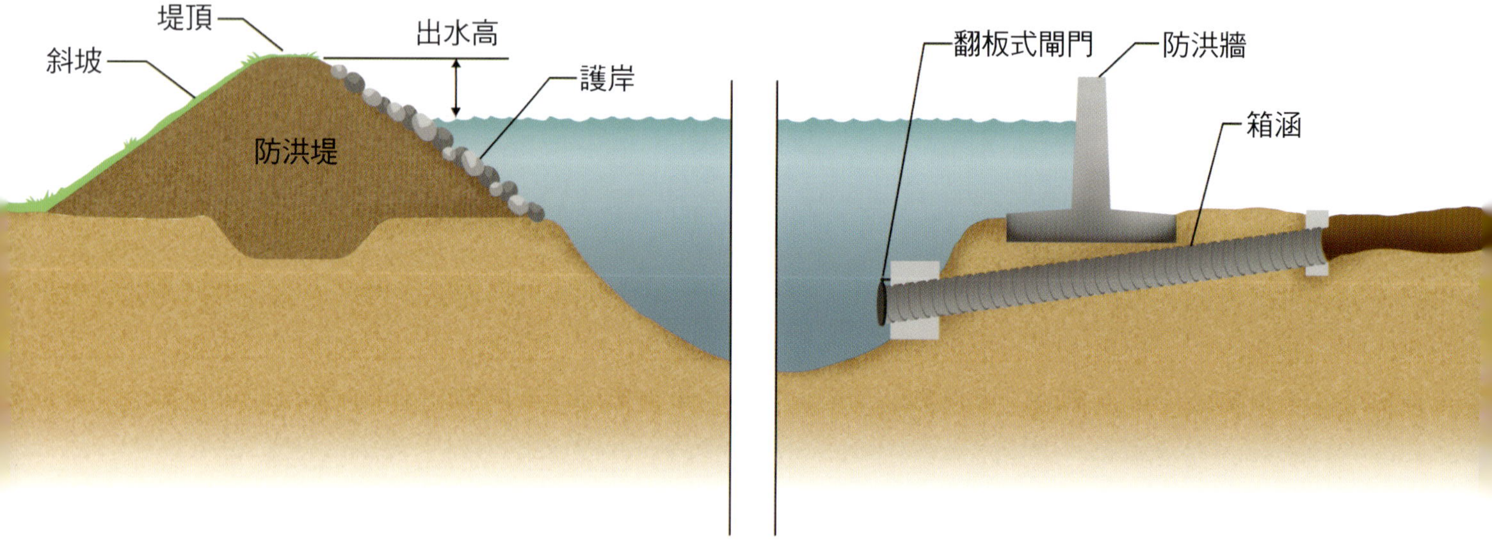
堤頂
斜坡
出水高
護岸
防洪堤
翻板式閘門
防洪牆
箱涵

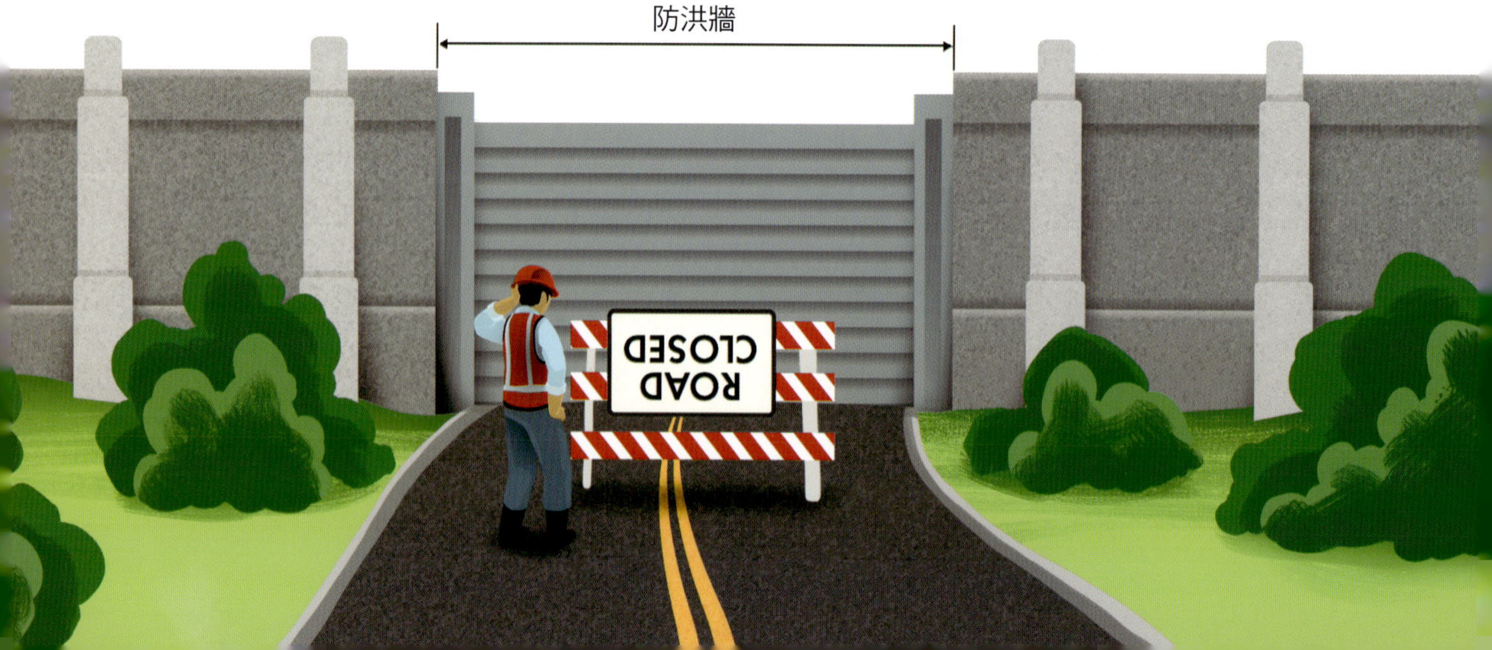
防洪牆
ROAD CLOSED

6-4 堤壩和防洪牆

每年，都會有人口稠密地區受到洪水重創，家園支離破碎，當地經濟陷入停滯。如果你親身體驗過，就會知道和大自然對抗有多麼無力。我們無法改變降雨量，但已經開發出一些方法，能在雨水降到地面之後，盡量降低它對生命和財產造成的危險。

河川洪水處理起來尤其困難，因為它的影響不是線性的。在正常河川流動的<u>主深槽</u>中，水位上升只會導致淹沒面積略微增加，因為陡峭的河岸限制了水流。然而，河岸上方的地形通常都寬闊平坦，很適合農地和城市發展。當河川的水流漫過河岸時，即使水位小幅上升也會淹沒大面積的土地。這些位在河岸上方的區域，由於很容易受到洪水氾濫的影響，通常稱為<u>洪氾區</u>。解決河川洪水的一種結構性處理方法，是增加河岸高度將水流限制在河道內，避免流入已開發地區。

墊高河岸最常見的方法就是收集附近的土壤，然後堆到堤岸。用這些稱做<u>防洪堤</u>或堤壩的結構來引水和蓄水，已經有好幾百年歷史了。在沿海地區還用它們來抵禦風暴潮。雖然概念上很簡單，但是現代防洪堤是憑藉著先進的工程，來保護低窪地區免受洪水侵害。畢竟，土壤不是最堅固的建築材料，尤其是遇到快速流動的水時。工程師們會根據現有可施作的土壤特性，明確規定防洪堤的坡度和夯實標準。

洪水期間的快速水流會造成侵蝕，並損壞防洪堤的靠河側。斜坡上通常會植草，藉由茂密的根系防止侵蝕。需要長時間承受洪水或巨浪的防洪堤，可能會加上石頭或混凝土的保護層（稱為<u>護岸</u>），以加強保護。由於土堤長期下來可能會變差，因此維護相當重要。防洪堤上絕不能種樹和木本植被，因為它們在洪災期間可能會倒塌或被扯斷。還有必須阻止穴居動物在防洪堤中築巢，因為牠們挖的洞會成為水滲入土壤結構的通道。

防洪堤雖然相對便宜且形狀簡單，但由於它是梯形，因此佔地很大。一種比較昂貴但節省空間的替代方案是建造<u>防洪牆</u>，這種牆通常是用鋼筋混凝土製成，作用和加高河岸來控制水流相同。由於防洪牆是使用比夯實土壤更有韌性的材料建造的，也不易受到經久劣化的影響。

防洪堤或防洪牆的高度是很關鍵的決定。洪水的規模和破壞力有可能是無限的。如果你想像得到一場大風暴，你就能想像到另一場更大的風暴。這就代表防洪基礎設施必須在「建設成本」和「能提供的保護程度」之間取得平衡。在美國，許多防洪堤和防洪牆都是為了防禦<u>百年洪水</u>而設計的，這個不太好懂的術語，指的其實是個簡單的概念。

由於我們擁有大量的全球降雨歷史紀錄，因此可以預估任何風暴的嚴重程度與其發生機率之間的關係。百年洪水是以下這段敘述的一個參考點：理論上，在某個地點的某一年份，只有1%機率的洪水會達到或超過的強度。雖然這個名稱聽起來像是每百年才會發生一次，但每年1%的機率相當於在三十年內，有26%的機率發生一次這樣的暴雨。在五十年內，這個機率就接近40%，差不多就像丟硬幣的機率。

我們其實很清楚，用針對百年洪水設計的基礎設施來防禦所有洪水，並不具成本效益，但是我們可以把基礎設施設計成能擋下這期間99%的洪水。為了設定防洪堤或防洪牆的<u>堤頂</u>，工程師使用洪水歷史紀錄和水力模型，來估計百年洪水在河川沿岸會達到多高。然後他們會額外加些高度（稱為<u>出水高</u>），用來應付不確定的狀況，並防止波浪漫過防洪堤。

用防洪堤或防洪牆完全封閉有洪水風險的區域，並不一定都能做到。首先，公路和鐵路需要有方法穿越保護區而不見得有足夠的空間或資金，來建造坡道或橋梁跨越每一座牆。因此我們偶爾會留下一個間隙（稱為<u>閉合閘門</u>），讓道路或鐵路可以通過。每個閉合閘門安裝的鋼製閘門，必須在洪水發生之前關閉，好讓堤圍完整。當然，閉合閘門只適用於河川的主要流域，因為洪水會比較慢來到這些地方，有預警的時間。打開的閘門會完全破壞防洪牆或防洪堤的作用，因此在容易遇到山洪爆發的地區，不能採用閉合閘門。

此外，封閉的地勢低窪區域會形成一個盆地，在暴風雨期間，可能在防洪牆的外側淹滿水。防洪堤需要有方法讓排水沿單一方向通過，而不會讓河水在洪水期間回流到保護區。有些大型系統會使用抽水機，把當地的排水從低窪地區抽出去，但是抽水設備可能很昂貴。<u>箱涵</u>這種管道可以穿過防洪堤和防洪牆，或是穿過它們的基礎，讓封閉區域可以藉由重力進行排水。這些涵洞安裝了閘門（洪水期間必須手動關閉），或自動防止回流的裝置（稱為逆止閥）。<u>翻板式閘門</u>是一種常見的逆止閥，能密封關閉以抵擋來自反方向的水壓。

儘管防洪堤可以保護低窪地區免受洪水侵襲，但它們也會帶來新的問題。由於防洪堤把河川的力量限制在較小的空間內，因此水流比沒有這類結構時流得更快、水位更高，可能會導致洪水對較下游處的影響更嚴重。即使擁有出色的工程技術，我們「控制」大自然的能力通常也是不堪一擊。防洪基礎設施對於已開發地區相當重要，但我們也應該同等重視對河川天然洪氾區的管理。

仔細瞧瞧！

　　很常見的抗洪方法是使用沙包疊起來蓄水或引水。只需要少量人力，就可以在防洪堤頂部加上沙包增加高度，或是在沒有防護的結構物周圍加上沙包來阻擋洪水。每個沙包通常都只裝半滿，這麼一來就很容易和相鄰的沙包互相貼合，而不會留下明顯的空隙；在沙包堆疊位置的中央，會有一道小溝幫助它們卡進地基，來承受洪水的壓力。沙包要堆成金字塔形狀，底寬大約為沙包堆高度的三倍。在面向上游面可以再加上塑膠布，讓這個擋水牆更能防止滲水。

拱壩　　壩座　　支墩壩

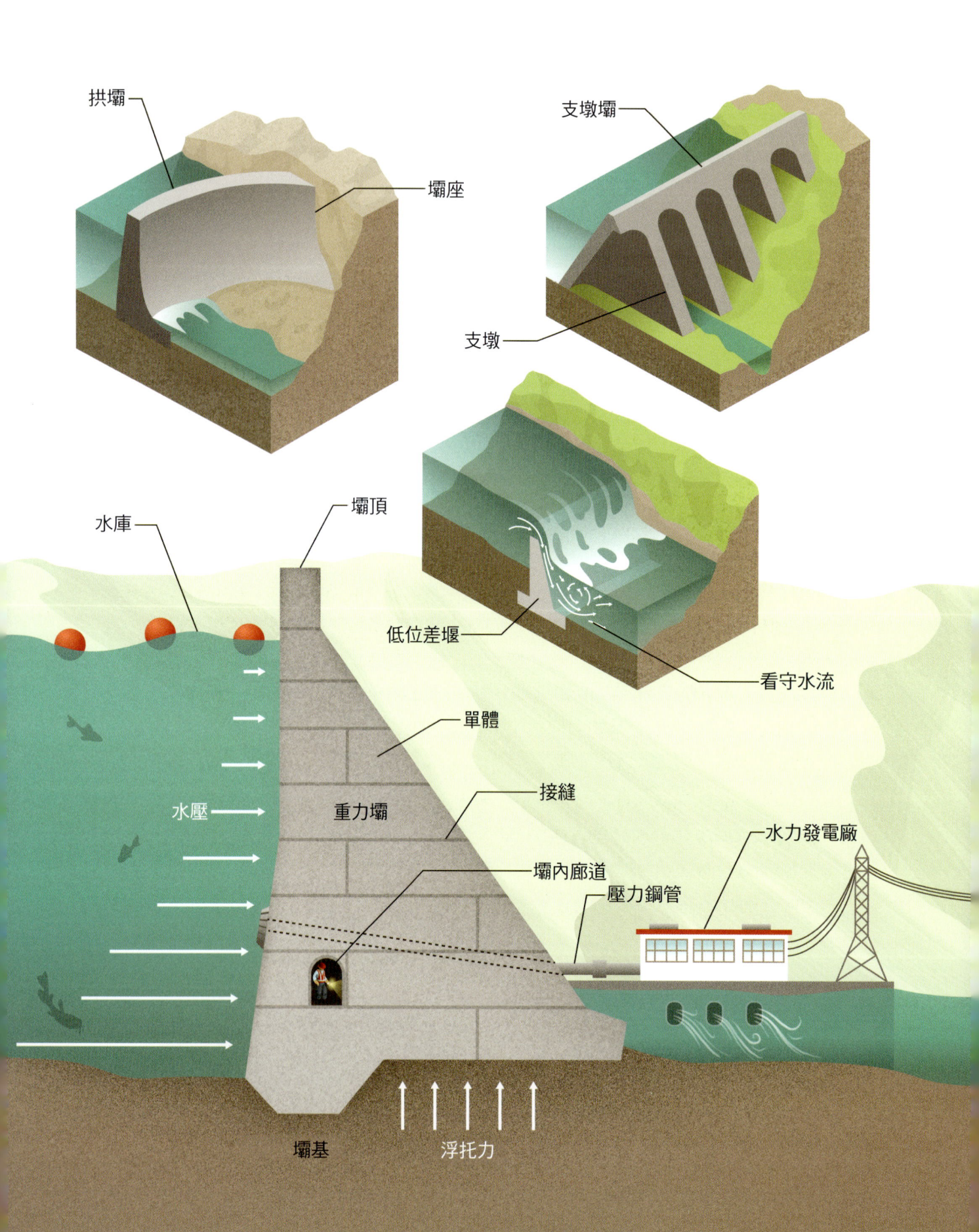

支墩

水庫　　壩頂

低位差堰

看守水流

水壓　　重力壩　　單體

接縫

水力發電廠

壩內廊道

壓力鋼管

壩基　　浮托力

6-5 混凝土壩

　　水是地球上相當重要的一項資源，但是水文循環具有巨大的變數。從乾旱到洪水以及介於兩者之間的各種情況，要達到穩定供水可能是一項重大挑戰。我們無法控制下雨的次數或頻率，但是可以開發蓄水設施來緩和每年流入量的漲跌。在河谷上修建水壩會形成水庫，水庫可以儲水，隨後用於灌溉農作物、提供城市用水或發電。

　　在預期會出現惡劣天候的情況下，水庫也可以維持空庫，讓水壩能夠攔下洪水，再逐步洩洪，從而減少洪水對下游造成的損害。（用在排水的<u>溢洪道</u>會在後面的章節介紹。）許多大型水壩使用水庫內的不同區域（稱為水池），同時滿足多種目的。其中一個水池可以維持滿水，用在水力發電或供水；上面的一個水池可以保持清空，以便在洪水發生時用來蓄水。如果水壩用於發電，下游通常可以看到裝有渦輪發電機和其他設備的水力發電廠。如果發電廠沒有和水壩相連，你可能還會看到把水輸送到渦輪發電機的大口徑管路，稱為<u>壓力鋼管</u>。

　　建造水壩的材料有很多種類，但許多最大和最具代表性的壩體都是用混凝土建造的（下一節會說明由泥土和岩石建造的水壩）。混凝土堅固耐用，讓水壩能夠承受水庫裡水體的巨大壓力。不同於許多大型結構物的荷重是來自重力的垂直力，水壩上最主要的外力是水平向的。水庫越深，它對水壩上游面施加的壓力也越大。水還會通過<u>壩基</u>的孔隙和裂縫洩漏，對該結構物底部產生壓力，稱為<u>浮托力</u>。設計水壩時的一項關鍵任務，就是要能抗衡這種壓力，而這也會大大影響水壩的結構與外觀。

　　<u>重力壩</u>只利用其自重來抵抗這些蓄集的水的力。混凝土非常重，而當一項結構有足夠的質量，就能穩定到足以避免水平力造成的傾覆或滑動。重力壩底部的水壓最高，也因此該處通常很寬。壩體逐漸往上收窄，形成狹窄的壩頂，壩頂的寬度有時只夠讓一輛車在上頭行駛，也因此它的下游側會形成特有的斜坡。類似的原理，<u>支墩壩</u>使用三角形<u>支墩</u>把力從水庫傳遞到壩基。水壓仍然是以水平向推向壩體，但是有斜度的上游面同樣利用水的重量來保持穩定。建造支墩壩需要用到的混凝土比較少，但也需要更多人工來澆鑄複雜的形狀以確保穩定性，因此在現代一般來說太不划算了。

　　和重力壩與支墩壩不同，<u>拱壩</u>把水體的大部分施力，轉移到水壩兩側的<u>壩座</u>上，而不是基礎上。就像第四章提過的拱橋，拱壩

會利用幾何形狀來跨越缺口。由於拱壩不太依賴自身重量，因而需要的混凝土較少，建造起來更加經濟。然而，由於拱壩的壩座必須抵抗要把結構推向下游的大部分水壓，它們只能用在地質條件有利的地點，因此最常出現在狹窄的岩質山谷裡。有些支墩壩設計成<u>多拱壩</u>，每個較小的拱壩均由一個支墩支撐，而不是用單一的拱壩橫跨整座山谷。

混凝土壩並不是建造成一整塊實心的<u>壩體</u>——混凝土從液態固化成固態時會收縮，這可能造成龜裂。此外，一整年內的溫度變化會導致混凝土膨脹和收縮，這也可能形成裂縫。人行道或車道上出現裂縫，可能不會造成什麼問題；但是水壩中出現裂縫，有可能導致漏水，甚至使結構體弱化和損壞。混凝土壩是由較小的結構塊（稱為<u>單體</u>）建造而成，具有水平和垂直的<u>接縫</u>，以提供移動的空間並減少開裂。和實心混凝土結構中可能形成的不規則裂縫不同，接縫可以使用嵌入式止水帶和密封劑，輕易的密封止漏。儘管從外面看不到，但許多混凝土壩都有內部隧道（稱為<u>壩內廊道</u>），用來收集任何洩漏的水，並且讓工程師得以從內部監控結構的完整性。廊道還留了排水的位置，以緩解壩基內部的壓力。

還有另一種混凝土結構不是用來儲水，而只是用來提高河川或溪流水位的，通常稱為<u>低位差堰</u>。天然水道的深度會隨著時間而變化，而且可能有很長的一段時間會很淺。低位差堰會蓄積少量的水，用人為方式升高水位，讓河道更適合船隻通行，也增加供水和灌溉取水口的深度，或是製造水位落差來提供渦輪機或水車動力。低位差堰通常被稱為「堰」，因為水是從堰頂流過（而不是從閘門或排水口）。這種溢流對游泳和划船的人有可能造成極大的危險。

當噴射水流（稱為<u>水舌</u>）流過低位差堰，並流入下面的河川時，可能在河堰的下游立即形成一個回流區域。這個區域有時被稱為「<u>看守水流</u>」，因為它可能會困住物體、碎片甚至是人。憑藉強大的水力、堅硬的水壩表面、混亂的湍流和淹沒在水面下的碎片，低位差堰被認為是完美的溺水製造機。有許多低位差堰是很久以前建造的，當時的磨坊和工廠依靠水力來驅動設備，安全並不是優先考慮的問題。許多城市現在已經拆除這種堰，或是將它們變更為休閒設施，復育水生生態系統並吸引外來遊客。如果你在有低位差堰的河川上游泳或划船，請不要低估這些看似無害的結構物的危險。

仔細瞧瞧！

　　水壩是非常危險的結構物。由於只要一出狀況就可能帶給下游嚴重的洪水，並威脅到人口稠密地區，所以大多數大型水壩都有全面的監測規畫，來確保其安全性。除了工程師會定期檢查之外，許多水壩還安裝了監測結構完整性的儀器。這些儀器可以測量水壩或壩基內的水壓、沉降或運動、排水溝中的水流量，甚至不同時間的混凝土溫度。設備夠靈敏的話，可以看到水壩在大太陽的日子裡，因為高溫而微微膨脹。許多水壩還裝有測量界標，藉由精密的測量儀器，可以準確追踪它不同時間的位置。來自水壩儀器的所有數據，都可以早期預警可能導致故障的情況，使工程師能夠在這些問題造成危險之前，對它們進行評估和加以修復。

土壤水泥

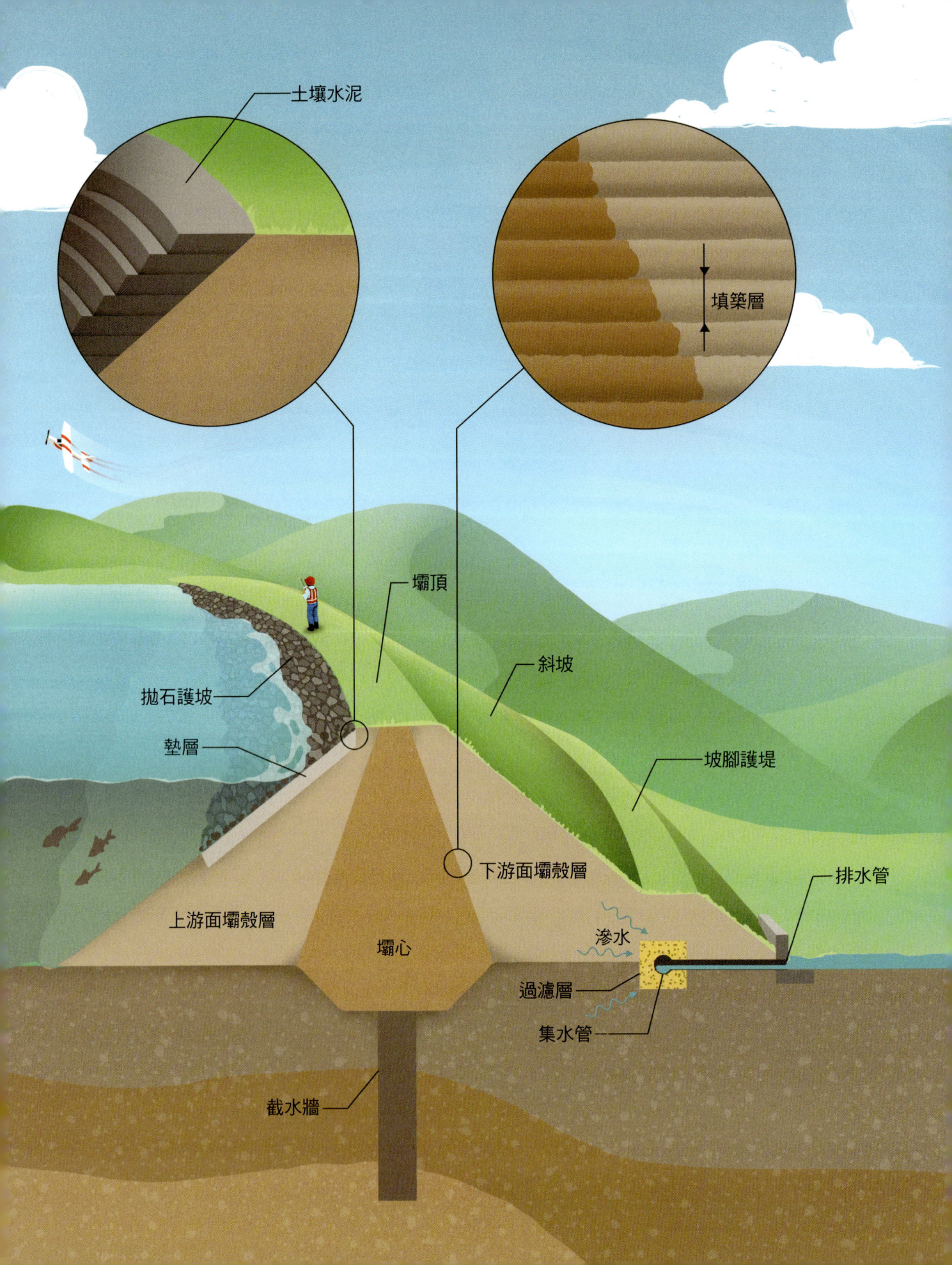

填築層

壩頂

斜坡

拋石護坡

墊層

坡腳護堤

下游面壩殼層

排水管

上游面壩殼層

壩心

滲水

過濾層

集水管

截水牆

6-6 堤壩

雖然一般常見的水壩是混凝土結構，但世界上大多數水壩都是用泥土或岩石建造的。與通常需要特定地質條件和附近的構成材料來源（主要是水泥和骨材）的混凝土壩不同，堤壩幾乎可以在任何地點建造。如果說地球上有哪兩種資源可以源源不絕的供應，那就是土壤與岩石。然而，堤壩並非只是將一堆泥土放在河谷上。使用這麼原始的材料，要安全的蓄積大量的水，是一項複雜的工程挑戰。細心點的觀察者可以注意到，堤壩設計有許多複雜之處。

堤壩可以用土壤建造（稱為<u>土壩</u>），或是用石頭或礫石建造（稱為<u>堆石壩</u>）。兩種材料的行為與混凝土有很大的不同。由於它們是由個別分開的顆粒組成的粒狀物質，土壤和堆石壩自然不夠穩定。這兩種壩總是會因為重力而散開，而唯一能把堤壩聚攏在一起的外力，就是各個顆粒或岩石之間的摩擦力。大型堤壩要能長久矗立、撐得住水庫壓力，在上游和下游兩側就必須有平緩的坡。需要多大坡度取決於使用的材料具備什麼特性，不過大多數土壩的斜坡寬度大約為高度的三倍。堆石壩結構的<u>邊坡</u>可以更陡，但是寬高比很少小於二比一。這代表不管是土壩還是堆石壩，都具有很寬的底面，並且會隨著高度漸減而逐漸變窄。許多斜坡還設有<u>坡腳護堤</u>，這是個沿一側或兩側斜坡底部額外回填、以進一步穩定結構的區域。

土壤和岩石並不是直接倒到定點來形成水壩的。顆粒狀材料會隨著時間沉降並壓實，而堆疊的高度會放大這種效應。我們不會希望水壩建好之後又縮水，因此在設置期間的回填材料必須夯實並壓密，以形成堅固穩定的結構。壓實會加速沉降過程，因此大多在施工期間施作，而不是施工後。如果土壤被壓實到最大密度，日後它就不會進一步沉降。現代建築設備一次可以壓實一層約三十公分（一英尺）厚的土壤。滾壓的厚度超過三十公分的話，只會壓實表面，下方的地面還是鬆的。因此，堤壩是從底下用一層層的土慢慢興建上去的，這稱為<u>填築層</u>。

堆石壩和大多數類型的土壩用的都是透水材料，可以讓水直接流過（這種現象稱為<u>滲水</u>）。和只用一種材料達成穩定性與水密性的混凝土壩不同，堤壩通常需要額外的功能來擋水。大多數土壩會依各區功能而採

用不同的材料。**壩心區**採用高度防滲的黏土建造。根據現場的地質情況，要找到量夠且滿足嚴格的水密性規範的黏土，可能是一大難關。壩心通常是堤壩工程裡成本最高的部分，因此它最大的尺寸只會根據設計需求來決定。**壩殼層**由於只提供穩定性，所以規格不用太嚴格，水密性不需要那麼高。

堆石壩由於孔隙比土壤結構更多，通常會在壩心或是沿著上游的斜坡，加入混凝土、瀝青或黏土保護層，以避免滲水。此外，雖然從外部看不到，但許多堤壩的壩基都設有某種**截水牆**。這種牆通常是用混凝土或黏土漿建造的，用來阻斷任何可能從水庫滲漏到壩基的路徑。

海浪反覆沖刷脆弱的土質結構，會造成侵蝕和結構劣化。因此，幾乎所有大型土壩都會在上游面建立某種護坡，以防止波浪的長期破壞。這種護坡通常由厚厚的一層岩石組成，稱為**拋石護坡**。在水壩和較大的岩石之間，會放一層較小的礫石（稱為**墊層**），以防止土壤從拋石護坡下方沖刷出去。另外，有許多堤壩會使用由現地土壤與水泥混合而成的**土壤水泥**，這種防護層既便宜又耐久，通常位在沿著堤壩上游面的填築層中，外觀像階梯，很容易分辨。

在任何防護層的界限之外，堤壩通常會種草植被，以防止降雨逕流的侵蝕。許多堤壩有平緩的草坡，乍看之下似乎是景觀裡天然形成的部分。除了完全水平的壩頂常常讓水壩曝光，如果沒有看到水庫的另一面，你甚至可能根本察覺不到那裡有一座水壩。

所有水壩多多少少都有一點點滲水。對於這麼龐大的結構體，通常沒有必要浪費錢做到完全密不透風。因此，工程師會藉著利用排水管排水，來確保滲水不會造成問題。大多數排水管由兩部分組成：**過濾層**利用一層層礫石或沙子，防止土壤顆粒被滲漏的水沖走；而過濾層內的多孔**集水管**，則能收集任何進入排水管的水再排出，使得過濾層不會累積壓力。如果你看到水壩下游有小管子露出，它們通常是這座水壩內部排水系統的排水管。

有些水壩不是建在溪流或河川上，而是建在鄰近水源的高地地區。**離槽水庫**是藉由興建圓形水壩來專門用於儲水蓄水的水庫，必須使用抽水機從附近水源（通常是河川）來注水。這種水壩由於壩體必須圍成一整圈，通常造價更高。同樣的，由於離槽水庫不會跨河建造障礙，而且可以興建在比較不敏感的地點，它們對自然環境的破壞比較小。

仔細瞧瞧！

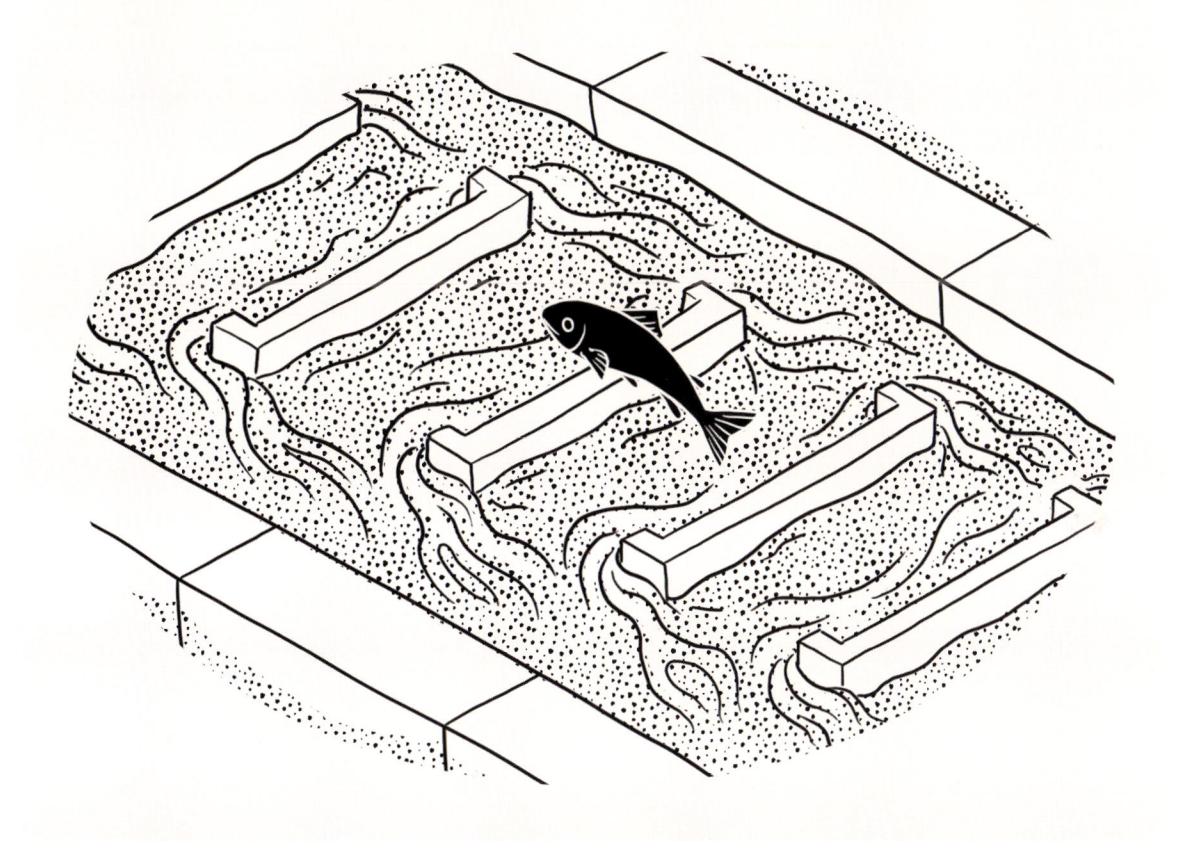

雖然水壩蓄水、防洪和提供再生電力來源對人類相當重要，但它們也可能嚴重破壞自然環境。許多水壩是在嚴格的環境法規制定之前建造的，因而導致水生生態系統與自然水文過程遭受徹底破壞。它們可能造成的一大嚴重問題，是阻擋了做為魚類遷徙通道的河川。為了解決這個問題，河川中的一些水壩和其他人工障礙就設置了**魚道**（也稱為**魚梯**），讓魚能順利繞行至河道的另一側。儘管魚梯採用過各種設計，但大多數都採用設有低矮的連續升高段或是有瀑布的水池，讓魚可以在裡面跳躍。要設計一種模擬大自然河川流動、並且克服垂直的高低落差相當大的結構，是一項大挑戰，而且不同的構造在效率上有所差異。然而，生物學家和工程師仍繼續共同努力，減少水壩對自然環境的影響。

喇叭形溢洪道	堰頂閘門	橡膠囊閘門	擋板滑槽
		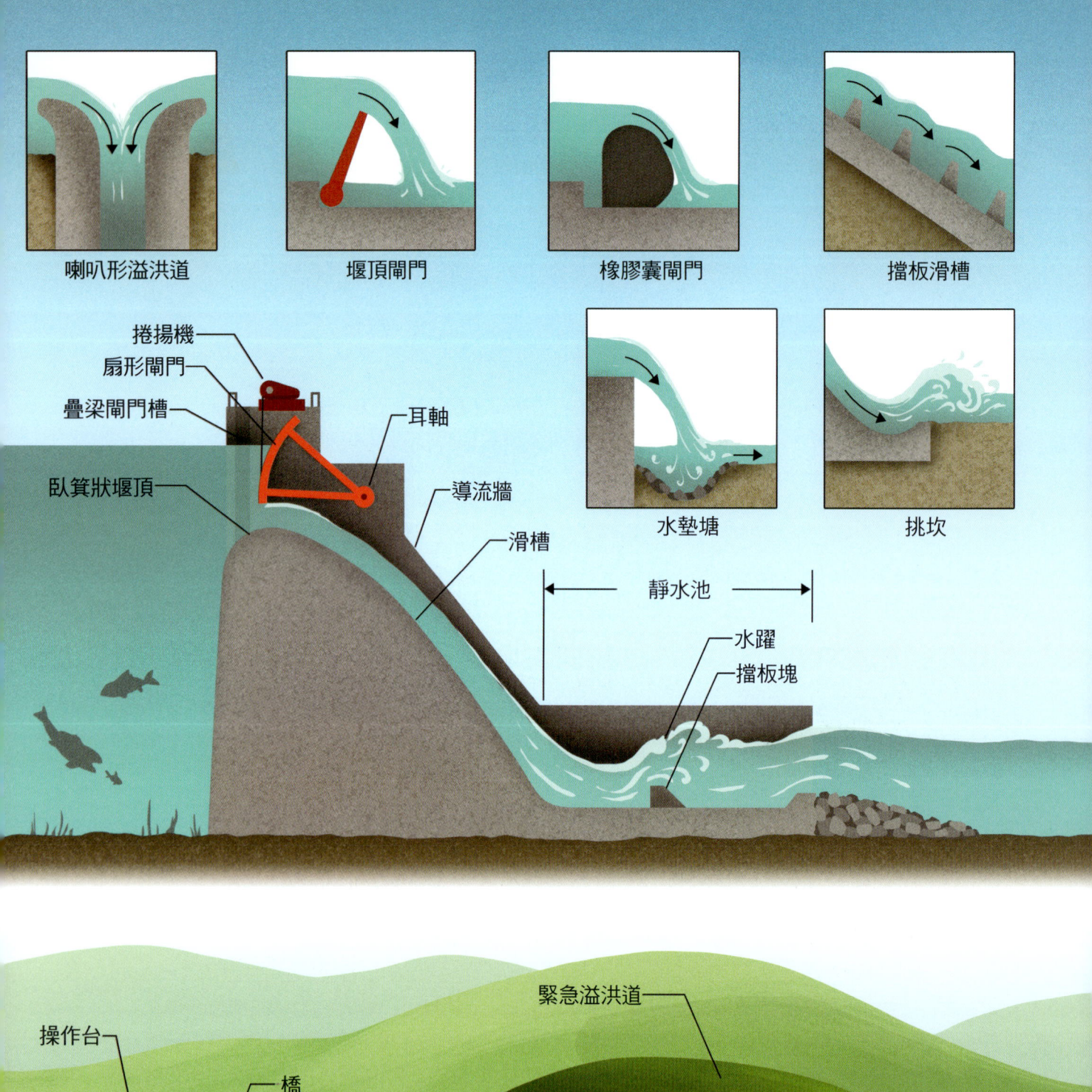 水墊塘	挑坎

- 捲揚機
- 扇形閘門
- 疊梁閘門槽
- 臥箕狀堰頂
- 耳軸
- 導流牆
- 滑槽
- 靜水池
- 水躍
- 擋板塊

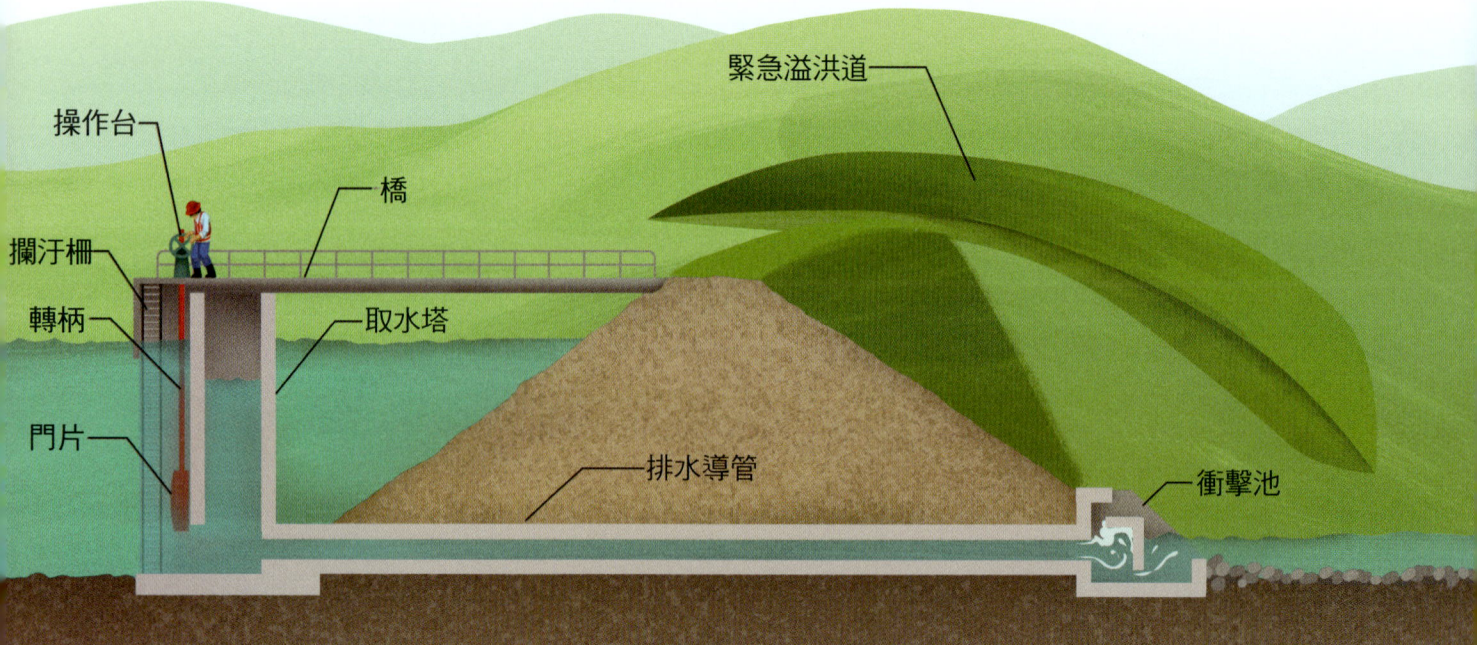

- 操作台
- 橋
- 攔汙柵
- 轉柄
- 取水塔
- 門片
- 排水導管
- 緊急溢洪道
- 衝擊池

6-7 溢洪道和排水工程

儘管水壩的目的是儲水，但它們同樣需要方法來排掉這些水，無論是因為需要用水、還是為了防止水壩太滿。根據目的和容量，有許多種結構可以安全的排放水壩中的水。放水是個動態的過程，因此溢洪道和排水工程通常是一座水壩最複雜的部分。

儘管術語可能有些不一樣，但排水工程通常是從水庫放水以符合下游需求的設施。有些水庫的出水口會把水輸送到<u>抽水站</u>，然後經由管道輸送出去供灌溉之用，或是送到<u>水處理廠</u>處理，做為人口稠密地區的飲用水。有些則供水給水力發電廠的壓力鋼管。還有一些把水排放回河川裡，以便供下游取用，或用來維持水壩下方的水生生態系統。

排水工程可能完全或部分淹沒在水庫下方，因此有時很難發現。它們通常位在水最深的水壩中心附近。具有垂直上游面的混凝土壩，其排水工程有可能位在壩體本身內部。由於堤壩是從中心處往外傾斜，它的排水工程通常採用安裝在水庫內較深處的獨立取水塔。通常會有一座橋連接取水塔到壩頂，提供人員和車輛通行。

排水口的主要特徵，是控制水流的閘門和閥門。水在到達閘門和閥門之前，通常必須先經過<u>攔汙柵</u>，以防止有設施因為碎片進入而損壞。抽水站和水力發電廠取水口的攔汙柵，通常會使用細篩網來防止魚類被吸入。

有很多種閘門和閥門可以控制水通過排水口。閘門在開啟或是關閉時卡住，可能會造成嚴重後果，因此大多數排水口都設置有多段式的水流控制閘門，這樣萬一某道閘門故障，仍有其他閘門可用，也方便做定期保養。大多數排水口是由鋼筋混凝土或鋼製的大型排水導管，送水通過水壩。常見的一種排水閘門是<u>滑動閘門</u>，它由一片橫跨開口、能夠上下滑動的金屬<u>門片</u>組成，會有一根<u>轉柄</u>把門片連接到<u>操作台</u>，通常會用馬達來抬起或放下閘門。水庫裡的水質與水溫，可能會根據地表下的深度而變，因此取水塔通常會設好幾道閘門在不同高度處，讓操作人員可以從不同的高度取水。

水壩面臨的一大風險是洪水。建造一座水壩讓它高到能夠盡可能容納最多的洪水，是不切實際的想法。另一方面，水庫絕對不能容許水量漫過水壩，因為那些水會侵蝕和損壞這座水壩以及壩基。因此，所有水壩都至少設有一個溢洪道，這個結構可以在水庫已經滿水時，將水安全的排放到下游。

由於進水量不穩定，許多大型水壩都有兩個或多個溢洪道。較小的稱為<u>主溢洪道</u>，

當水庫滿水時，正常的進水會直接流過該溢洪道。另一種稱為<u>輔助溢洪道</u>或<u>緊急溢洪道</u>，只有在發生極端事件時會作用。根據設計，在水壩的整個壽命期間，輔助溢洪道可能只有在極少數幾次可怕的時刻會放流，因此它可以像在壩座上開挖的水道一樣簡單。有時候整個水壩的各部分都會做防護牆，讓整個壩都能當溢洪道，這稱為<u>漫溢防護</u>。

堰是一種能讓水流過其固定頂部的結構，無控制裝置的溢洪道便使用堰來調節水庫水位。洩水量跟水庫水位以及溢洪道的大小和形狀，密切相關。許多無控制裝置的溢洪道，在堰頂呈現彎曲的<u>臥箕狀</u>（也就是S形），這樣在固定長度和水流深度下，洩水量會增加。有些水壩使用一種圓形堰（稱為<u>喇叭形溢洪道</u>），把水往下排入排水管，這類溢洪道常用在狹窄的峽谷，因為這些地方沒有空間容納比較傳統的溢流方式。

受控式溢洪道使用閘門來管理排水。閘門增加了溢洪道的複雜性，但是它們也藉著提供靈活調節洩流的能力，使整體結構能夠更小，從而降低成本。<u>扇形閘門</u>具有長臂和曲面，兩者繞著一種稱為<u>耳軸</u>的鉸鏈旋轉。閘門上方的<u>捲揚機</u>使用鏈條或鋼纜拉升閘門，讓水從下面流動。<u>堰頂閘門</u>通常使用液壓缸推動，在底部繞軸轉動。有些閘門甚至要靠大型<u>橡膠囊</u>，用壓縮空氣或是灌水充飽來升高和降低。所有閘門都需要定期檢查和維護，因此大多數溢洪道都在上游安裝了<u>疊梁閘門槽</u>。疊梁擋板是鋼梁，可以使用起重機把它安裝在槽內來擋水（稱為<u>降水</u>），以便隔離閘門進行維護。

當水從水庫經由溢洪道或排水口排出時，會因高度落差而加速流向下游的天然水道。在<u>明渠溢洪道</u>中，水沿著<u>滑槽</u>流下，由<u>導流牆</u>控制水流。快速流動的水具有破壞力，如果不小心控制，可能會侵蝕和損壞水壩。這就是說，不論是溢洪道還是排水工程，都需要有方法來消散水力能量並減緩水流，然後再排放到天然水道裡。

溢洪道和排水工程採用了許多種消能結構。在導管裡流動的水流可能會使用<u>衝擊池</u>，讓水衝擊到實心的混凝土牆上。<u>擋板滑槽</u>使用擋塊來減緩水向下流動的速度。<u>水墊塘</u>則讓水在離開下游河道之前，落入一個有防護層的大坑洞裡。比較大的溢洪道有時會在滑槽末端設置挑坎（flip bucket），來把水流噴濺到空中，分散成細微的水霧。

最後，許多溢洪道還使用<u>靜水池</u>來保護壩基不受侵蝕。靜水池依賴一種稱為<u>水躍</u>的現象，也就是高速水流轉變成流速較慢的水流時，所產生的劇烈擾動。大多數靜水池使用不同組合的<u>擋板塊</u>來強制形成水躍現象。這樣，湍流水躍會停留在靜水池內，讓穩定而平靜的水流流向下游，盡可能減少侵蝕，以避免破壞整個水壩結構的完整性。

仔細瞧瞧！

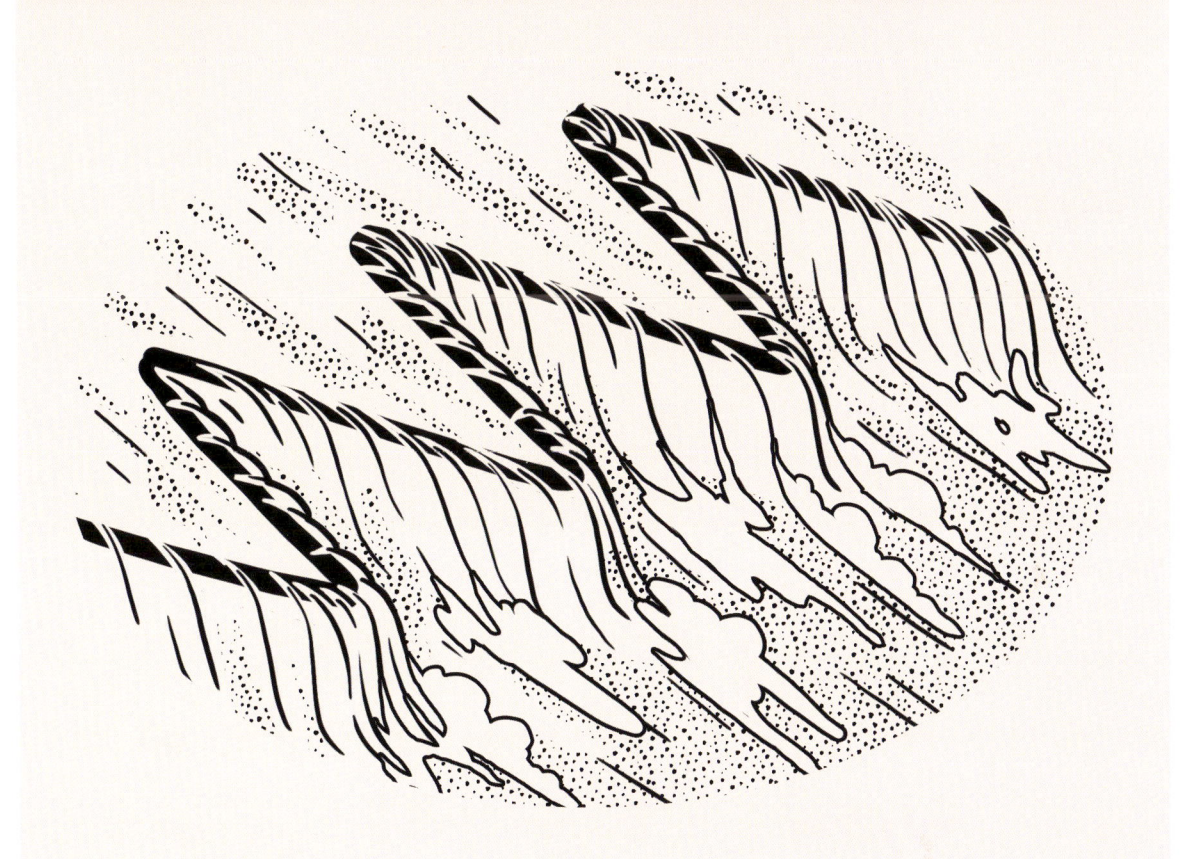

　　流過堰的水流量，和堰頂上的水流高度以及堰的總長度有關。典型的溢洪道設計目標，是在不減少排水量的情況下，把尺寸減到最小（這樣一來就能減少興建成本）。有一種巧妙的工程策略是把堰彎折成Z字形，在占地更小的面積內做出更長的長度。這樣的布局通常用來增加溢洪道的容量。使用彎折的形狀還能在不犧牲容量的情況下，提高水壩的水位（從而增加儲水量）。採用梯形或三角形彎折的堰稱為**鋸齒堰**，採用方形連續彎折的稱為**琴鍵堰**。

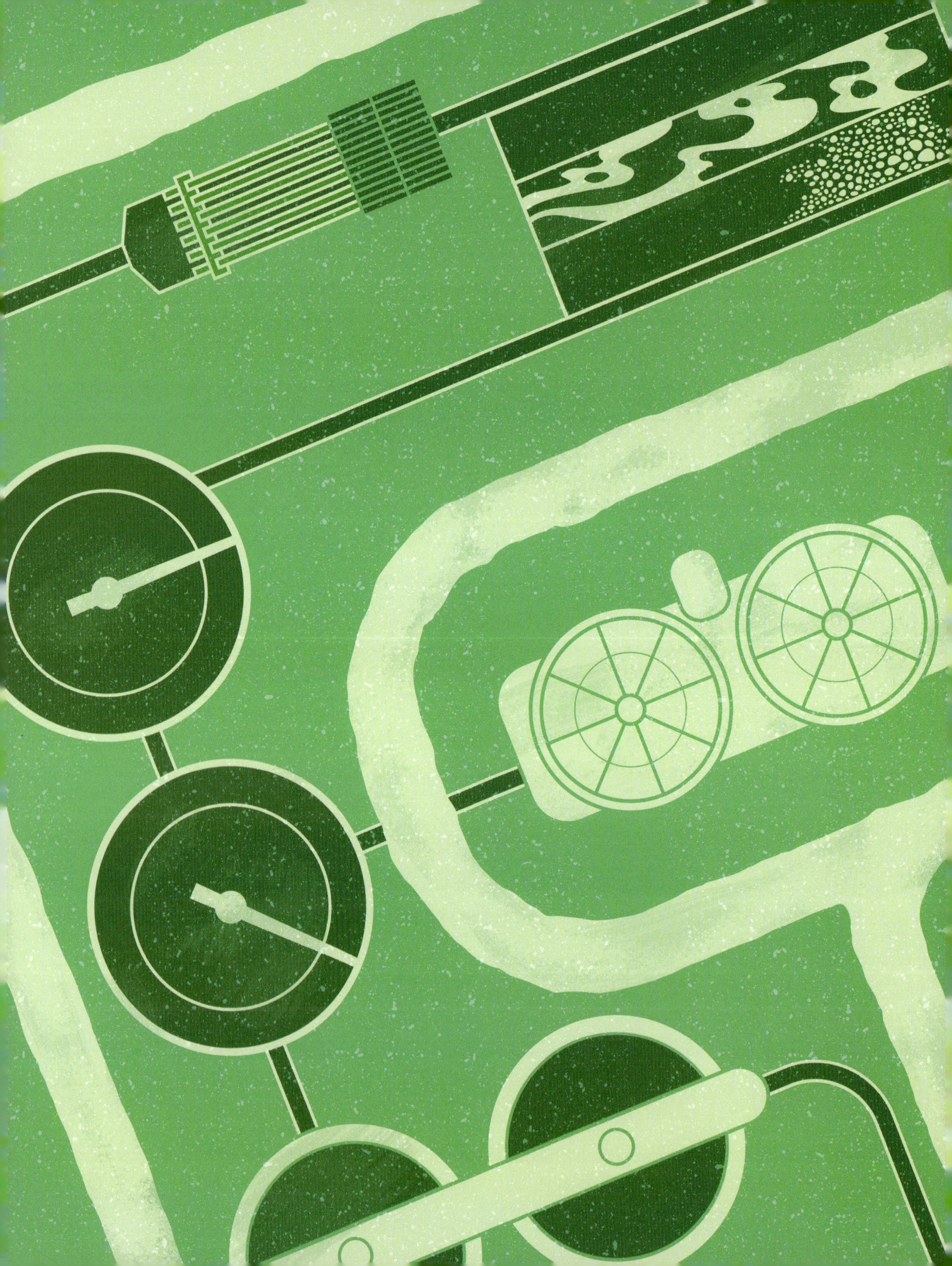

7

城市供水與廢水
MUNICIPAL WATER AND WASTEWATER

引言

用水是人類的基本需求,因而水的清潔度也就同等重要。甚至在現代都市的市政工程出現之前,很多文明就已經發展出供應乾淨的水到城市地區,以及排除廢水以避免廢水汙染水源的策略了。在十九世紀,隨著全世界都市的人口與密度開始成長,藉由水體傳播的疾病對公共衛生的威脅,就變得更具威脅性、也更隱匿難防。為了保護都市居民免受瘟疫和傳染病侵害,衛生科學應運而生。

現在幾乎所有城市與鄉鎮,都具備提供市民充足且潔淨的用水,以及處理汙水的複雜系統。雖然人們很容易對這些設施習以為常,但是市區供水和廢水處理系統的發展和維護,其實是件龐大的工程,需要很多基礎建設。都市裡的大多數管路和閥門都埋在地面下,不過要是你很清楚要查看哪裡,就可以觀察到許多基礎設施和配備。

河岸取水口

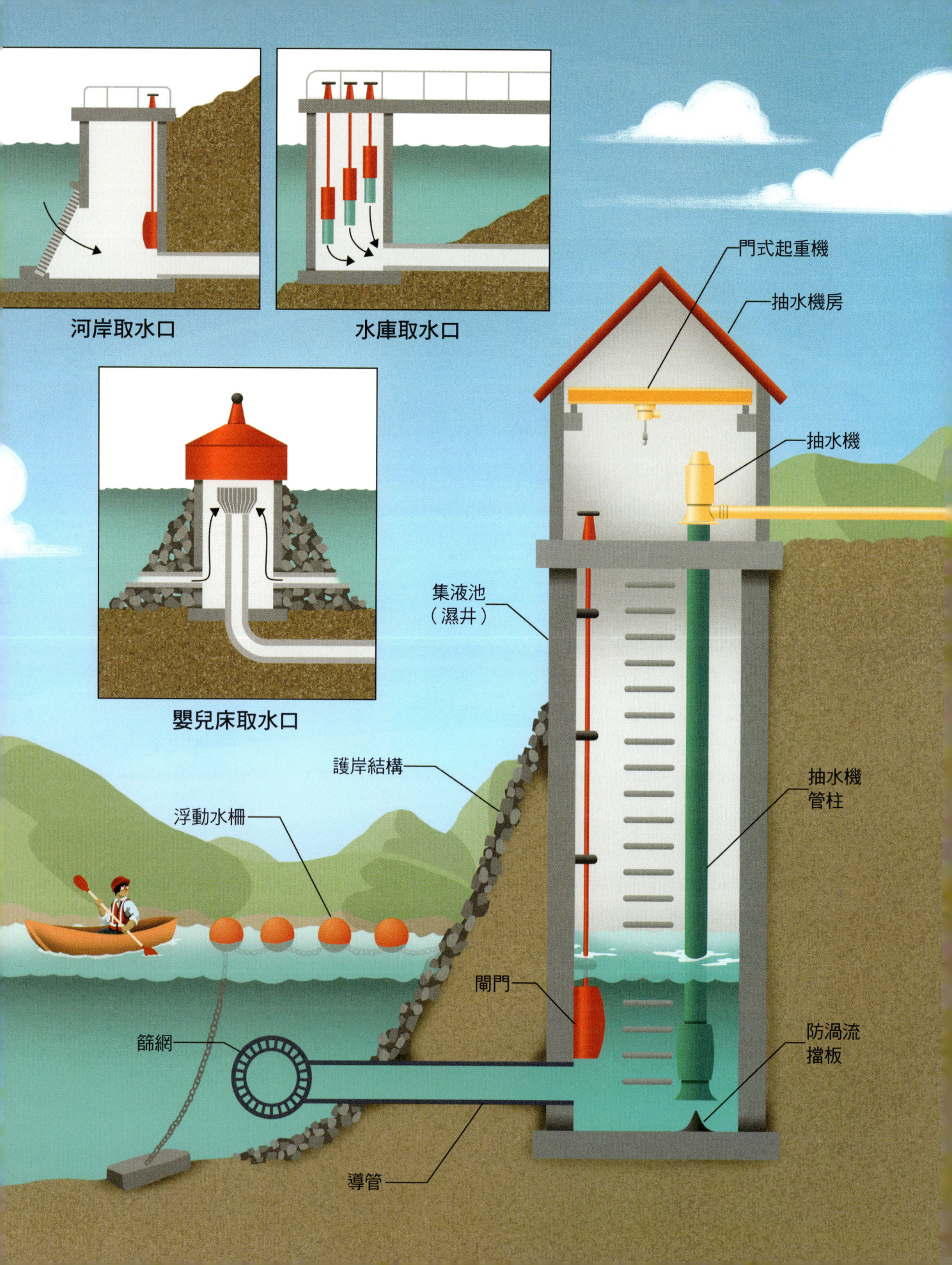

水庫取水口

嬰兒床取水口

門式起重機
抽水機房
抽水機
集液池（濕井）
護岸結構
浮動水柵
篩網
閘門
導管
抽水機管柱
防渦流擋板

7-1 取水口和抽水站

人們用來飲用、清潔和灌溉作物的水，大多取自河川、溪流、湖泊或水庫；我們通稱這些水源為「地表水」（相對於地下水資源，這部分會在下一節介紹）。從河川或湖泊集水或許看似很直接，實際上從地表水資源把水流轉送到管路或渡槽，到配送至其目的地，這個過程牽涉到很多工程上的難題。擔負這項關鍵任務的是取水結構。這些設施可能和蓄水或導流有關（例如建在水壩上），不過取水口通常是獨立的結構體，如果你注意看，會在河岸、湖泊或水庫附近看到它們。

湖泊或水庫的取水口，通常會包括大型的混凝土或石頭建造的塔（可參閱第六章）。但情況往往沒那麼單純——被認為是水壩排水口的結構物，也可能做為抽水站或渡槽的取水口。有一種比較舊型、稱做「嬰兒床取水口」的結構物，是在陸地上建造完成之後，再拉到預定位置漂浮在水面上，然後填滿碎石。它有個中心軸會利用重力，把水經由取水口引到湖泊下方的一條通道，然後在此處把水抽送到岸上的處理廠和供水廠。

雖然通常是在後續處理之後，才會完全去除水中的汙染物和沉積物，但是取水口的工程仍包含了要確保水源水進入管道時盡可能乾淨，以減少下游水處理廠的負荷。這種未經處理的水通常稱為原水。在水庫和湖泊裡，懸浮沉積物的含量、浮游生物和藻類等微生物的數量，甚至是水溫，都會隨著水深差異而有顯著變化。因此，湖泊和水庫上的大多數取水口結構，都設有多種水位高度的開口（或出口），以便操作人員可以從湖泊或水庫內的各種深度選擇理想的混合水。各個開口上的閘門，可以依照水源中水質的情況和下游的需求打開或關閉。

河川取水口要面對另一些迥異的難題。第一個，河川的水位變化幅度可能很大。此外，河川取水口必須能夠應付溪流是動態系統這件事。洪水可能會挪動大量沉積物，改變河岸的位置和形狀，甚至完全改變河川的河道。河川取水口幾乎都位在河道的直線部分，或彎道的外側。沉積物往往會沉積在流速較慢的彎道內側，因此工程師會避開那些容易堵塞取水口的位置。河岸取水口設置在河岸上，以便水能夠橫向流入建築物中。然而，天然河道最深的部分（稱為深泓線）通常在河中央，因此河岸取水口通常需要疏濬

河床，讓河川水位較低的時候河水能夠流動。疏濬作業不僅會破壞敏感的河川環境，而且由於沉積物會經年累月在河川沉積，這種工作得定期進行。

要解決水位變化和沉積物累積這些難題，其中一種方法是在下游建造小型攔河堰。這類結構物能讓河川裡的水位升高，並且減緩水流速度，好讓沉積物沉澱下來。然而，攔河堰會妨礙航運與野生動物遷徙，而且本身也可能相當危險（詳見第六章），因此使用攔河堰的方法已經逐漸式微。現代的河川取水口結構會盡量透過仔細選址，以避免沉積和低水位問題，同時也盡量減少對環境的衝擊。有一種替代河岸取水口的方法，是從河道較深的地方鋪設導管到岸邊，通常會透過開挖隧道來施工，以避免在天然河岸上挖溝。導管末端有篩網防止魚隻或雜物進入輸水管線，而且設有閘門控制水流。

除非輸送原水的最後終點站遠比水源地低，否則大多數取水口都會設置一個抽水站，把原水從水源抽到管路或水道。抽水機通常安裝在取水口結構的正上方或近處，有時會安裝在抽水機房中。這些結構可以從內建的門式起重機辨別出來，這種起重機是在需要時用於維修或更換設備。

在抽水站，水會流進端口，經由導管或隧道進入集液池（或稱濕井），這個結構的容積和深度足以讓抽水機順利運轉。集液池的設計必須能產生理想的流動條件，以避免抽水機效率不佳並損壞。集液池中的湍流和漩渦水流會導致渦流，就像浴缸在排水時的情況一樣。如果讓渦流進到抽水機管柱的管口，渦流裡的空氣會減低抽水機的抽水效率，甚至可能造成抽水機故障。有時候在集液池內部會安裝防渦流擋板，以防止水流在被抽水機吸入時產生漩渦。

由於取水口大多浸沒在水面下，加上河水快速流動，這個結構物可能會對在河川裡游泳或泛舟的人造成嚴重危害。在可能發生公共安全風險的地方，取水口的業主通常會安裝浮動水柵來警告人們可能的危險。這些水柵由多個色彩鮮豔的浮動組件以鏈條連接組成，固定在河川或湖床上，繞著危險的結構物做成禁區。有些柵欄甚至設計得十分堅固，足以阻擋可能損壞取水口結構的碎片、漂流木和冰。此外，取水口或抽水站必須設置在河岸附近，通常會設置護岸結構（例如拋石堆）來防止侵蝕，避免結構物受損。

仔細瞧瞧！

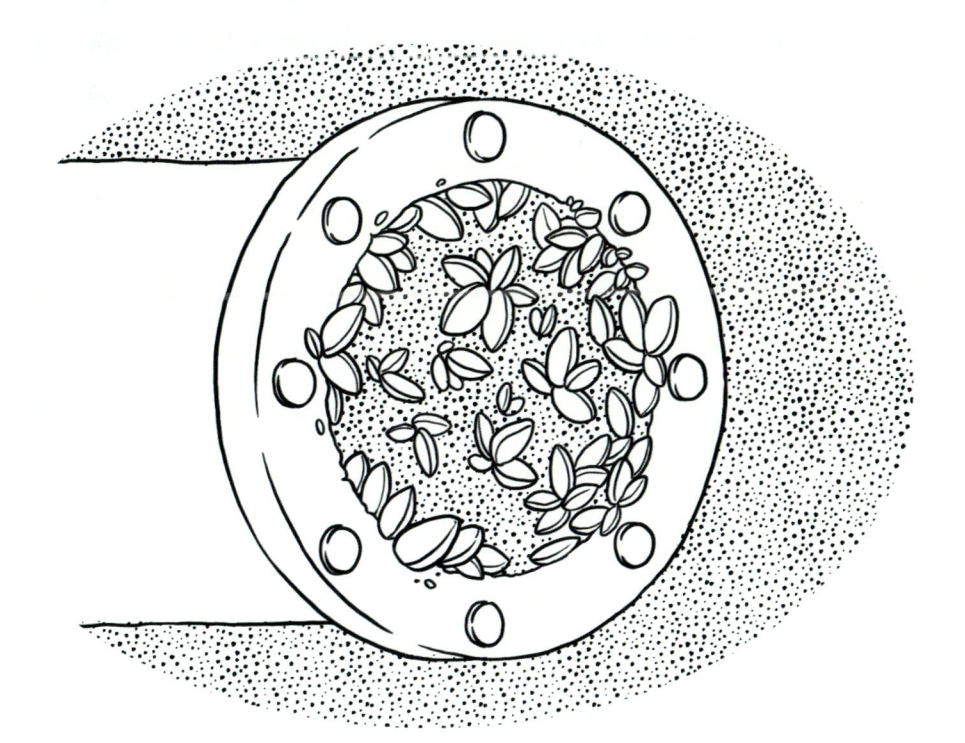

　　由於取水結構通常安裝在天然河川和湖泊中，因此它們必須與水生野生動物抗衡。某些類型的生物（包括貽貝、蝸牛和蛤）可能會黏附在取水基礎設施上，一旦牠們越聚越多（這種過程稱為生物附著），就會堵塞取水口並降低管路的取水效率。公用事業公司經常採用防生物附著塗層來阻止動物附著，或是讓牠們更容易去除。然而，這些塗層必須定期重新塗覆，而為此停機也會衍生高昂的成本。

　　在許多情況下，處理生物附著最有效的方案，是機械式的清潔（換句話說，就是刮掉附著的生物）。潛水小隊可以清潔碰得到的結構（例如篩網），但管路通常是使用一種圓柱形裝置（稱為**清管器**）通過管路進行清潔。許多最麻煩的物種並不是受影響水體的原生物種，因而生存的競爭較少，使得牠們的數量迅速增加。對抗**生物汙垢**的一個極為重要的方法，是一開始就阻止這些入侵物種擴散到新的水體，因此在美國很多州，都立法要求船隻在進入河川或湖泊之前，要進行清潔、排水和乾燥。

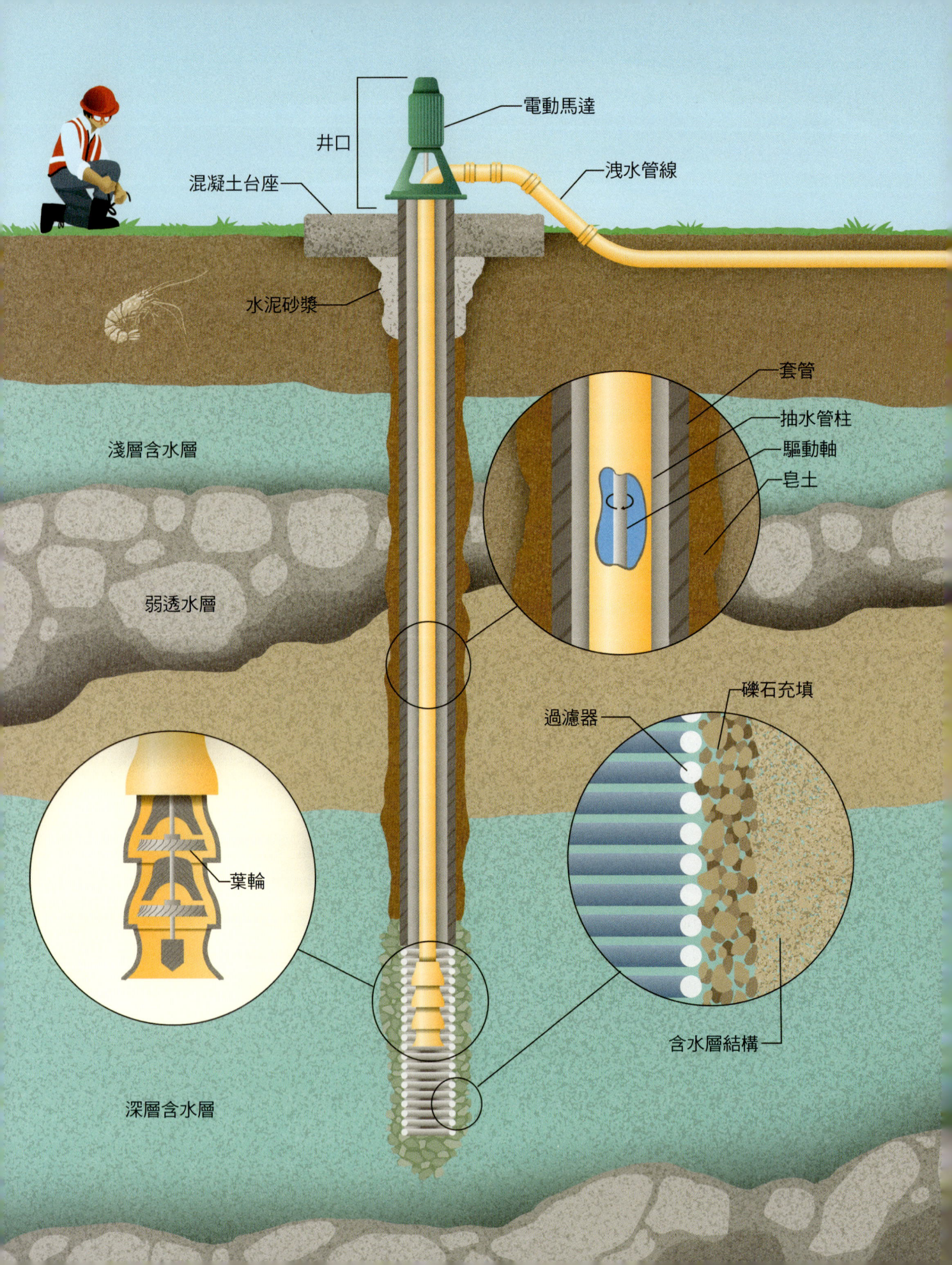

- 電動馬達
- 井口
- 洩水管線
- 混凝土台座
- 水泥砂漿
- 套管
- 抽水管柱
- 驅動軸
- 皂土
- 淺層含水層
- 弱透水層
- 礫石充填
- 過濾器
- 葉輪
- 含水層結構
- 深層含水層

7-2 井

　　降雨時，落下的水並不會全部流進湖泊或河川。有些水會通過土壤與岩石粒子之間的空隙滲入地下。有時候這種地下水會到達較不透水的地質層（稱為<u>弱透水層</u>），而無法繼續往下滲。經過很長一段時間，滲透水會積聚成巨大的地下水資源，稱為<u>含水層</u>。一個常見的誤解是：地下水儲存在地下河川或地下湖泊等開放區域。儘管在某些地方存在大型地下洞穴，但這類洞穴相對較少。幾乎所有地下水含水層，都是由沙子、礫石或岩石組成的<u>地質構造</u>，它們裡面充滿了水，就像海綿一樣。井的工作就是汲取地下水供人類使用。最簡單的井，就只是挖個洞讓地下水從周圍土壤滲入。然而，現代水井利用複雜的工程，來提供可靠且持久的淡水水源。農場用這種水源灌溉。當農村的家戶和企業無法連接到都市供水系統時，通常也會依賴水井。許多大城市也以地下水做為其人口的主要淡水來源。

　　世界各地地下水的供應情況差異很大。幾乎所有地方的地下都有飽和土壤或岩石層。儘管如此，地下水的儲量、品質以及抽取到地表的難易程度，主要得看當地的地質。地下水也和水文系統的其他部分相連，因此抽取地下水有可能影響到地表水資源的水量和品質。可惜的是，我們沒辦法看到地面底下，而探索地底下地質的方法大多得用<u>鑽孔</u>，這種方法可能所費不貲。因此，要在某個地區取得地下水，往往取決於統合許多資訊來源，包括對當地的了解，以及附近水井的效用等等。對於地下水水文學家來說，選擇一口井的位置和深度，有時不只是一門科學，還是一項技藝。

　　安裝一口井，通常要用鑽井設備挖掘到地底下。鑽孔人員會詳細記錄開挖出來的土壤與岩石（稱為<u>鑽屑</u>），用來和最初設計這口井時預估的地質狀況做比較。一旦鑽孔挖掘到適當的深度，就可以安裝這口井了。鑽孔裡會放入鋼管或塑膠管（稱為<u>套管</u>），提供支撐力以避免鬆動的土石掉進井裡。在要抽水的深度處，會有過濾器連接在套管上。過濾器讓地下水能夠流進套管，同時擋下較大的土壤與岩石顆粒不進入井裡，不然它們可能會汙染井水，或是造成抽水機磨損。

　　一旦套管和擋板安裝好，兩者間的<u>環狀空隙</u>（挖好的鑽孔和套管之間的間隙）一定

要填滿。擋板隔開的地方通常會用礫石或粗砂填滿，稱為<u>礫石充填</u>。這種材料是用來當做過濾層的，以防止含水層結構裡的細微粒子通過擋板、進入井裡。沿著未加擋板的套管的空間，通常會用<u>皂土</u>充填，皂土會膨脹形成一道不透水的封蓋，這麼一來，較淺層的地下水（其水質可能比較差）就不會順著環狀空隙進入擋板。最後，環狀空隙的最上面一段會永久封起來，同樣是用皂土，或有時候用<u>水泥砂漿</u>。這樣的封井方式可以確保地表的汙染物沒有機會進到井裡。最糟的情況是汙染物可能進入水井裡，流進並且汙染還要供應其他使用者的含水層。因此，對於在地面密封水井，大多數司法管轄區都有嚴格的規定。套管通常會延伸到地面上，形成<u>井口</u>，並在各個方向延伸出混凝土台座，以防止水井損壞或雜質滲透到井裡。

鑽井過程中，可能會沿著鑽孔表面塗抹上一層黏土或細小顆粒，來阻礙地下水流動。水井安裝後，通常會通過<u>建井</u>過程，來和含水層建立水力連接。建井工程包含使用水柱或是打空氣進出井裡，以清除礫石充填層和含水層之間接觸面的細小沉積物。

步驟完備並且建好的水井，可以讓地下水從含水層順利流入套管，而且沒有挾帶沉積物。只不過，水井仍然需要方法把水輸送到地表。淺的井可以使用<u>噴射幫浦</u>，像吸管一樣利用吸力把水抽上來。然而，這種方法並不適用較深的水井。你用吸管喝飲料時，吸管會產生真空，進而使四周大氣的壓力把飲料向上推。然而，要平衡吸管內流體的重量，也只需要這麼多大氣而已。如果你能把吸管內吸成完全真空，那麼你所能吸上來的水柱，最高大約為十米（三十三英尺）。所以，比較深的井無法利用吸力將水帶到地表。相反的，抽水機必須安裝在井底，這樣才能夠把水打到最上面。

高容量的井通常會安裝<u>立式渦輪幫浦</u>。在井口會裝上一具電動馬達，並連接一根垂直<u>驅動軸</u>到<u>抽水管柱</u>中心。在井底，這根驅動軸會帶動一組<u>葉輪</u>，把水從井裡強力抽上來，經由抽水管柱送到<u>洩水管線</u>。立式渦輪幫浦比較容易維修，因為馬達位在地面上。然而，它們的噪音很大，而且需要整段長度都精確對準水井。比較常見的替代方式是把馬達放到井底，和葉輪一起置於密封組件裡，稱為<u>沉水幫浦</u>。沉水幫浦因為會動的組件在地下深處而比較安靜，但是通常抽水量較小，因為它們要安裝在井裡的套管內，所以使用較小型的馬達。

仔細瞧瞧！

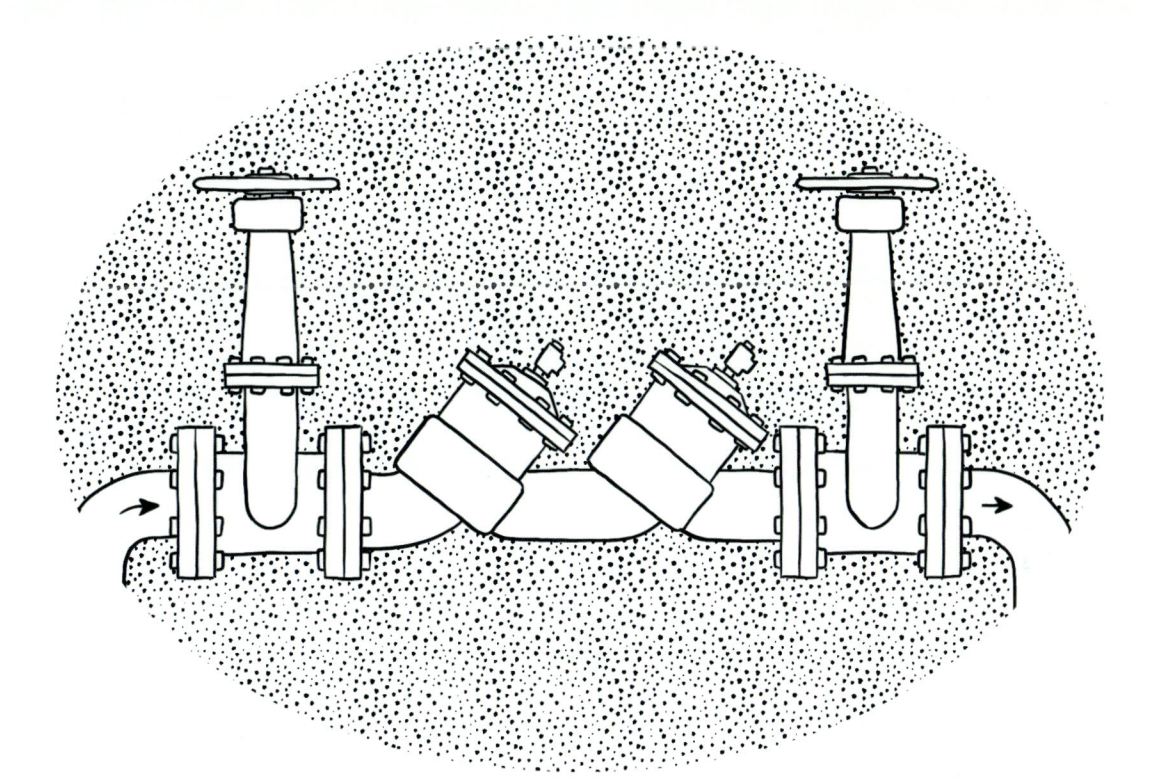

　　如果管道破裂或凍結，可能會讓受汙染的水從地表流入井內，汙染井內的水（甚至可能汙染周圍的含水層）。這不僅在水井會發生，在配水系統也有可能。如果飲用水供應因為主管道破裂或是抽水機斷電而失去壓力，有害的汙染物可能會被倒吸進配水系統。在水井和供水網路裡其他會存在汙染物的位置上（例如灌溉系統和消防灑水頭），會安裝防回流裝置。許多設備使用兩個串聯的<u>逆止閥</u>，以確保即使其中一個閥門發生故障，水也只能沿一個方向流動。它們通常與截流閥和端口結合使用，以便可以定期測試機械組件。

明渠渡槽

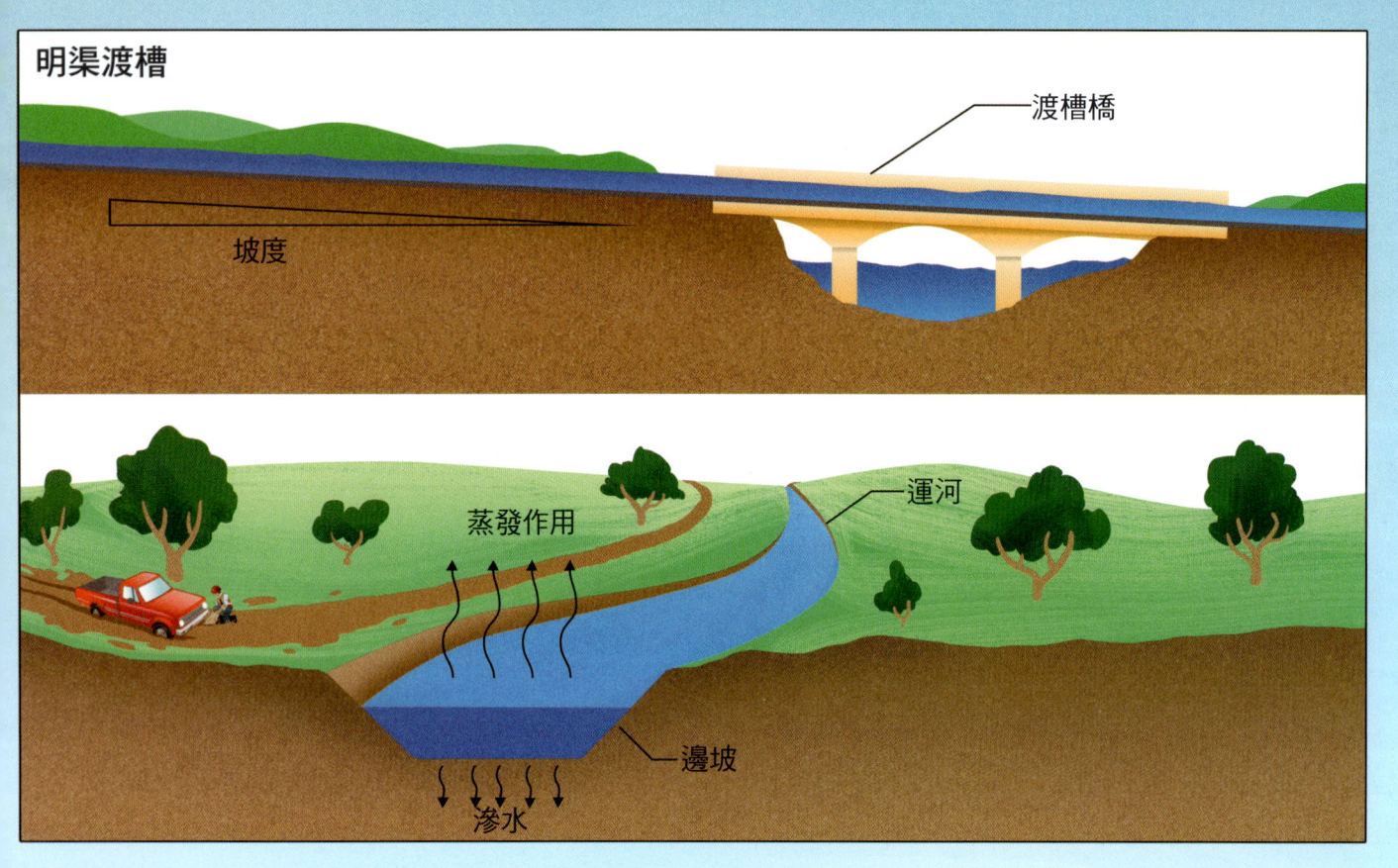

- 渡槽橋
- 坡度
- 蒸發作用
- 運河
- 邊坡
- 滲水

地下渡槽

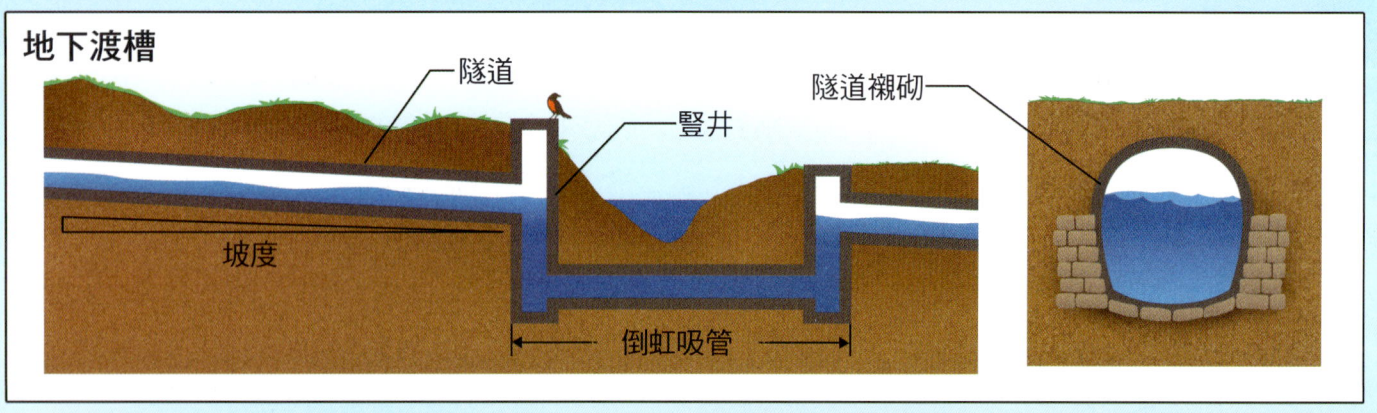

- 隧道
- 豎井
- 隧道襯砌
- 坡度
- 倒虹吸管

加壓管路

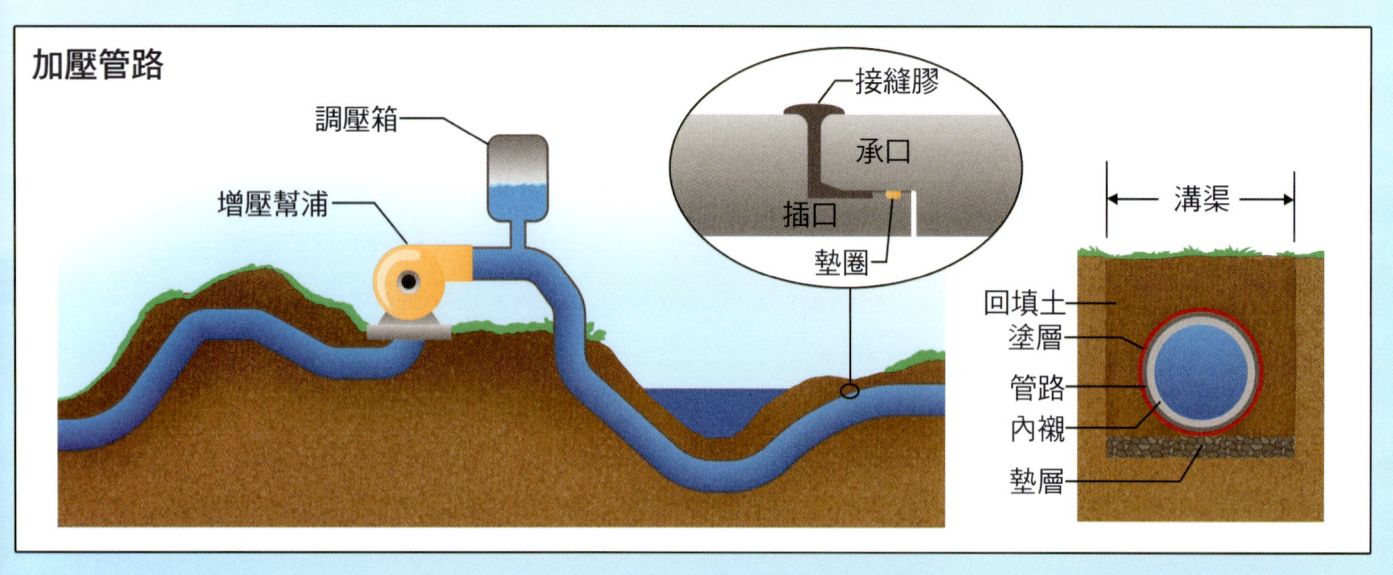

- 調壓箱
- 增壓幫浦
- 接縫膠
- 承口
- 插口
- 墊圈
- 溝渠
- 回填土
- 塗層
- 管路
- 內襯
- 墊層

7-3 輸水管路和渡槽

在理想情況下，水資源應該鄰近需要水的地方。不巧的是，很多人口稠密的地區，一整年的降水都還是不夠用。因此，世界上有些令人印象深刻的基礎建設的任務很簡單，就是把原水從水源地輸送到人口稠密的地區，再分配給用戶。古羅馬人就以他們建造的渡槽聞名，這些渡槽跨越數英里把淡水輸送到城市，甚至採用精緻的石橋跨越河川。然而，橋梁只是渡槽系統的一小部分，這種系統通常包括了好幾英里長的管道、運河和隧道。現代工程師使用了許多和古羅馬人相同的工具，把水輸送到需要的地方。

在專業術語上可能有差異，但是「渡槽」一詞通常指用來長距離輸水的任何人造結構物。也許最直接的水流輸送技術是採用<u>明渠</u>。如果水源的海拔夠高，在送水的終點之上，那麼挖掘溝渠是迫使水流動的可靠方法，因為一切都交給重力就行了。許多渡槽的坡度非常平緩，肉眼幾乎察覺不出來。然而，可以藉由重力而流動的流體量，和水道的大小與坡度有關，因此比較陡的水道可以做得比較小（建造成本也更便宜），輸送的水體積和更大、更平緩的水道相同。

不過，設計開放式水道要考量的因素，不是只有流量。流速必須夠快，以盡量減少淤泥沉降在運河河床，但是又必須夠慢，以避免沖刷和侵蝕河道。渠道還必須夠寬，好承載足夠的流量，但又不能太淺，以免水加速蒸發到空氣中或滲入下面的土壤。工程師在選擇運河路線和沿途河道形狀時，會權衡這些因素。例如，許多渡槽與河川平行，其地形在長距離內自然下降；而大多數運河採用有斜邊的梯形截面，這樣不太容易崩塌。此外，許多運河都會鋪設混凝土襯砌，以減少滲漏損失和沖刷。

明渠通常比其他選項便宜，但是也存在一些缺點，包括蒸發和滲水造成水量損失、結冰時可能阻礙水流，還有容易受到汙染。運河也會對環境產生影響，因為它們就像道路或高速公路一樣切割地景。最後一點，渠道只能往低處流動，這限制了它們在丘陵地形中的實用性。在許多情況下，將渡槽移至地下隧道或管路裡是有道理的。

當不加壓時，<u>地下渡槽</u>的運作原理與地面上的運河完全相同，在最上面有開放的表面而借助重力流動。水在地底下能避免汙染、蒸發，以及從隧道襯砌或管路滲漏掉。地下渡槽的坡度必須一致才利於水靠重力流動，但是當水道不受地球表面限制時，維持坡度會更容易。地下隧道還可以藉由把對地面的影響降到最小，來減少環境問題。它們甚至可以利用<u>豎井</u>（這有助於形成<u>倒虹吸</u>）

從河川下面經過，而不需要興建橋梁。

當水源的海拔低於目的地，或沿途地形起伏太大而無法形成重力流時，<u>加壓管路</u>可能是讓渡槽發揮作用的唯一方法。如同上一節所述，取水口處的抽水站會將水壓送進管路，使水能夠克服重力流動。這些管路通常會安裝在地表下夠深的溝渠裡，以避免損壞和結凍。此外，它們會設置在一層墊層上面，該墊層的作用就像床墊，可以分攤管路沿線的重量。

選擇使用什麼材料，是管道設計的關鍵部分。管道必須夠堅固，能夠承受內部水壓，以及<u>回填</u>和表面荷載產生的外力，此外還必須能夠抵抗內部水流和外部土壤的腐蝕。製作管路的材料有很多種，包括鋼、塑膠、玻璃纖維和混凝土，並且根據設置的情況，所有材料都有相對應的優點。較大的管道通常使用具有保護作用的外部塗層和內襯，來延長它的使用壽命。

和使用膠水或螺紋連接的管路不同，多數大管徑的管路，若不是在每個接頭處進行焊接，不然就是採用承口設計。當一段管路的套管<u>插口</u>塞入另一段管路的<u>承口</u>時，它會壓縮橡膠墊圈，形成水密性。有時會在每個接頭補上一道接縫膠，以保護墊圈和任何暴露的鋼材不會受損和腐蝕。

選擇管道尺寸，是管道設計中的另一個關鍵決策。較小的管道成本較低，但它們需要讓水流得更快，才能達到與較大管道一樣的流量。水在流動過程中，會因為摩擦而損失能量，而這些損失會隨著流速增加而增大。因此長期下來，泵送所增加的成本，可能會超過初期安裝較小管道所節省的花費。對於長管道，這些摩擦損失可能非常大，需要沿途使用<u>增壓幫浦</u>來維持系統壓力。隨著管道老化，它的內表面會變得更加粗糙，因此工程師必須考慮管道整個使用壽命期間的摩擦和泵送成本。

長管道裡的流體質量可能非常巨大，有時甚至大過滿載的貨運列車。當所有的水流經管道時，它具有相當大的動量。然而，儘管水是液體，但它其實不容易被壓縮，因此關閉閥門或停止抽水會使動量無處可去。這些動量會導致壓力驟升，以衝擊波的形式通過管路，造成<u>水錘</u>效應。當水龍頭關閉得太快，導致管路敲擊牆壁時，這種衝擊波就可能成為住宅的一個隱憂。然而，在可以容納大量流體的大型管道中，快速關閉閥門相當於讓貨運列車撞上混凝土牆。為了避免管道內部的水壓驟升可能導致設備損壞或管道破裂，工程師會明確指定使用緩閉式閥門，以及逐漸啟動與停止的抽水機。在操作員需要快速控制流量時，可以安裝<u>調壓箱</u>來吸收極端壓力驟升，把水錘效應的破壞減到最小。

仔細瞧瞧！

　　雖然管路的作用是輸送水，但工程師還必須考慮到：如果空氣進入管路，會發生什麼狀況？管路是密封系統，但空氣仍然可以藉由溶解在水中、透過抽水機吸入或是最初的管道填充物，進入管內。當這些氣泡在高處結合在一起，它們會占據空間並且造成水流縮小。最糟的情況下，這些空氣泡泡會完全堵塞管道（這種效應稱為**氣鎖**）。許多管道都會裝設**排氣閥**，這些閥門可以自動從管道高處排出氣泡，但是把水留在管內。如果仔細觀察，你可能會看到突出在地面上的排氣閥。

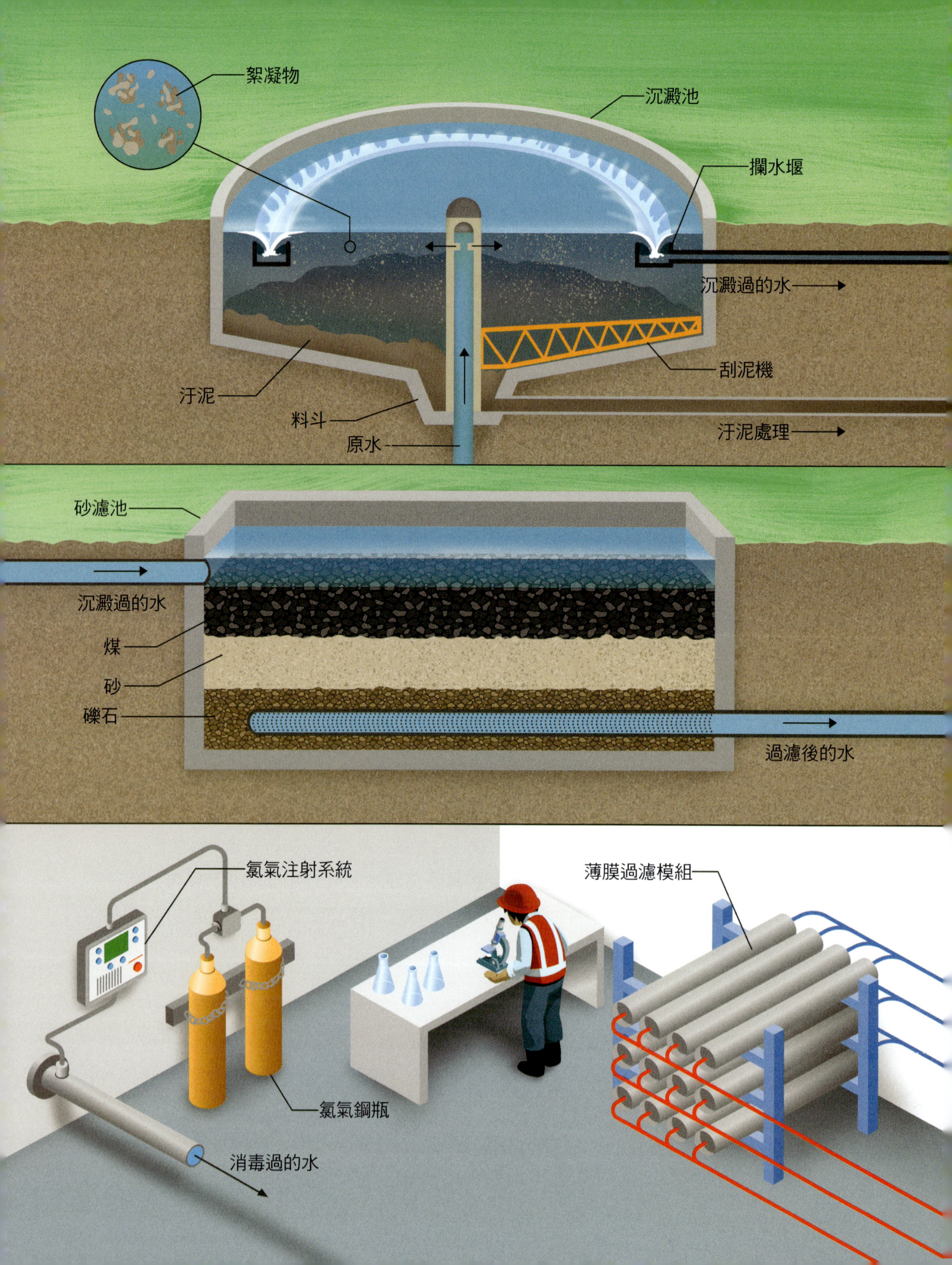

絮凝物
沉澱池
攔水堰
沉澱過的水
刮泥機
汙泥
料斗
原水
汙泥處理
砂濾池
沉澱過的水
煤
砂
礫石
過濾後的水
氯氣注射系統
薄膜過濾模組
氯氣鋼瓶
消毒過的水

7-4 水處理廠

大多數原水的水源，都會受到細菌、沉積物和其他可能危害人類健康的物質所汙染。此外，有機物粒子也會對水的味道和氣味產生負面影響。在把水配送到家庭和企業供飲用或烹飪之前，通常必須先經過水處理廠淨化處理，以達到飲用標準。淨化水質以確保人類能安全飲用的技術有很多種。大多數水處理廠的設計，都是針對特定水源和威脅水源的潛在汙染物，而量身打造的。比如說，由於地下水比較不容易受到汙染，它們需要的處理步驟通常比地表水源少得多。不是每座水處理廠都採用相同的流程，而且觀看的外人並不見得能看到水處理廠的全貌。然而，了解城市規模的淨水基本步驟，就能更加理解城市供水系統的其他各個環節。

地下水和地表水都含有各種物質的懸浮顆粒，這些固體顆粒會使水呈現渾濁的樣子（稱為渾濁度），並且可能含有危險的微生物。大多數水處理廠的第一個處理步驟，是經由沉澱過程從水裡去除這些懸浮顆粒，這個步驟通常經過三個連續的階段來完成。首先，將化學混凝劑用力攪拌進水裡。混凝劑可以中和造成懸浮顆粒相互排斥的電荷，使懸浮顆粒黏在一起。接下來，把化學絮凝劑添加到水裡，使懸浮顆粒進一步結合形成團狀的絮凝物。絮凝劑要慢慢加進原水裡，以免打散了絮凝物。

隨著懸浮顆粒絮凝物黏合得越來越大，最後就會變得夠重而沉降（這是沉澱的第三步驟，也是最後一步）。原水被抽到一個水池裡，池內的水幾乎一動也不動，而絮凝物則沉到底部。這種水池可能就只是個會定期排水和清潔，很簡單的矩形混凝土槽，不過很多水處理廠會採用稱為沉澱池的水槽，裡頭安裝了機械裝置來自動收集沉澱在池底的固體；這些圓形水池是許多水處理廠裡常見的設施。原水往上流過沉澱池的中心，並緩慢流向外圍，固體顆粒往下沉，在底部形成一層汙泥。沉澱過後的水會流經攔水堰，因此只有離汙泥最遠的那薄薄一層的水可以離

開沉澱池。沉澱池有刮泥機把池底的汙泥刮到有斜度的池底、推到料斗裡，由料斗收集汙泥再進行處理。

沉澱可以去除大部分懸浮固體，但不能完全清除水中的微小顆粒、病毒和細菌。大多數水處理廠在沉澱後都會進行過濾處理，其中包括透過多孔介質來過濾水。市區水處理廠的過濾器通常由砂子、煤或其他顆粒材料層組成。水靠重力或是在抽水機的壓力下流過過濾介質，水裡不需要的顆粒則被留在過濾器裡。有一層礫石用來防止任何介質被過濾後的水沖走。固體會在過濾介質內逐漸累積，降低過濾效率。過濾器會利用反方向送水來反沖洗清潔介質。這些反沖洗的水會送回處理廠取水口進行再處理。

一些現代的水處理廠已經放棄了傳統的砂濾池，改成使用以半透性材料薄片組成的膜。加壓的水被迫通過膜上的小孔，把任何不要的顆粒留下。採用半透膜過濾的水處理廠，通常有一排管狀的過濾模組，可以在單一模組堵塞或故障時快速更換。半透膜過濾器甚至可以去除最微小的汙染物（包括病毒），因此它們有時比使用多重分離處理過程生產飲用水更受青睞。

典型的水處理廠的最後一個步驟是消毒，殺死水中殘留的任何寄生蟲、細菌和病毒。有很多種方法可以消滅微生物，讓水能夠飲用，但大多數城市使用的主要方法，是在水裡添加化學消毒劑（通常是氯或氯胺）。這些化學物質在低濃度時，人類可以安全飲用無虞，同時還能殺死讓人生病的微生物。許多水處理廠使用儲存在鋼瓶中的氯氣；注射系統以預定的速率，精確注入足量的消毒氣體，讓消毒氣體溶解到水裡並殺死致病的病原體。

化學消毒的一個重要好處是，當水通過數英里長的管道，從處理廠流向配水系統內的各個客戶時，化學消毒仍能繼續發揮作用。但是在飲用水離開處理廠之前，必須先進行測試，以確保它符合政府的品質標準。許多不同的潛在汙染物可能危害人類健康，而且水源的化學成分可能會隨著時間（尤其是換季之間）而發生變化，因此處理廠必須不斷檢驗出口處的水是否清潔和安全。

仔細瞧瞧！

在水處理廠，通常會在水裡添加化學消毒劑，像是氯。然而，水質標準要求，在配水系統最遠端的水裡還要留著一些消毒劑。此舉能確保危險的生物在沿線的任何地方都無法生存。水裡殘留的氯稱為**餘氯**，它是水處理和配水過程是否有效運作的關鍵指標。氯在通過管道和儲存罐時會隨著時間而衰減，但是在處理廠引入消毒劑，就只有一次機會可以在配水系統的所有點供應足量的餘氯。通常，水處理廠附近的管路氯含量會過多，而配水系統遠端部分的氯含量則會太少。

許多城市會在重要地點設置加氯站，以便更均勻的分配消毒劑，有些甚至可以自動分析餘氯，根據分析調整加氯劑量。這些加氯站可能會設在小型的獨立建築裡，或是靠近配水系統的其他部分（例如水塔或水箱）。加氯站外的警告標示，可能是指出裡頭「有氯」的唯一線索。

抽水機
消防栓
消防栓標記
噴嘴蓋
閥門扳手
消防栓
閥門
自來水總管
截流閥
封閉端管路
水塔
水處理廠
自來水總管
分水鞍座
自來水總管
水表
下水道
用戶接管
截流閥

7-5 配水系統

　　一旦從水源地集水、運輸到人口集中地並淨化掉汙染物後，就必須把水輸送到公用事業服務區域內的客戶處。飲用水從水井或處理廠輸送到每個家庭和企業，有時需要跨越數英里遠。市政<u>配水系統</u>由所有相互連接的管道、閥門和其他元件組成，負責輸送用來飲用、清潔、烹飪、澆灌植物，以及各種商業與工業處理用的清潔水。這樣的配水系統還有一個好處，就是可以為滅火提供加壓供水，好盡可能避免火災蔓延到鄰近建築物。不同於由單一大型設施組成的原水基礎設施，配水系統必須遍布整個城市地區。構建和維護這樣一個對人類健康極為重要的龐大系統，要面臨到許多挑戰。

　　配水系統的第一個步驟通常是抽水機。和前面提到的原水取水口的抽水機一樣，配水系統的抽水機作用是對系統內的管道加壓，通常會達到正常大氣壓力的二到六倍，這就是為什麼它們通常被稱為<u>高效能抽水機</u>（其中部分壓力會貯存在水箱或<u>水塔</u>裡，下一節會介紹）。抽水站通常設在水處理廠內，用來輸送淡水。抽水機提供的壓力，不僅能讓飲用水流到目的地，還能確保汙染物不會經由管道裡的開口接頭或小洞，進入配水系統。如果配水管道發生洩漏，水會從加壓系統流出，而不是讓雜質或汙染物進入。配水系統中使用的高效能抽水機要消耗大量電力，因此通常需要跟電網和備用發電機穩固連接，以便停電時可以因應。能源通常是自來水公司最高的持續成本之一，節約用水可以減少浪費水資源，並省下集水、淨水和送水所需要的大量能源。

　　乾淨的水從抽水機進入一連串稱為<u>自來水總管</u>的管路，這是城市內飲用水的循環系統。總管通常安裝在地下以防止損壞，更重要的是防止結凍。大多數總管以網格狀或環狀模式連接，通常沿著城市街道的路線佈管。許多管轄單位會要求供水總管要和地下<u>下水道</u>水平隔開，因此這些管線平行延伸時，通常會位在街道相對的兩邊。

　　用<u>網格狀</u>模式安裝總管需要額外的管路和接頭。然而，在網格系統中，水可以通過多種路徑到達任何定點，這提高了配水服務的可靠度，也容許在不影響供水網其他部

分的情況下維修總管。網格狀的總管也有助於避免自來水不流動。當管路有<u>封閉端</u>時，只有在沿著每條特定管線的用戶打開水龍頭時，水才會流動。如果乾淨的水在管路裡停留過久，消毒劑就會腐敗，使得水質惡化。在網格系統裡，管路裡的水會不斷循環，以滿足任何地方的需求。

個別用水戶是經由<u>接管</u>從幹管取得水。接管時會使用<u>分水鞍座</u>來建立連到幹管的出水點。接管通常會從鞍座接到測量用水量的<u>水表</u>，讓自來水公司能根據各用戶的用水狀況，向他們收費。對每個接管用戶計量收費，除了可以鼓勵節約用水，還能幫助自來水公司辨識配水系統裡的漏水狀況。

有時候自來水總管會破裂，通常是因為地面有走位、結冰，或是由於管路老化而破損。發生這種情況時，必須開挖和修復管道。雖然在間歇性放水的期間修復管路是做得到的，不過通常會遇到重重困難。在開始維修之前，把總管和配水系統的其他部分隔開，維修起來會容易得多。總管的交會點通常設有<u>截流閥</u>，以容許切斷部分配水網路，好讓施工人員可以修復損壞的管路。截流閥安裝在地下有小鐵蓋的封閉空間裡。大多數管道交接處，都有一根沒有截流閥的管線，以節省安裝和維護成本。如果必須隔離沒有截流閥的管線，那麼就必須關閉交接處的其他所有截流閥。施工人員會根據需要，使用<u>閥門扳手</u>打開或關閉每個閥門。同樣的，每個接管處也會有一個或多個截流閥，以便在維修管道時或緊急情況下，隔離各個家庭或企業用戶。

儘管乾淨的水對於人類的基本需求相當重要，但是城市也必須能夠隨時取得水來撲滅火災。歷史上有些相當嚴重的災難，就是在火災蔓延到人口稠密地區，而沒有足夠的方法阻止火勢蔓延的情況下發生的。現在城市裡隨處可見<u>消防栓</u>，它們提供了加壓水總管的連接點，可以協助撲滅火災。美國大多數地方都使用乾桶消防栓，它們的閥門位在地下，可以避免消防栓遭失控車輛撞毀，也降低地面上的消防栓裡的水結冰的風險。在某些地方，消防栓<u>噴嘴蓋</u>的顏色，標示了用來滅火時可達到的最大流量。在較寒冷的地區，消防栓可能還有延伸到降雪上方的標記，以便在冬天更容易找到。

仔細瞧瞧！

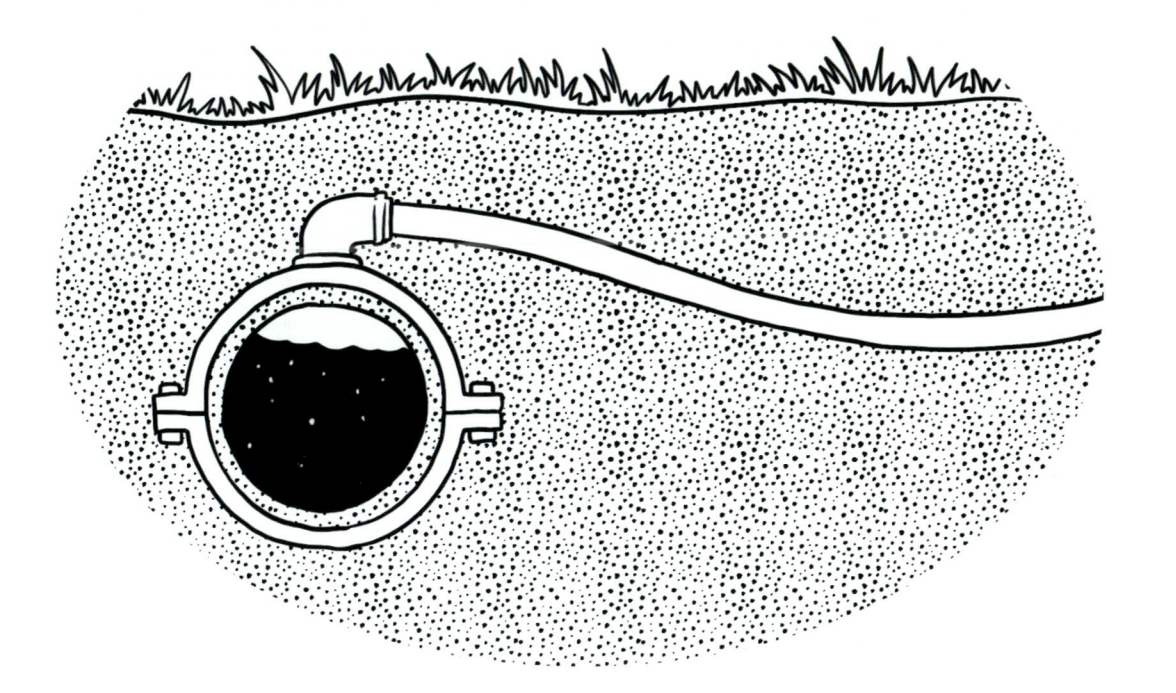

直到二十世紀初，使用鉛製成的管路，將住家和企業連接到地下自來水總管的情形還是很普遍，有些城市在1980年代仍舊允許使用鉛製的供水管。鉛是一種耐用的金屬，而且富有柔軟度，可以讓管路容易彎曲。然而，暴露在含鉛的環境中（就算是低濃度之下），也會危害人體健康，還可能影響到神經系統，尤其是對兒童。鉛會滲入經過管道的水，使人類接觸到這種有害的汙染物。大多數擁有大量鉛管水管的城市，都在想盡辦法把它們永遠換掉，不過通常成本很高。此外，有些城市會在水裡加入防腐蝕的化學物質，以便在更換管道之前，減少從管道裡溶出鉛的機會。如果你不確定你的飲用水裡有沒有含鉛，可以考慮送到實驗室做測試，以減少你接觸這種危險重金屬的風險。

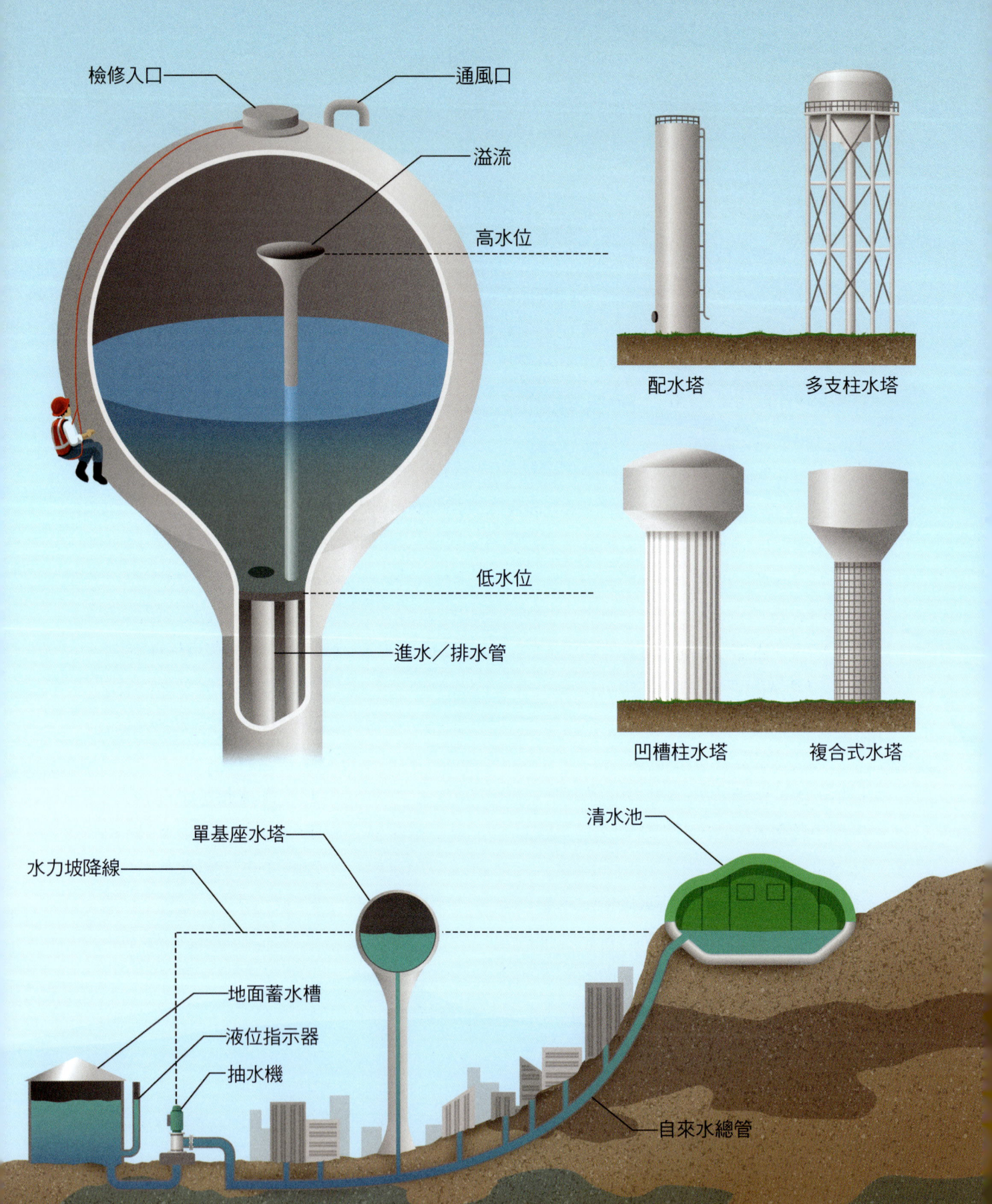

檢修入口	通風口
	溢流
	高水位
	低水位
	進水／排水管

配水塔　　多支柱水塔

凹槽柱水塔　　複合式水塔

水力坡降線
單基座水塔
清水池
地面蓄水槽
液位指示器
抽水機
自來水總管

7-6 水塔和水箱

對於乾淨用水的需求，不僅隨著季節更迭在一年內變化極大，甚至在一天之內也變化很大。城市的用水量通常在早晨和晚上最高，這段時間人們正在淋浴、做飯，以及給草坪澆水。此外，城市裡最大的一些用水需求是火災造成的；無論白天還是晚上，火災都可能隨機發生。在人口稠密的城市地區，火災可能會失控，因此大多數城市即使在用水量高峰的日子，也要確保其配水系統有備用的水。在選擇抽水機、管路、閥門和其他設備的尺寸時，設計配水系統的工程師必須考慮所有可能的流量變化。配水系統中相當重要的一個部分（通常也是非常明顯的部分），是解決飲用水需求變化的方法：儲水。

涉及水的集中、輸送、淨化和配水的許多步驟，在用穩定的速度進行時最為有效。在處理廠，化學品進料和淨化過程不能承受突然的變化。此外，配水系統中使用的抽水機通常會以單一速度運行。如果沒有地方儲水，營運商就得不斷提高或降低配水量，以滿足不斷變化的需求。此外，所有處理設施和抽水機，都需要根據高峰用水需求進行調整，即使它們每年只有一、兩次會使用到總容量，也會增加其成本和複雜性。水箱和水庫可以消除用水需求的高峰和低點，讓抽水機和其他基礎設施能夠在用水量較為平均的狀況下運行。當使用量較低時（例如在夜間），處理廠會超額製水把水箱補滿。當使用量較高時，儲存的水就可以補充處理廠的不足，來滿足用水需求。

配水系統裡採用了很多種蓄水結構。其中<u>地面蓄水槽</u>通常是由大型的圓形鋼製或混凝土製密封容器組成。如果你仔細觀察，會發現許多蓄水槽的外面都有<u>液位指示器</u>，可以一目了然的看出水位高度。有些城市會藉由開挖地面形成<u>清水池</u>，用相對較低的成本來容納大量清水。這些水池通常會用塑膠或混凝土襯底來防止漏水，並且加蓋以盡可能減低汙染的機會（雖然到現在還是有些水池並未加蓋）。在水處理廠，經常可以看到地面水槽和清水池這兩種蓄水設備，通常水廠內稱之為<u>清水井</u>。

在地面蓄水的一個缺點是水沒有加壓，因此必須要泵送到配水系統，以因應波動的用水需求。水槽或水池通常設置在比配水系統服務區域高的山頂或山坡上，這樣不僅能夠儲存水，還可以儲存抽水機提供的能量。<u>高位蓄水</u>能讓抽水機持續且穩定的運作，而不需要為了因應整天不斷變化的用水需求，頻繁的啟動或關閉。在一些採浮動電價的地區，抽水機可以在夜間電費便宜時運轉來補滿水池，並在用電尖峰時段電價較高時停止

運轉。高位蓄水槽在停電或緊急情況下也很有用，就算抽水機或水處理廠停擺了，也能維持管道水壓並且繼續供水。

可惜並不是所有城市都有能建造水槽或水池的丘陵或山地。規模比較小的配水系統，通常使用配水塔這種狹長且高聳的水槽來儲存飲用水。這種配水塔最上端的水，就像設置在山頂的高位蓄水槽一樣。配水塔底部的水可以做為緊急備用水，如果需要的話可以泵送到配水系統裡。大城市經常使用高架蓄水槽（也稱為水塔），每座高架蓄水槽內全部蓄水量所產生的水壓，都遠高於系統的最小水壓。選擇配水塔的高度是個重要的決定。配水系統的水壓必須維持在可接受的範圍內；水壓太低，會有遭受汙染的風險；太高，則有可能損壞管路和設備。

水體內的壓力跟水面以下的深度有關。你可以把配水系統想像成我們所生活的虛擬海洋。高位蓄水槽的水面代表虛擬海洋的海面（工程師稱之為位能線或水力坡降線）。低海拔的用水戶，位在虛擬海洋水壓最大的海底；而高海拔的用水戶，則位在虛擬海洋水壓最低的海面附近。理想的深度通常大約在三十到六十米（約一百到兩百英尺），這代表大多數水塔的低水位和高水位都在此範圍內。儲存在配水系統上面不到十五米（約五十英尺）高的水，可能無法產生足夠水壓來防止可能的汙染。海拔落差較大的城市，有時會在不同水壓下保留獨立的配水網路，好讓用水戶保持在理想的水壓範圍內。

水塔就像連接到自來水總管的水槽一樣簡單。當需水量低於抽水機送水量時，配水系統內的壓力會升高，迫使水通過進水管或排水管進入水槽。反之，當需求高於抽水速率，系統內的壓力會下降，水經由同樣的管道流出水槽，補充水處理廠的水。裡面除了水以外，就沒有其他東西了。大多數水槽都設有溢流裝置來防止水滿出來。水槽上的通風口，則能確保槽內的氣壓不會隨水位變化而改變，進而可能產生正壓或負壓並損壞結構。從檢修入口則可以進入蓄水槽內部，進行維護和檢查。

水塔有很多種設計，人們最常用蓄水槽本身的形狀、或是用蓄水槽設置的水塔結構來描述它們。單基座水塔和多支柱水塔通常完全使用鋼材焊接製成。凹槽柱水塔由波浪狀鋼板柱體支撐，塔內有大量空間可以存放設備，有時甚至能設置辦公室。複合式水塔則是立在混凝土塔上，省下鋼柱要防腐蝕所需的定期粉刷費用。對於使用高位蓄水槽的城市來說，這些蓄水槽通常是整個配水系統運作的核心。水槽裡的水位，是配水系統加壓到正確水位並依照設計運作，以向每個用水戶提供清潔水的主要指標。

仔細瞧瞧！

在大城市，建築物太高以致於自來水總管壓力無法把水輸送到最頂樓的情況，並不罕見。大多數高層建築都有自己的抽水機和水槽系統，以確保每層樓都有足夠的水壓。有些城市要求建築物在樓頂配備水槽和抽水機，這樣就可以有效的把高位蓄水槽分布到全市（而不是擁有集中的大型水塔）。在美國，這些樓頂的水槽通常是用木材製成，因為它價格便宜而且可以隔熱、防凍。水槽木板用鋼帶緊緊固定住，以抵抗水槽內部的水壓。鋼帶的間距越往水槽底部越小，因為該處的水壓最高。

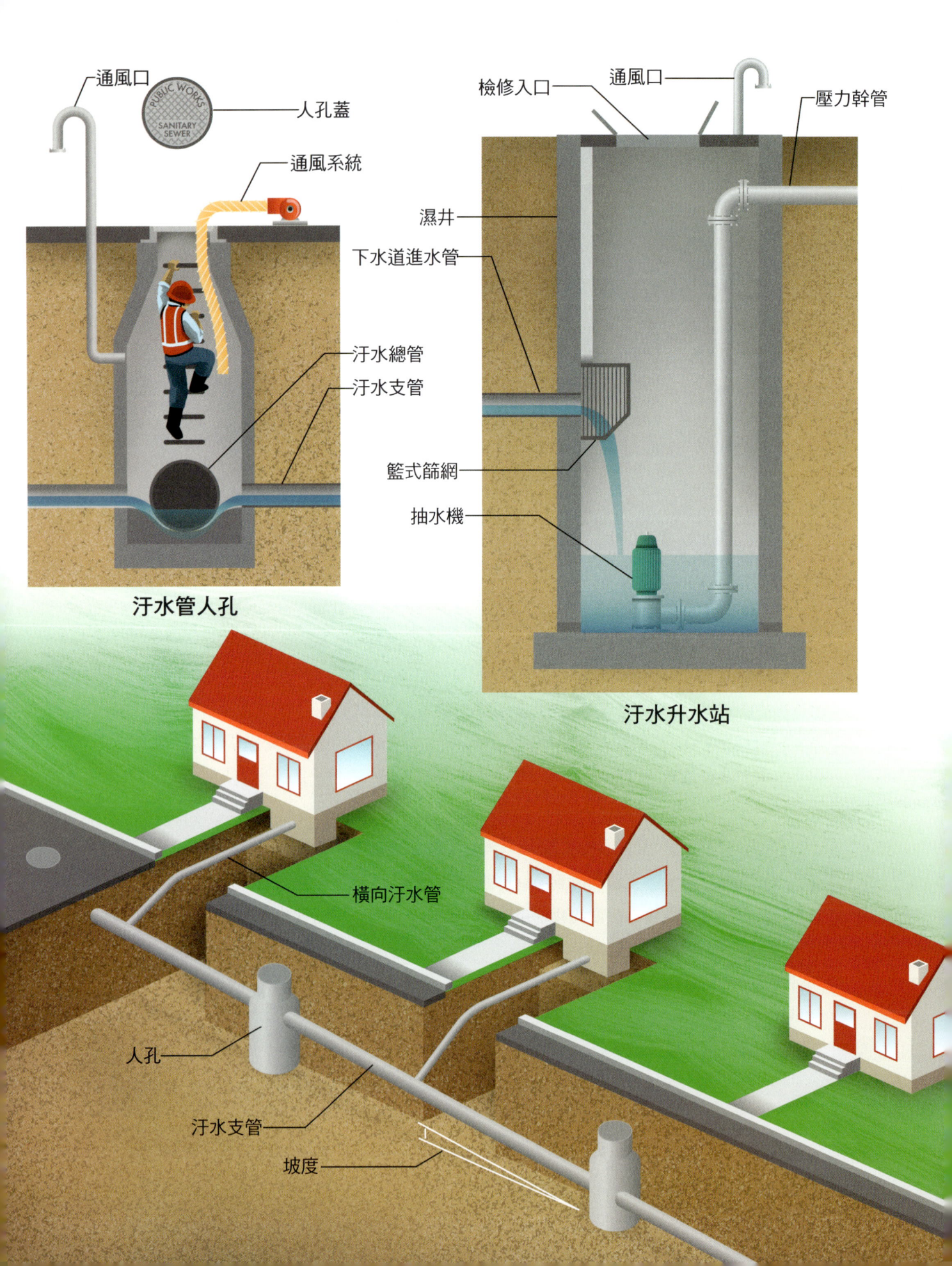

通風口	檢修入口　通風口　壓力幹管
人孔蓋	
通風系統	濕井
	下水道進水管
汙水總管	
汙水支管	籃式篩網
	抽水機

汙水管人孔

汙水升水站

橫向汙水管

人孔

汙水支管

坡度

通風口

7-7 汙水下水道和升水站

　　人類有點噁心。我們共同製造了源源不絕的排泄物，如果不妥善的運走，它們就會帶來致命的疾病，威脅城市居民健康。要把這麼多糞便從一處運到另一處，牽扯到許多技術難關，事實上我認為，我們大多數時候能在不必看見它、也無須想像它的情況下完成這件事，還是值得慶幸的。汙水下水道把這種象徵性的水流轉化為真正的水流，流向地下，遠離大眾視線（希望也能遠離大眾的嗅覺）。最早的下水道其實就是河川和小溪，排泄物直接丟進河裡，然後被帶到下游。但這種汙水處理方法有一些明顯的限制，包括它會汙染經常用來飲用的水源。現代的下水道幾乎總是以地下管道的形式安裝，好把廢水和飲用水水源分開，但是它們的運作方式仍然和地表的水道非常相似。

　　下水道依靠重力來收集和運輸廢物，向下流動，匯聚並集中成越來越大的水流。生活汙水管網呈樹枝狀，各個建築物內的小管路集中變成越來越大的管道，直到所有廢水匯聚到一個處理廠。為各個建築物提供服務的管道通常稱為橫向汙水管，為特定街道提供服務的管道稱為汙水支管。從多條分支管道收集廢水、較大型的管道稱為汙水總管或汙水幹管。系統中最重要的管路和最下游的管路，則通常稱為攔汙下水道。

　　讓下水道順著坡度自然往低處流非常方便，因為我們不用為重力付費，此外在暴風雨期間系統也不會癱瘓。然而，僅僅依靠重力也限制了下水道的設計與施工。如果汙水流得太快，可能會損壞接頭並侵蝕管壁。然而，如果汙水流速太慢，固體就會從懸浮液中沉澱下來，造成堵塞並使管壁變窄。我們無法把重力調高、調低來維持流速均衡，也不大能控制廢水量（因為人們想沖水時就會沖水）。工程師唯一能控制的因素，是下水道管道的尺寸和坡度。每條下水道管路都根據預期的廢水量，精心設計尺寸和傾斜度，以保持廢水穩定流往處理廠。

　　每當下水道的尺寸或方向改變、或者在管道交會點，都會安裝汙水管人孔，以便進行維護和檢查。人孔通常由延伸到地面的垂直混凝土套管製成，裡頭有階梯讓工作人員進出，上面蓋著一塊厚重的鑄鐵人孔蓋，可以防止工作人員和碎片掉進下水道，同時能讓車輛從上面開過去。人孔有時也會當做通風口，以平衡管線內的氣壓，並防止有毒氣體累積在管內。當維修口最上面容易被洪水淹沒時，城市通常會要求把人孔蓋密封並用螺栓固定，以防止雨水進入管道。在這種情況下，通風口有時會延伸到高於必要的洪水水位以上，以防止從建築物進入的氣壓升

高，即使在暴風雨期間也是如此。在維修或保養期間，只要有人進入人孔，就會使用臨時通風系統來供應新鮮空氣。

由於下水道必須維持傾斜，因此它們往往位於地表下相當深的地方，尤其是靠近下游的末端，這使得施工既費時又昂貴。在某些情況下，強求下水道的坡度往地表以下越來越低，是不可能辦到的。有一種替代方案是設置抽水站，將汙水從深處抽到更接近地表。<u>升水站</u>有可能是小型設施，用來處理一些公寓大樓的汙水；但它也可能是大型工程，用來抽吸比重很大的城市廢水。典型的廢水升水站由一個稱為濕井的混凝土槽組成，汙水經由重力作用通過下水道進水管流入濕井，將濕井慢慢注滿。一旦水位達到規定的深度，抽水機就會啟動，把廢水泵送到<u>壓力幹管</u>。這種間歇性操作確保了汙水始終快速流過管道，讓懸浮液中的固體在非高峰時段不會沉澱下來。汙水在壓力幹管內的壓力下，流向上坡的人孔位置，然後在那裡藉由重力繼續往下流動。升水站通常設有多台抽水機，以便其中一台故障時仍然能繼續運作。這些升水站通常有備用發電機，這樣一來即使電網斷電，汙水也能繼續流動。

說到汙水，我們經常聯想到當中最噁心的成分：人類排泄物。但其實汙水是由多種來源的液體和固體組成的<u>漿液</u>。很多東西最後都會進入我們的廢水流，包括土壤、肥皂、頭髮、食物、濕巾、油脂和垃圾。這些東西可能會輕鬆流入廁所或水槽排水管，通過你家中的管道。然而，在下水道系統中，它們可能聚集成大型碎片球（廢水處理專家有時稱之為<u>辮子</u>或<u>油脂塊</u>）。此外，由於許多城市大力鼓吹節約用水，廢水裡的固體濃度也呈現上升趨勢。傳統的抽水機可以很好的處理液體，但是在水流裡添加固體會使原汙水更難泵送到高處。廢水升水站裡使用的抽水機，是特別設計以應付額外磨耗的，但是沒有抽水機能夠完全防止堵塞。

解決堵塞問題的一種方法，是在升水站濕井裡使用篩網，防止垃圾進入抽水機。每隔一段時間，就必須把網裡截留的垃圾從濕井中清除，運送到垃圾掩埋場。比較小型的升水站通常會使用安裝在軌道上的<u>籃式篩網</u>，它們可以藉由地面上的檢修入口，手動拉上來。較大型的抽水站可能就有自動的系統，可以把這些固體從篩網裡清到垃圾箱中。另一種解決廢水流中垃圾的方法，是把它們磨成更小的碎片。有一些升水站會設置<u>研磨機</u>將碎屑絞碎，這樣垃圾就不會堵塞抽水機，工作人員也就不用頻繁前往升水站，進行維修或清除垃圾。這些固態物會保留在廢水流裡，在廢水處理廠的管路裡進一步清除（參見下一節）。

> **仔細瞧瞧！**

　　大多數汙水下水道系統會和<u>雨水下水道</u>分開，雨水下水道是用來帶走降雨和融雪的。然而，降水仍然可能進入汙水下水道系統。**<u>進水和入滲</u>**（inflow and infiltration；通常簡寫為I&I）是公用事業營運商的敵人，原因很簡單：降水進入下水道可能會在暴風雨期間壓垮系統的容量。I&I可能會導致溢流，從而造成原汙水暴露並引發環境問題，因此市政當局會努力找出導致雨水流入下水道的缺陷，修補它們。

　　城市經常定期檢查下水道管路，通常是利用搭載攝影機的遠端遙控車輛，在管道中穿行以進行檢測。另一種檢查方式是用無毒煙霧導入下水道，來檢測汙水來源。從開口和缺口逸出的煙霧目視就能發現，因此可以直接辨識裂縫、破損、有缺陷的人孔密封處，以及違法接管的雨水排水溝。

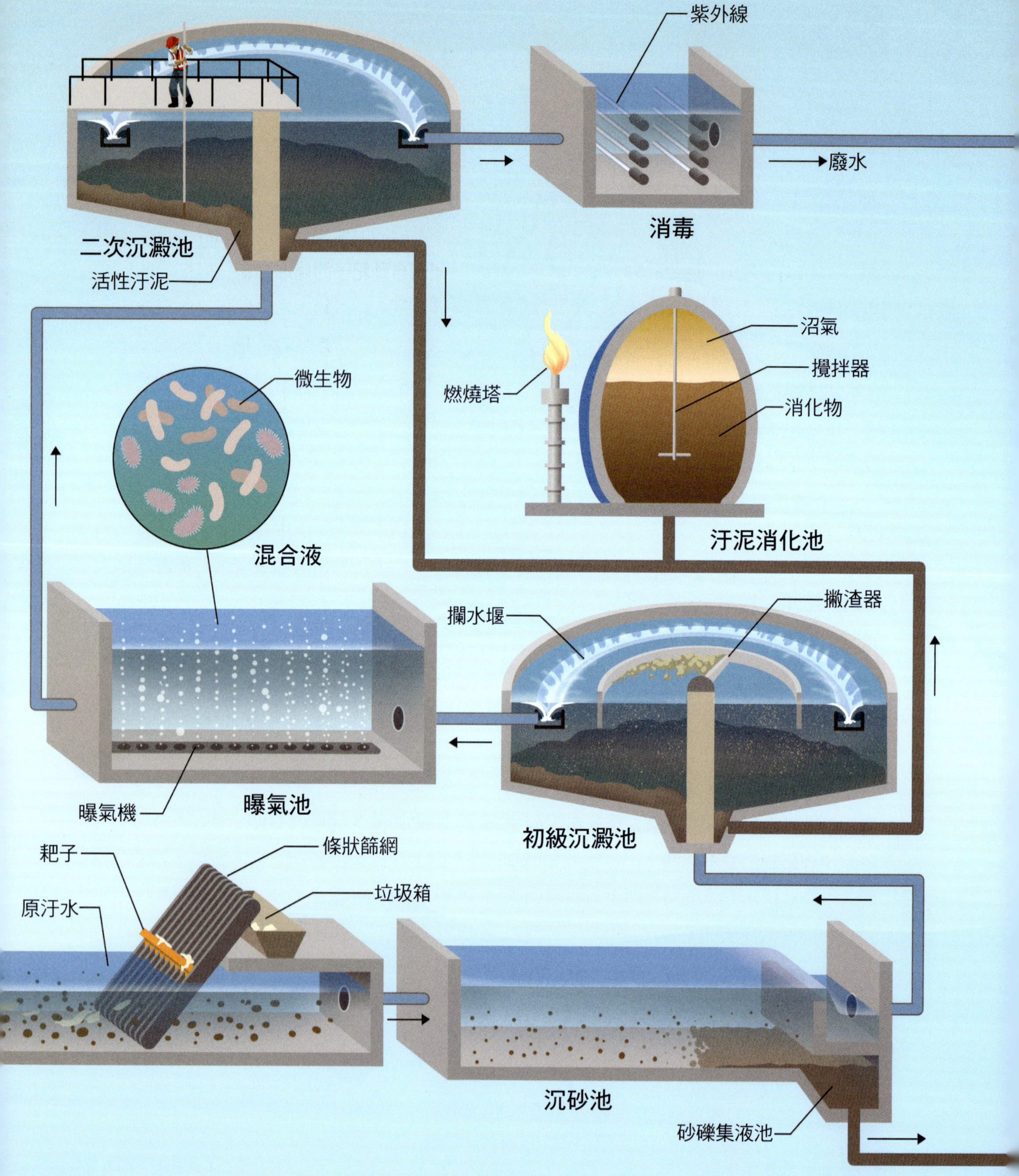
紫外線
廢水
消毒
二次沉澱池
活性汙泥
沼氣
攪拌器
燃燒塔
消化物
微生物
汙泥消化池
混合液
攔水堰
撇渣器
曝氣機
曝氣池
初級沉澱池
耙子
條狀篩網
垃圾箱
原汙水
沉砂池
砂礫集液池

7-8 廢水處理廠

　　水幾乎能和地球上的所有物質結合，這就是為什麼它這麼了不起，能將我們的廢棄物從家庭和企業的下水道中帶走的一個重要原因。在現代的環境法規出現之前，城市有時會把未經處理的汙水排放到河川裡、流到下游。現在，幾乎所有廢水收集系統，都依賴某種處理廠來逆轉汙染過程、去除水中的汙染物，這樣水就能重新使用，或排放回自然環境中。隨著技術不斷發展，世界各地的廢水處理採用了各式各樣的方式。本節將介紹現代廢水處理廠中，經常使用的一些處理方法。如果你能忍受汙水的氣味，很多市級汙水處理廠很樂意開放民眾參觀，在處理廠裡你可以看到每個流程的運作情況。

　　廢水處理廠在淨化汙水的過程中，使用了許多分離的步驟。其中有許多步驟和飲用水處理廠採用的類似（之前的章節介紹過），但是處理的標準通常比較低，這是因為處理過的水（稱為<u>廢水</u>）不會給人類使用，而是只需達到足夠的安全標準，可以排放到環境裡。水處理廠的初始步驟稱為<u>初級處理</u>，目的是把懸浮在快速湍流中的汙染物進行物理分離。首先、汙水流經過<u>**條形篩網**</u>濾掉大塊的碎片，比如樹枝、抹布，以及其他任何進入下水道的大塊碎屑。現有的許多技術，包括配備自動<u>耙子</u>的條形篩網，能把過濾出來的碎片刮入垃圾箱，做為固體廢物丟棄。

　　接下來，水處理廠會把懸浮顆粒從水流中分離出來。廢水裡的砂子和土壤統稱為<u>**砂礫**</u>。這些物質可能會損壞處理廠中的設備，因此通常會在初級處理過程中，通過單獨的過程將它們去除。處理廠使用像是狹長水槽的<u>沉砂池</u>，來減緩廢水流速。在這些和緩的狀況下，懸浮的沉積物會沉降到池底，而無砂礫的廢水會繼續流向出口。有些沉砂池會加進氣泡，幫助把較重的顆粒推送到沉砂池的邊緣。另外有些沉砂池則使用電動攪拌器在水流裡製造渦流，來達到類似的結果。池底有個<u>集液池</u>用來收集沉降的砂礫，然後再把砂礫抽走加以處理。

　　初級處理的最後一步，通常也是靠重力進行的。離開沉砂池的廢水仍然充滿懸浮固體，但它們主要由細小的有機顆粒或浮油和油脂（統稱為<u>浮渣</u>）組成。大多數處理廠使

用初級沉澱池來分離剩下的這些固體。這些大型的圓形水槽進一步減慢廢水流速，讓微小的顆粒能夠輕輕下沉，同時由撇渣器收集漂浮在廢水表面上的固體。固體被送去進一步處理，而沉澱過的廢水則經過攔水堰，進入二級處理過程。

　　初級處理是採用物理方式，把汙染物從廢水中分離出來；二級處理則是利用生物過程，複製大自然的行為來達到相同的目的，不過時間要短得多。大多數廢水處理廠會利用可以消化汙水內有機物的微生物，這些細菌和原生動物聚集在一起，當它們消耗汙染物時，會留下相對乾淨的水。在有氧（好氧）環境中繁衍生息的微生物群，和生活在缺氧（厭氧）環境中的微生物群不同。這些不同的菌落在水裡消耗的營養物質並不一樣，因此處理廠通常利用好氧和厭氧條件，來徹底去除廢水汙染物。處理廠用曝氣池來製造有氧條件，用鼓風機持續供應空氣，這些空氣會經過曝氧機，產生微小氣泡把氧氣混合並溶到水裡。

　　一旦生物處理法消耗了廢水中大部分營養物質，含有懸浮微生物團塊的淨化水（稱為混合液），就會從曝氣室進入二次沉澱池。在這裡，細菌菌落會沉降到底部，只讓乾淨的廢水排放出去。有時候根據管理機關的要求，許多處理廠還有針對特定汙染物的三級處理過程。此外，大多數處理廠都會進行最後的消毒，以殺死水中殘留的病原體。消毒過程可以使用溶到水裡的氯、臭氧氣體或紫外光來完成，這個過程能消滅活病毒和有害的細菌。處理廠的最終廢水通常會排入天然溪流、河川或海洋。

　　一些在二次沉澱池裡沉澱的微生物（稱為活性汙泥），會被送回曝氣室來植入下一個菌落。其餘的汙泥必須丟棄。有些處理廠會把汙泥直接送交垃圾掩埋場處理。然而，汙泥是有機物質，長期下來會分解，把甲烷這類不需要的氣體釋放到環境裡。許多處理廠不會讓垃圾掩埋場產生這種分解作用，所以改用消化池來處理有機固體。消化池會把汙泥轉化為沼氣，以及稱為消化物或生物固體的物質。沼氣可以做為暖氣或發電的燃料；生物固體則可以乾燥後掩埋，或者做為肥料。消化池通常有攪拌器將汙泥一直混合，有大型圓形罩用來收集產生的沼氣，還有做為安全措施的燃燒塔。如果產生的沼氣過多而無法儲存，操作員會讓沼氣在燃燒塔裡燃燒，把有害的成分燒成更安全的氣體，然後排放到自然環境裡。

仔細瞧瞧！

回收水不要喝

　　原汙水有99.9%是水，而水是城市的寶貴資源。在水資源匱乏的地方，對城市廢水進行超出常需的處理，使它可以重複利用而不是排放掉，可能是具有成本效益的。世界上有些地方採用**直接飲用水再利用**（俗稱**廁所到水龍頭**），把汙水淨化到飲用水品質標準，再重新導入配水系統。然而，大多數循環利用的水並不適合人類飲用。許多用途不需要用到飲用水，包括工業處理用水，以及高爾夫球場、運動場與公園的灌溉用水。許多廢水處理廠現在被視為水回收廠，因為它們不是把廢水排放到溪流或河川中，而是把水泵送到可以使用它們的用戶那裡，希望藉此減少對飲用水的需求。在許多國家，會使用紫色水管區分非飲用水的配水系統，以防止交叉接管。此外，再生水的使用者通常會在上面張貼標示，警告民眾灌溉水不能安全飲用。

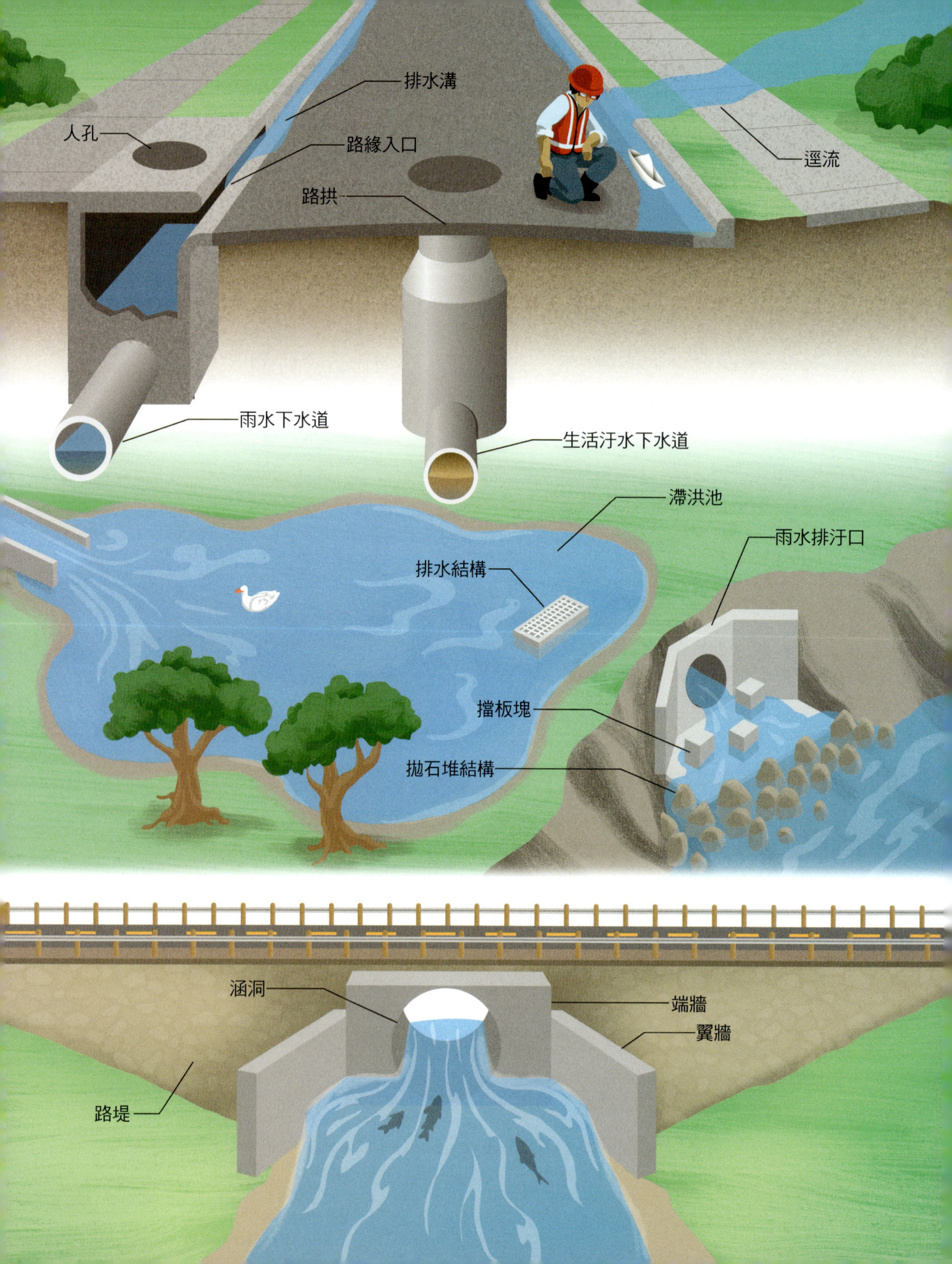

排水溝
人孔
路緣入口
路拱
逕流
雨水下水道
生活汙水下水道
滯洪池
雨水排汙口
排水結構
擋板塊
拋石堆結構
涵洞
端牆
翼牆
路堤

7-9 雨水收集

城市對環境的一個重要影響，是它們在暴風雨期間，改變了水在地面上和地下的流動方式。城市裡所有的街道、人行道、建築物和停車場，都使用不透水的表面覆蓋地面。這樣一來雨水就沒辦法滲到地下，而是流向小溪和河川，這會使它們水位漲得更快、更高，而且充滿更多汙染物。自然的集水區就像海綿，能在雨水落下時吸收並減緩其流速；而城市集水區則更像漏斗，會收集並集中地表逕流。自從人們開始在城市生活，雨水和洪水一直是個問題，而最初的解決方法就是盡快把水排出。這個方式的名稱，至今仍然是我們在城市處理暴雨時所使用的說法：排水（drain-age）。當降雨或是傾盆大雨時，我們要盡量讓逕流有地方可去。

大多數城市在設計上，都是把街道當做降雨的第一條路。各塊土地都向道路傾斜，好讓水從建築物流走，否則會造成問題。標準的城市街道中央會有路拱，兩側有排水溝，好引導水流動。這種做法不只能讓道路保持乾燥、確保行車安全，同時提供了輸送<u>逕流</u>的通道。最終，道路將到達自然低點並開始上坡，不然就是集結了大量逕流，導致無法全部流進排水溝裡。在某些情況下，也可以把街道排水口的逕流，直接排到天然水道裡。然而，在空間有限、人口稠密的城市地區，雨水往往是排入地下的排水溝。

過去，常見的做法是把所有街道的逕流，簡單的直接排進生活汙水系統。可惜廢水處理廠的設計，通常無法處理大自然突如其來大量湧入的汙水和雨水逕流。在最壞的情況下，當入流量過多而無法儲存或處理時，處理廠必須把未經處理的汙水直接排入水道。這就是為什麼現在大多數城市，是把雨水下水道和用來輸送廢水的生活汙水下水道分開。雨水通常會流經<u>路緣入口</u>或路面格柵，進入雨水下水道系統。路緣入口位在道路沿線的所有低點（稱為<u>路凹</u>），並在斜坡路段上以規則的間距分布。許多路緣入口都設有人孔，以便清潔和維修。每個路緣入口都連接到一根雨水排水管，用來把雨水排出。每條管路的尺寸和傾斜度，都是根據預期的雨水量進行重力流設計，和生活汙水管道的設計是用來輸送特定量的廢水類似。

雨水下水道系統匯聚和集中的方式，跟大自然的溪流和河川系統相似。最後，這些下水道會通往天然水道或海洋的<u>排汙口</u>。在排汙口處，通常會安裝擋板塊或拋石堆護岸結構，以保護自然土壤不受快速流出的逕流侵蝕。和最終流入汙水處理廠的生活下水道系統不同，大多數雨水逕流會直接排放到環境裡，所以城市經常在路緣入口設置警告標示，提醒民眾不要將廢棄物丟入其中。

　　雨水下水道藉著快速排除街道上的水，把水送進溪流和河川裡，來減少當地的洪水。然而，城市地區的雨水湧入，加劇了這些自然水體的洪災。許多城市藉由拓寬、截彎取直和使用混凝土襯砌，來增加天然水道的容量；這種策略通常稱為<u>渠道化</u>。藉由渠道化加速雨水流動，有助於減少洪水的深度和範圍，但也有缺點。髒汙的混凝土渠道不僅破壞了市容，還會加劇下游的洪水，並且破壞原始水道的生態環境。現在大多數城市了解到，把自然河道拓寬和加襯砌，並不能完全解決因城市發展導致的逕流增加問題。

　　因此，現在城市會要求開發商，對於自身造成的雨水量與水質影響負責，而這要求往往牽涉到在把水排進水道之前，先在現場蓄水與調節。<u>調節池</u>會長時間留著水，而<u>滯洪池</u>通常是乾的。這兩種池都像迷你海綿，吸收著從建築物、街道和停車場沖下來的所有雨水。它們的出水口結構，用意是把逕流水緩慢的排放回水道，將尖峰流量減到所有建築物和停車場興建之前的程度。調節池和滯洪池還可以藉由減緩水流速度，讓懸浮顆粒沉澱下來，以減少汙染。

　　在高速公路沿線，管理地面下的雨水通常並不符成本。相反的，我們經常在有平行溝渠能帶走雨水的路堤上的天然地面，興建高速公路。當道路跨越重要的溪流或河川，我們通常會興建橋梁。然而，每條小河道和窪地地形都要跨過去並不划算。當道路與小型水道交會，會採用涵洞讓水能夠從下方流到另一側。工程師選擇的涵洞管路尺寸，要能盡量避免雨水漫淹過道路。<u>端牆</u>和<u>翼牆</u>用於阻擋路堤，同時引導雨水進入涵洞。設計不良的涵洞可能會讓水通過，但是阻礙動物的活動，因此工程師會與生物學家及環境科學家合作，確保涵洞的設計適合它必須流過的水、以及在裡面生活的生物。

仔細瞧瞧！

　　市政排水基礎設施已經取得了長足的進步，但它仍把雨水大多視為需要處理掉的廢棄物。現實的情況是，雨水是一種資源，自然集水區的功能不只是把逕流輸送到下游。這些區域是野生動物的棲息地，用天然植被淨化和過濾逕流，把雨水轉移到地下以補充含水層，並且藉由減緩源頭的水流流速、而不是讓它迅速被沖走和集中，來減少洪水。許多城市正在尋求方法，在已開發地區複製和重建自然集水區的功能。在美國，利用在水源附近管理雨水，來減少逕流量及其汙染的做法，統稱為**低影響開發**。其中包括雨水花園、植被屋頂、透水路面、用來過濾地表逕流的植被帶等策略，以及協調建築環境及其原始水文與生態功能的其他方法。低影響開發還可以藉著把土地用在不易受洪水影響的用途上（例如公園和步道），來更加妥善的管理洪氾區。

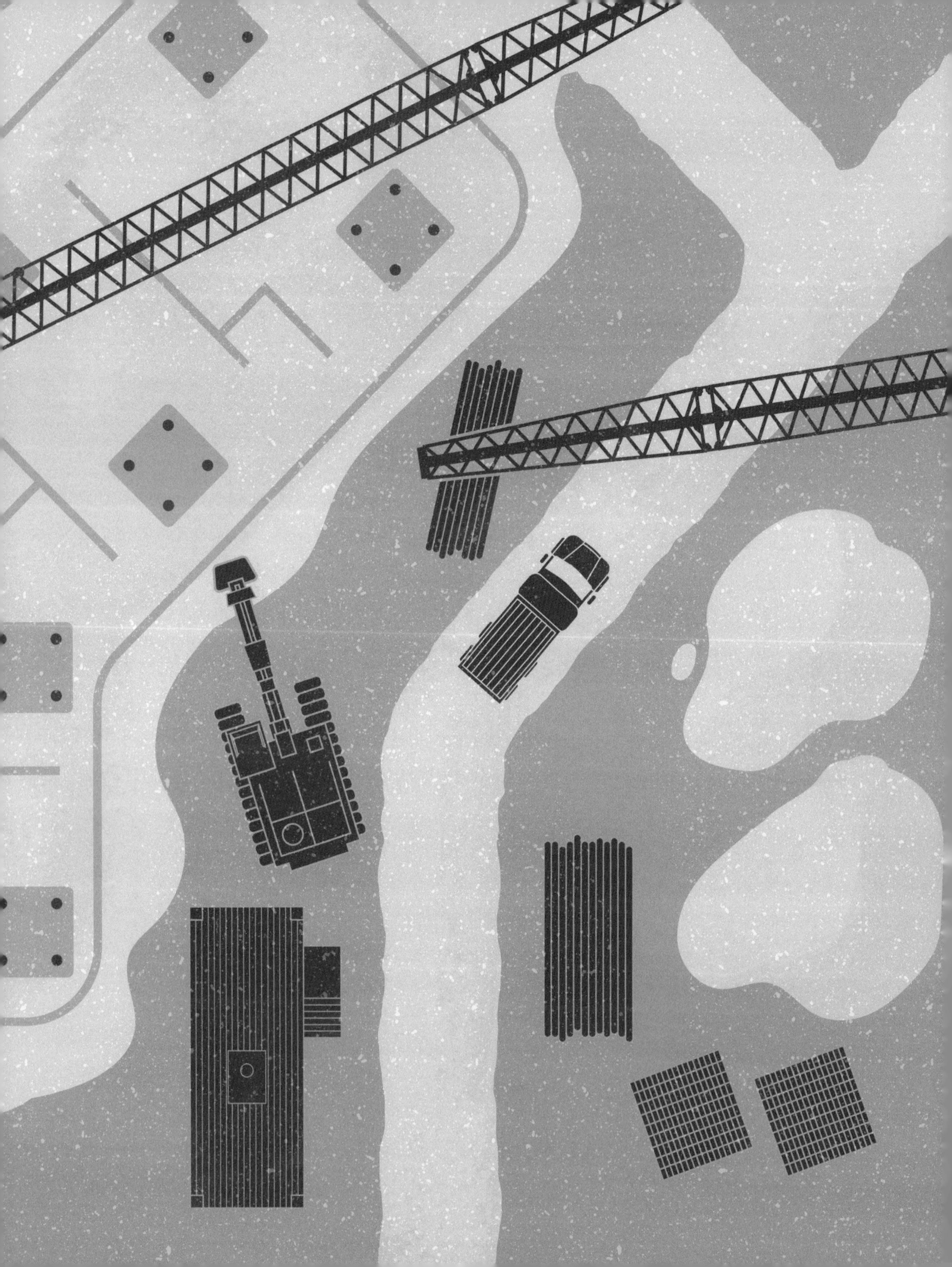

8

營建
CONSTRUCTION

引言

所有基礎建設都有一個共同點：必須建造。商店裡不可能買到現成的下水道系統或電網，相反的，這些複雜的設施得由人力和機械在現場建造。營建可能是麻煩事，也能是有趣的事，要由你的觀點（或你的通勤方式）來決定。營建工作似乎總是很嘈雜、混亂且進度緩慢。然而，龐大的設備和矻矻矻的工作態度，會讓看到此景的旁觀者感到驚奇和敬畏。親眼目睹原始材料在經過辛勤工作之後，逐漸形成一座結構物，是無可比擬的體驗；而且走過建築工地時，往往會因為持續的騷亂而多看幾眼。

雖然營建工程看起來很雜亂，但其實亂中有序。每個工人和每具設備都有特定的用途。單一工作的成果可能看起來微不足道，甚至平凡無奇，但是就像前面幾章所展示的，它們會積少成多、聚沙成塔。你可以一時興起的觀察營建工地的機械和設備，也可以經常駐足觀看，對它的穩定進展感到驚奇。無論你選擇哪一種方式，總能在營建工地看到一些有趣的事物。

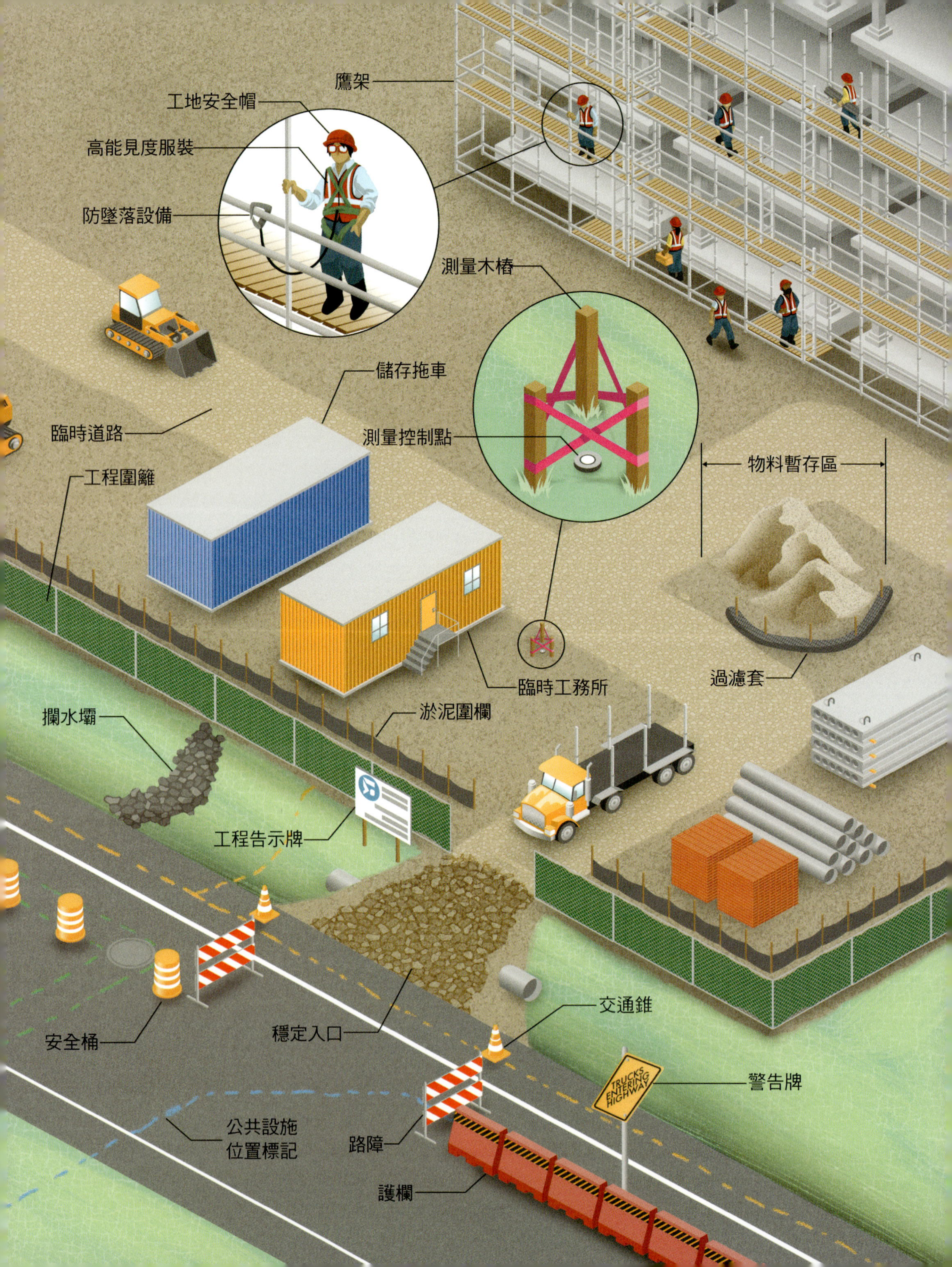
鷹架
工地安全帽
高能見度服裝
防墜落設備
測量木樁
儲存拖車
臨時道路
測量控制點
工程圍籬
物料暫存區
過濾套
臨時工務所
淤泥圍欄
攔水壩
工程告示牌
交通錐
安全桶
穩定入口
警告牌
TRUCKS ENTERING HIGHWAY
公共設施
位置標記
路障
護欄

8-1 典型的施工現場

無論是道路、橋梁、水壩、管路，還是任何其他興建中的基礎設施，建築工地乍看之下可能都是一堆雜亂無章的機器和活動。然而，仔細觀察，你就會開始了解它的規律。儘管每項營建案都是獨一無二的，但不同建案的施工現場往往非常相似。

在施工開始之前，測量員必須在地面上對施工項目的位置進行放樣（layout）。他們會把控制點設置在離亂糟糟的工地現場比較遠的地方，這樣在開始施工之後可以做為參考點。通常是用大釘子釘到底層的混凝土或瀝青，或者用鐵棒釘到土裡，來當做這種參考點。測量員經常用木樁和塑膠標示帶，來標記控制點和建案的其他重要位置或特徵。道路和管道這類有連貫的建設項目，通常會採用測站的座標系統。在美國，每個測站等於一百英尺。經常會看到站點上的位置標記為「沿著站點結構中心線的距離」加上「英尺數」，例如「STA12+50」表示該位置位於軸線上1,250英尺處。

除了測量之外，還必須識別和標記出所有地下公用設施，以確保挖土機不會意外損壞地下管線。地界定位人員會使用彩色噴漆，在地面上標記出公共設施的位置。在全世界很多地方，這些標記的顏色都是標準化的，例如：電力線路用紅色，電信線路用橘色，天然氣管路用黃色，下水道管路用綠色，飲用水管路用藍色。另外，白色油漆用來表示施工期間要開挖的位置，而粉紅色則用在測量標記。

你在工地最先注意到的可能是工程告示牌，它用來標示參與的營造公司，告知大眾這項工程的名稱和目的，並發布像是建築執照等重要資訊。

除了結構物本身之外，建築工地的大部分區域通常專門用來移動和儲存建材。重型設備和大型卡車需要空間來移動，以及裝載和卸載物資。讓這些大型車輛直接在地面上行駛，通常會造成地面泥濘不堪，尤其是在下雨後。因此，承包商通常會在工地修建臨時道路，以保持施工道路暢通。此外，大多數工地現場都會設置物料暫存區，好讓工程後期使用的設備和物料可以卸貨和存放。

雖然乍看之下，營建工程似乎有很多閒置的時間，但是任何做過這一行的人都會告訴你，這項工作真的非常辛苦。建築工地上的大多數人，都是具備專業技術的工人，例如泥水工、木工、焊工、油漆工和鐵工。此

外，你可能會看到一名監督該工程的監工、一名確保工程根據計畫和規範施工的檢查員；此外，還有勞安人員負責監看可能發生事故的狀況，並且在任何危險造成傷害之前把事情解決。

由於有大型車輛、危險工具，而且要在危險的地點和高處工作，所以建築工地特別危險。你在現場觀察到的許多元素，都和勞工安全有關，包括每個人穿戴的<u>防護裝備</u>。現場的工人和其他工作人員通常需要佩戴<u>工地安全帽</u>，以免被掉落的東西砸到，或撞到突出的物體。工人還穿著顏色鮮豔、帶有反光條的<u>高能見度服裝</u>，以防止沒看到人而發生事故。工人在高空作業時，會使用<u>鷹架</u>做為臨時平台，進入不易到達的區域。工人可以佩戴<u>防墜落設備</u>（像是安全索和繫繩），以避免在高處或深坑附近工作時跌落。

除了保護工人，營建工程還必須考慮到民眾的安全。大多數工地都會加上圍籬，以防止行人誤入危險區域。有時工地還會設置擋板，避免塵土被風吹得到處都是，也藉著隱藏昂貴的工具和設備來防止竊賊。

公共安全對於道路工程相當重要，這類工程通常需要封閉車道，或是從工地旁繞道而行。承包商會安裝<u>交通錐</u>、<u>安全桶</u>、<u>護欄</u>和<u>路障</u>來引導車輛轉向，遠離施工活動。<u>警告牌</u>和柵欄一向使用橘色，好讓車輛駕駛可以輕易和其他告示牌做區分，得以小心通過工作區域。

營建工程不是只涉及辛苦的人力勞動和使用電動工具。和任何其他行業一樣，營建業的大部分工作都在辦公室進行，例如訂購材料、審查計畫、召開會議和回覆信件。在大型工程項目中，承包商通常會派出辦公室全部人力到現場支援施工，以確保工程順利進行。你可能會看到一輛或好幾輛拖車做為<u>臨時工務所</u>，供承包商、現場工程師或業主在需要時使用。可能還有一些拖車用來存放工具和建材。

施工造成的其中一種公害，是它會擾動土地。沒有保護層的土壤很容易被雨水沖走，這些懸浮的沉積土壤被視為汙染物，因為它們會降低自然水體的品質，也影響到野生動物的棲息地。因此，大多數營建項目都必須有控制雨水逕流、防止雨水把土壤帶離工地的設施。<u>淤泥圍欄</u>和<u>過濾套</u>可以減緩逕流，使沉積土從懸浮液中沉降。<u>穩定入口</u>則採用石頭在車輛出場之前震落輪胎上的泥土。最後，會在水道中放置<u>攔水壩</u>來防止水流太集中，藉此減少土壤受到侵蝕。

仔細瞧瞧！

　　許多類型的基礎設施，包括碼頭、橋梁和水壩，地基都建在水面下。人類和機械都無法順暢施作的營建地基，是工程的一項重大難題。因此，許多水面以下的施工都要最先排除水，以便能在乾燥的環境中進行，這個過程稱為「**降水**」。這通常需要使用**沉箱**，來暫時阻擋營建工地的水。沉箱通常由土質或分層堆石的堤圍、鋼板緊密連接而成的**板樁**、塑膠膜包覆的鋼骨，或是灌滿水的橡膠皮囊組成。這些做法不見得能完全防水，因此採用沉箱工法的營建工地，還需要用抽水機來維持該區域乾燥。施工完成後會拆掉沉箱，讓現場淹沒回到原本在水面下的狀態。對於河川和運河上的建築工地，降水過程還必須讓水流繞過工程。根據容積的不同，這些繞道的工作可以透過抽水機、臨時河道或隧道來處理，或者把一個建案分成好幾段工程來進行，引導水流從沒有在施工的工地流過。

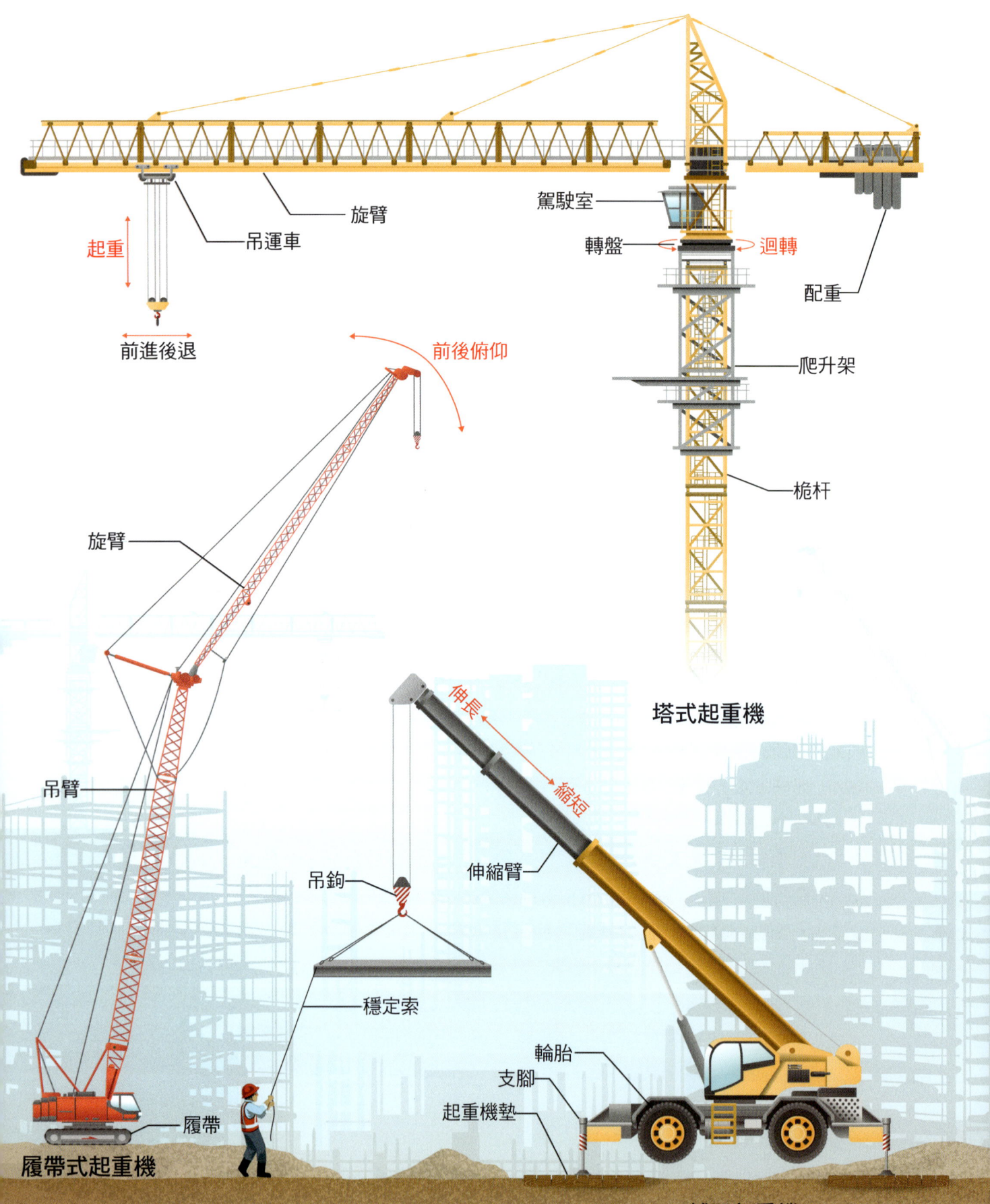

起重
前進後退
吊運車
旋臂
駕駛室
轉盤
迴轉
配重
爬升架
桅杆
塔式起重機

前後俯仰
旋臂
吊臂
吊鉤
伸長
縮短
伸縮臂
穩定索
輪胎
支腳
起重機墊
履帶
履帶式起重機
越野起重機

8-2 起重機

　　所有營建工程都可以歸結為處理建材：接收交付的貨物，以及存放、搬運和放置工程的所有料件、部件。當然，靠著血肉之軀也可以完成大部分工作，但是做這行的任何人都會告訴你，有很多事情只有靠起重機才能辦到。在很多工地現場，問題不在於是否要用到起重機，而在於要用多少具起重機和哪種起重機。有些建材與構件非常大、非常重，得仰賴這些營建業的骨幹，才能夠吊舉和安裝它們，進而使得營建工程進行得更快速、更有效率。

　　營建工地所用的起重機有很多種，每一種都有其優點。起重機通常分成兩類：移動式起重機和<u>固定式起重機</u>。移動式起重機有輪子或履帶，讓它們能移動到工地的不同工區。<u>履帶式起重機</u>是營建工地裡最大型、吊舉能力最強的移動式起重機。它們安裝在有一組<u>履帶</u>的底盤上，通常配置可以伸得很長、很高的鋼製<u>吊臂</u>。最大的吊臂由鋼條格架製成，不但重量輕，而且十分堅固。此外，許多製造商提供可以連接到吊臂末端的<u>旋臂</u>，讓起重機的作業範圍延伸得更遠。根據法規，履帶式起重機不可以直接上路行駛，所以通常是用卡車運到工地現場組裝。

　　和履帶式起重機一樣，<u>越野起重機</u>也是安裝在移動底盤上，只不過它們使用橡膠輪胎，而不是履帶。越野起重機最適合進入偏遠和難以到達的地點。它們通常比履帶式起重機小，因此安裝速度更快，並且更容易安裝到其他起重機無法安裝的空間中。許多越野起重機都配備<u>伸縮臂</u>，各段吊臂可向外延伸以擴大作業範圍。它們能在載重物時緩慢的行駛，所以可以在建築工地裡長距離搬運重物。然而，當起重機在固定位置放下<u>支腳</u>運作時，它們的額定荷重會顯著增加，這些支腳藉由把底盤從柔韌的輪胎上抬升起來，讓起重機更加穩定。<u>全地形起重機</u>的工作原理和外觀跟越野起重機相似，但它們是設計用在街道和高速公路上行駛，不需要用卡車拖運到作業現場；它們通常是最小型的移動式起重機，也是最通用的。

　　固定式起重機安裝在一個位置，並且在部分或整個施工期間維持不變。在建築工地上，最常見的固定式起重機是<u>塔式起重機</u>，

它由一個垂直的<u>桅杆</u>、以及一個從塔架延伸出來的水平<u>旋臂</u>組成。起重臂可以繞著<u>轉盤</u>上的桅杆往任一方向旋轉。安裝在旋臂上的<u>吊運車</u>則可以沿著旋臂行進，讓高空<u>駕駛室</u>裡的操作員能把吊鉤放到需要用到的位置。

安裝塔式起重機本身就是一件大工程，因此通常只用在工期比較長的工程項目，例如高樓建築。塔式起重機通常都有鋼筋混凝土底座，需要另一具起重機進行組裝和拆卸。有些塔式起重機能自行升高，當建築物從地面上起建時，容許桅杆增加高度。當桅杆的兩節互相脫離，由<u>爬升架</u>抬升起重機上面那節，把它們緊扣固定。接下來，起重機吊起新的桅杆標準節，把它插入爬升架撐高出來的開口，並且用螺栓鎖固定位。這個過程可能要看想達到多高，重複進行多次。

起重機的主要目的，是把吊掛的重物重新調整位置，或是從一個地方搬到另一個地方，因此起重機有很多種移動方式。幾乎所有起重機都有一個捲繞著鋼纜的捲筒。當起重機轉動捲筒使用纜索吊舉重物時，稱為起重（hoisting）。除了起重之外，有些吊臂還可以轉動，讓起重機能夠藉由鋼纜或液壓缸改變吊臂角度。當起重機的吊鉤吊著重物以吊臂向上轉動時，稱為<u>俯仰</u>（luffing）。有些起重機可以分別安裝吊臂和起重臂，以擴大搬運範圍。水平擺動吊臂或起重臂通常稱為迴轉（slewing）。最後，帶有伸縮臂的起重機可以將它們伸長或縮回，塔式起重機的起重車則可以向內或向外移動。

地面的觀察員會指揮起重機操作員，告訴他們做什麼動作來連接、固定、吊舉和放置重物。如果現場沒有無線電，則會使用標準化手勢來傳達指令。必要時，地面的人員還會使用<u>穩定索</u>來控制重物，防止它旋轉。

起重機在建築工地相當重要，但也可能極度危險。有很多作業方式是用來防止起重機翻倒的。木製的<u>起重機墊</u>經常被用來分散起重機產生的巨大壓力，防止它陷入地下。用鋼或混凝土製成的配重，則是用來平衡吊鉤上的重物，以避免起重機翻倒。最後，在刮大風的日子，<u>移動式起重機</u>通常會被卸下，塔式起重機則會鬆開制動器，讓旋臂可以<u>隨風擺動</u>，而不是和強風硬碰硬。

仔細瞧瞧！

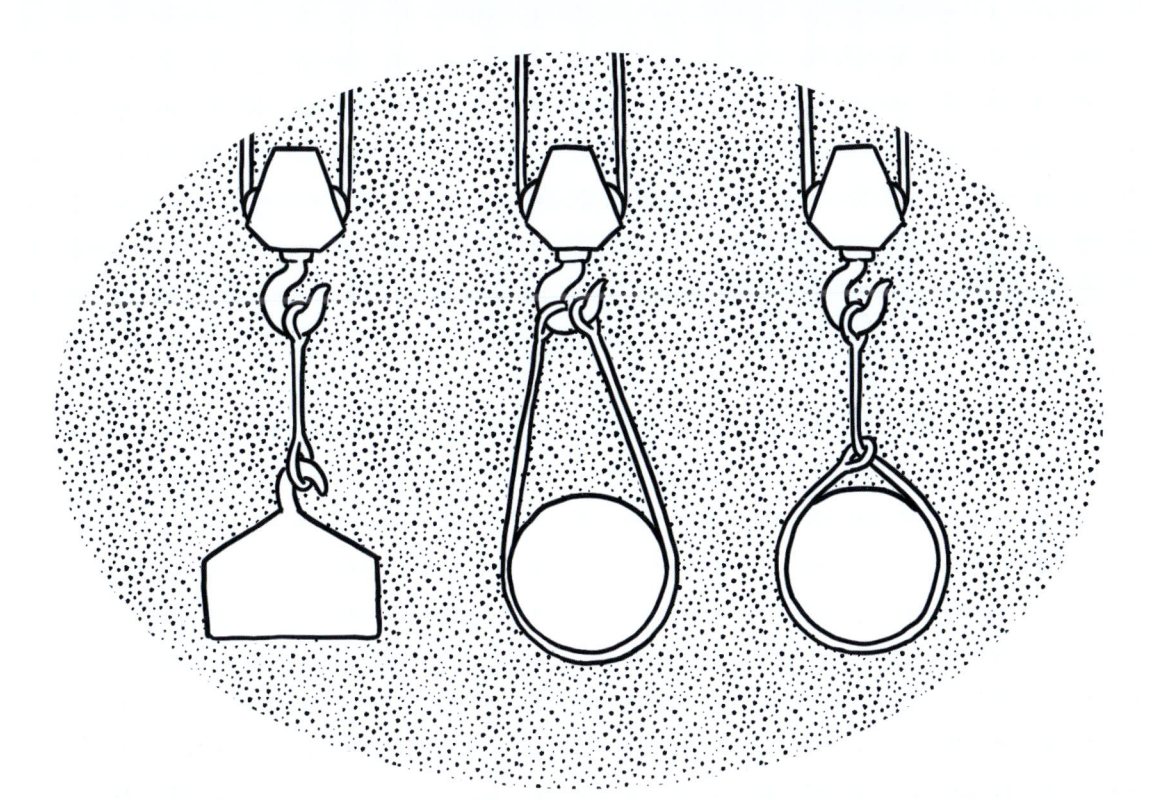

　　大多數起重機都使用吊鉤來連接吊掛的重物，但是需要吊舉的東西，很少具有可以好好安裝在巨大鋼製吊鉤上的附件。**上索具**這個專有名詞，是用來描述把重物連接到起重機上，以便吊掛和搬運的所有步驟。索具工最常用的工具是**吊索**：簡單的一段纜繩、鏈條、繩索或織帶，兩端都有孔眼或鉤頭。吊索通常會用在三種基本**吊掛法**的其中一種。在垂直吊掛法中，吊索的一個孔眼連接到鉤子，另一個孔眼連接到重物上的連結點。在籃式吊掛法中，吊索穿過吊掛的重物下方，兩個孔眼都掛到吊鉤上。最後，在緊束式吊掛法中，吊索的一個孔眼環繞過重物，穿過另一個孔眼，並連接到鉤子上。索具中使用的每個吊掛法，都具有不同的額定載重，而且相對於其他吊掛方法都有特定優勢。下次你看到起重機吊舉重物時，可以觀察吊索使用的是三種吊掛法中的哪一種。

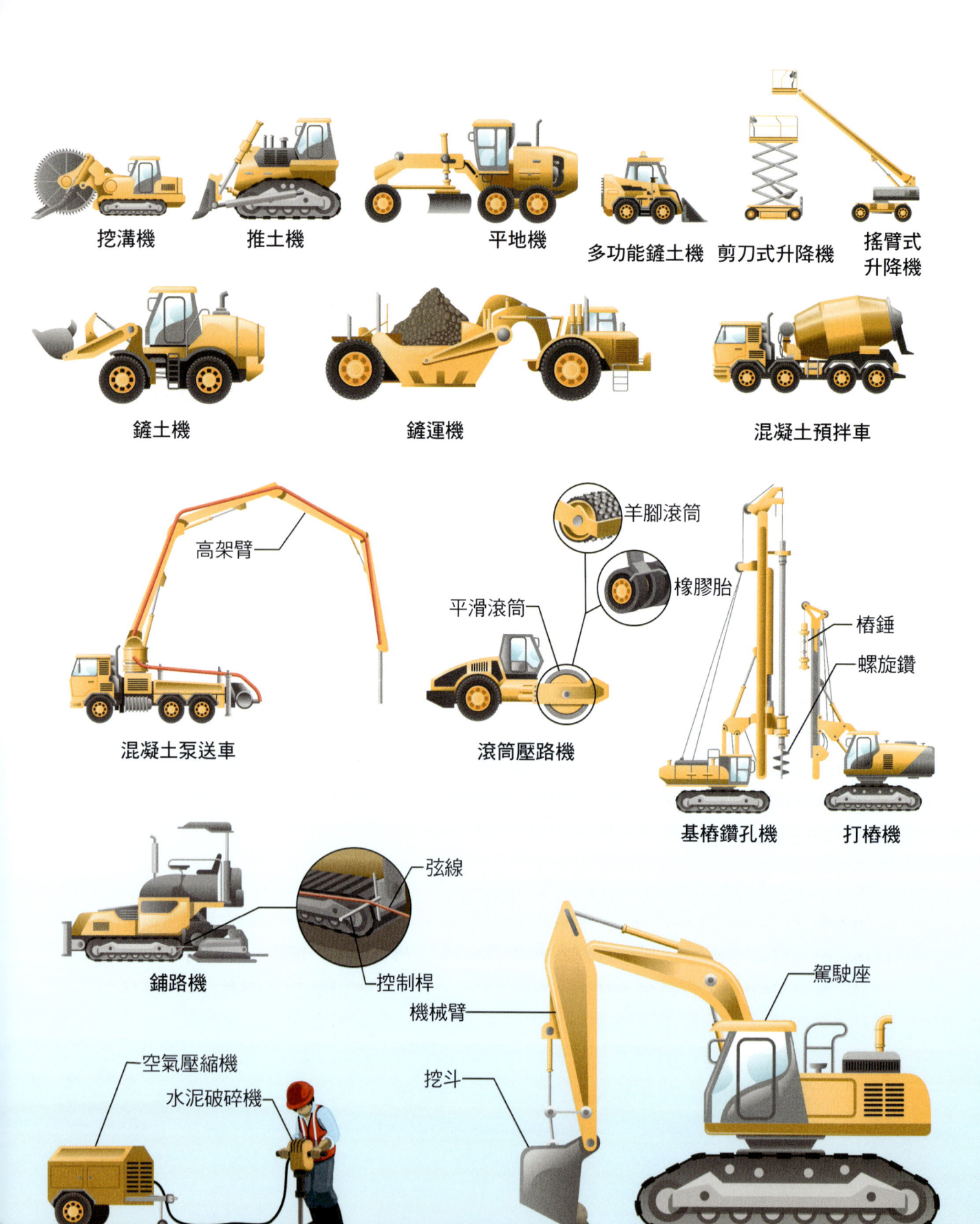

挖溝機	推土機	平地機	多功能鏟土機	剪刀式升降機	搖臂式升降機
鏟土機		鏟運機		混凝土預拌車	

混凝土泵送車
- 高架臂

滾筒壓路機
- 平滑滾筒
- 羊腳滾筒
- 橡膠胎

基樁鑽孔機
- 螺旋鑽

打樁機
- 樁錘

鋪路機
- 弦線
- 控制桿

挖土機
- 駕駛座
- 機械臂
- 挖斗

- 空氣壓縮機
- 水泥破碎機

8-3 施工機械

　　沒有什麼東西比重型設備更能把人力加倍放大。除了上一節描述的起重機之外，建築工地還用了很多機器來提高工作速度和效率。儘管施工機械好像只是敲擊聲和備用警報聲這類雜音，但是如果沒有使用它們的搬運、壓實、傾倒、鑽孔、傳遞、破碎和建造的能力，就不可能出現現代的建築和基礎設施。當然，我沒辦法寫出建築工地上可能看到的所有設備，但是如果你有留意的話，一定會看到這裡寫到的設備。

　　大量建築機械用在執行土方工程：搬運和放置土壤與岩石。挖土機因為用途廣泛，所以很多建築工地都會採用。它們基本上是由<u>挖斗</u>、<u>機械臂</u>和會轉動的<u>駕駛室</u>組成，但是也有許多其他附件和配置。挖土機使用液壓油缸來執行各種功能，包括挖坑和挖溝、清除斷垣殘壁，甚至像起重機一樣吊舉和放置重物。挖土機有許多尺寸，從可以裝在皮卡車後車斗的小型挖土機，乃至大到無法在高速公路上整車運送的巨型機器。<u>挖溝機</u>則是另一種專用的挖掘機器，它使用有齒的轉輪或鏈條在地面上挖出長溝，用來安裝管路、排水溝、電線和其他線狀的設施。

　　<u>推土機</u>具有用來推動物料的大型推土刀。它們可以清除工地上的矮樹叢、樹木和大石頭，把土推開一小段距離，還有把回填土大面積鋪平。<u>平地機</u>和推土機一樣，也配備長鏟刀，不過精確度更高，使得操作員能夠高精度整平土地或整出坡度。<u>鏟土機</u>沒有配備鏟刀，而是配備了大鏟斗，用於挖掘和運輸大量土壤。這些機器也分成很多尺寸，從小型工地使用的小型<u>多功能鏟土機</u>，到礦山使用的大型輪式鏟土機。當必須在工地裡把大量土壤從一邊搬到另一邊時，就很適合用<u>鏟運機</u>。鏟運機就像木匠刨子一樣挖進土裡，將土壤剷進車子的料斗。接下來，這些土可以直接用鏟運機運送和傾倒，不需要再裝到像是自卸卡車的其他車輛上。

　　有許多建築機械是專門用在道路施工的。<u>鋪路機</u>用在道路、橋梁和停車場鋪設瀝青，以及建造混凝土路緣、排水溝、護欄和高速公路。自卸卡車或鏟土機把瀝青或混凝土送入鋪路機裡，機器一邊行駛、一邊使用一連串機械裝置，鋪設一層均勻平順的路面。製造混凝土路面的鋪路機使用一種稱為「滑模」的方法，來鋪設連續的形狀，像是路緣石和高速公路護欄。由於路基不見得是完全水平的，許多鋪路機和滑模鋪路機會使

用控制桿，沿著測量員根據道路設計路線設置的弦線行進，以控制桿控制鋪路機的轉向和位置，確保道路和其他地形平滑且一致。

混凝土結構會自行固化和硬化，但土質材料和瀝青路面必須壓實到定位。在大型工程中，這種工作通常會交給<u>滾筒壓路機</u>來完成，這種重型車輛帶有一個或兩個平滑滾筒，可以在滾壓過土壤或瀝青時進行壓實。有一些壓路機採用橡膠輪胎，這有助於擾動路基或瀝青，加快壓實過程。同樣的，對於比較黏的黏土，壓路機有時會使用有紋路的<u>羊腳滾筒</u>。最後，還有許多壓路機可以振動，來增強其抹平和壓平路面的能力。

有的建築工地需要用到鑽孔、或是打入地下的直立結構構件，來構築擋土牆和地基；在這樣的工地經常用到樁。<u>打樁機</u>使用大型<u>樁錘</u>或振動機構，把鋼骨或混凝土樁打入地下。在要把樁安裝到孔裡的地方，<u>螺旋鑽</u>或其他旋轉工具的<u>鑽孔機</u>就能派上用場，用來開挖樁孔。

許多建築工程都需要在工地現場進行灌漿。你可能見過<u>混凝土預拌車</u>把混凝土從工廠運輸到工地現場。大型預拌筒裡有螺旋狀的攪拌葉片，預拌筒沿著一個方向旋轉時，會一直攪拌混凝土的成分，防止它們在運輸途中分離。當預拌筒往另一個方向旋轉，混凝土會被推向滾筒後半部並卸料。有些工程可以直接使用卡車上的混凝土，但經常有難以直接給料的地方需要混凝土。因此，預拌車通常會把物料卸到混凝土泵送車裡，由它使用輸送管泵送混凝土漿。有些混凝土輸送泵還設有鉸接式高架臂，可以把混凝土澆注在任何需要準確灌漿的地方。

另一類建築機械稱為<u>高空升降機</u>，其目的很簡單，就是把工人安全送到危險的工作區。<u>剪刀式升降機</u>是由一個操作員駕駛的行動式基座、以及在交叉形支架上垂直升起的作業平台所組成。剪刀式升降機只能垂直升降，因此不能操作讓工人繞過障礙物。<u>搖臂式升降機</u>使用液壓升降臂支撐平台，能更自由的進入建築工地難以作業的區域。

當然，除了建築工地上使用的許多車輛，工人們還用到許多電動手持工具。一些最重要的施工工具是氣動的（也就是由空氣驅動），因此現場需要<u>空氣壓縮機</u>。在建築工地裡經常會看到車載式空氣壓縮機，用來給水泥破碎機、鑽頭、磨床、釘槍，以及工人使用的其他許多工具提供動力。

仔細瞧瞧！

　　隨著更新穎、更先進的技術出現，施工設備的效能也在快速提升。全球定位系統（GPS）是徹底改變土方工程界的一項創新。建築工地裡不太需要地圖導航，但是GPS技術提供了許多超出我們汽車正常使用方式的應用。GPS裝置知道機器在工地的哪個地點，以及其工具和最後整平面（工程需要達到的地面高程）的相對位置。傳統的工程要求測量員仔細標定土方工程的位置與範圍，有時候在整個施工過程中要進行好幾次。支援GPS的設備會使用該工程的數位化模型和安裝的界面，精確的向作業員顯示要引導機器到什麼位置。在有些情況下，GPS設備甚至可以自動控制鏟刀或鏟斗。許多系統會在機器上安裝好幾個圓形天線，所以很容易看出該設備是否有用到GPS系統。

致謝

我非常感謝那些協助這本書付梓的人：我的妻子克莉絲朵，她一直支持著我，有時也很有趣，是我一生的摯愛。

我的兒子克里夫，他無意間促成我選擇了和工程有關的職業，而不是直接從事這一行。

我的兄弟葛拉罕，他明白告訴我怎麼承擔風險，他是我的軍師，也是對我最有益的批評者。

我的表弟塞繆爾，他是第一個報名「那是什麼基礎設施？」活動的人——這是我所創造的公路旅行遊戲，這樣一來我就能暢談土木工程的事。

我的摯友和合作者Wesley Crump，他最早建議我寫書，後來在我決定付諸行動時，還成了非常珍貴的團隊夥伴。

我的父母，喬和卡洛爾，他們的支持、鼓勵，以及所有重要生活技能的身教，引領我到達了他們早已知道我注定達到的目標。

我的編輯Jill Franklin和No Starch Press出版社的所有同仁，他們一下子就明白我想做什麼，耐心的引導我寫完這本書，並且相當盡心盡力的創作出特別的作品。

感謝由Brad Hodgskiss所帶領的MUTI插圖小組，他們把我那一大堆庫存圖片和鬼畫符，轉換成了極具想像力的藝術作品。

謝謝以下這些技術審閱者提供了他們的智慧和經驗，揪出我的錯誤，並改良了每一章的內容：Thomas Overbye、Robert Weller、Laurence Rillet、Brian Gettinger、John Sobanjo、Erol Tutumluer、Tina McMartin、Jennifer Elms，以及Brandon White。

我在德克薩斯州立大學和德克薩斯農工大學的所有教授們，以及我在「Freese and Nichols」的前同事，謝謝你們和我分享對於工程、建築、環境科學等領域的熱愛與專業知識。

最後，感謝YouTube《實用工程學》和其他地方的所有粉絲，謝謝你們的評論、來信和觀看，如果沒有你們過去六年來的鼓勵和回應，我不可能寫出這本書。

詞彙表

1 電網 1

電網 electrical grid：由相互連接的發電業者及用戶組成的網路，通常會涵蓋很大的區域。

1-1 電網概覽　3
發電 generation：電力配送的第一個階段，有關於藉由各種方法產生電力。

輸電 transmission：電力傳輸的中間階段，關係到把電力從發電設施傳送到人口集中地區。

配電 power distribution：電力輸送的最後階段，把電力從輸電系統輸送到各個終端用戶。

變電站 substation：包含了用來連接與控制電網各部分的開關、變壓器以及其他設備的設施。

限電（供電不足）brownout：電力供應的電壓下降，通常是由於電網中斷或過載造成的。

停電 blackout：電力中斷導致最終用戶完全斷電。

負載跟隨 load following：增加或減少發電量以符合需電量變化的做法。

風力發電廠 wind farm：由一組風力渦輪機組承的發電設備。

熱力發電廠 thermal power station：利用熱能產生蒸汽並驅動渦輪發電機的發電設施。

輸電線路 transmission line：用來大量傳輸電力的導線系統。

降載／減載 load shedding：對某些客戶群暫時中斷供電，以降低對電網的整體電力需求，這做法通常是為了防止設備發生不可控的斷線或損壞。

電流 current：帶電粒子通過電導體的運動。

交流電 alternating current (AC)：電流方向會週期性反轉的電流。

直流電 direct current (DC)：電流方向為單向。

變壓器 transformer：請參照電力變壓器。

相位 phase：在交流輸電或配電電路中的其中一個帶電線路。

1-2 熱力發電廠　7
熔爐 furnace：用來產生熱能的裝置；與鍋爐一起使用，從液態水生成水蒸氣。

鍋爐 boiler：與熔爐一起使用，從液態水生成水蒸氣的容器。

貨運列車 freight train：鐵路上由一個或多個機車頭牽引的一組車廂。

堆煤機 stacker：用來把煤炭和其他散裝物料移入或移出囤放區的機器。

碎煤廠 crusher：用來把煤炭等散裝物料破碎成小尺寸的設備。

輸送帶 conveyor belt：藉由驅動軟性皮帶來移動物料的裝置。

儲存筒倉 storage silo：用來容納散裝物料的結構。

煙道氣 flue gas：燃煤然氣發電廠排出的廢氣。

集塵袋室 baghouse：一種使用集塵布袋做為過濾器去除顆粒物的空氣汙染控制裝置。

靜電集塵器 electrostatic precipitator：利用電荷去除空氣中的細小粒子的裝置。

淨氣器 scrubber：用來減少空氣汙染的裝置，通常使用液體噴霧。

核電廠 nuclear power station：利用核反應爐做為熱源的發電廠。

分裂 fission：又稱為裂變。使原子核分裂分解

成兩個以上比較輕的原子的反應。

核反應爐 reactor：用來控制核反應的結構。

核反應爐安全殼 containment building：核反應爐周圍的氣密建築，目的是在緊急情況下控制放射性氣體的外洩，並保護反應爐設施免受攻擊。

混凝土 concrete：由水泥、骨材、水和其他添加劑混合，形成堅固、耐久的固體物。

燃料處理建築 fuel handling building：核電廠內裝有處理和儲存核燃料的設備和區域的建築物。

行政大樓 administrative building：就以發電廠裡的情況來說，就是指行政管理員工（包括工程師）的辦公室所在的建築。

渦輪機 turbine：把風力或蒸汽推力轉換成繞轉軸旋轉的動力的機器。

冷卻塔 cooling tower：去除水流熱量的裝置。

1-3 風力發電廠　11

塔架 tower：用來支撐或升高裝置或組件的高大結構。

扇葉 blade：與風相互作用來驅動渦輪機的元件。

基礎 foundation：把結構物連接到地面的部分。

渦輪機機頭 hub：連接輻條或槳葉的旋轉裝置的中心部分。

機艙 nacelle：包覆著風力渦輪機變速箱、發電機和其他內部設備的流線型外殼。

轉子軸 rotor shaft：風力渦輪機中心的旋轉部件。

齒輪箱 gearbox：內有一組齒輪的機件箱，可以把輸入軸的轉速和扭力轉換到輸出軸。

發電機 generator：將機械能轉換成電能的機器。

偏擺 yaw：相對於垂直軸的轉動。

風速計 wind sensor：用來測量風向和風速的裝置。

旋角 pitch：槳葉相對於渦輪機軸心的角度。

貝茲極限 Betz limit：理論上使用渦輪機可以從風中取得的最大功率，約等於風的總動能的59%。

GPS, Global Positioning System：全球定位系統，依據衛星定位的導航系統。

1-4 輸電線塔　15

輸電線塔 transmission tower：用來支撐輸電線路裡的空中導線的結構。

導線 conductor：能夠讓電流流動的物體或材料種類。

電阻 resistance：材料對電流流動的抵抗力的量度值。

電路 circuit：在輸電線路中，對應到基本電力網路三相的三條導線的排列。

電壓 voltage：兩點之間電位差的量。

電位 electric potential：又稱為「電勢」，是用來描述電場中某一點能量高低的物理純量。

橋塔 pylon：參照輸電線塔。

用地先行權 right of way：緊鄰線性結構或公用設施（例如輸電線路）下方或附近的一條帶狀土地。

鏤空電塔 lattice tower：以桁架型式組裝的結構構件框架所組成的輸電塔。

樁／基樁 stake：打入地下的柱子或柱狀物。

絕緣子 insulator：阻止電流流動的裝置或材質。

懸掛式電塔 suspension tower：架空電力線的一種支撐方式，不能抵抗導線太大的水平張力。

張力式電塔 tension tower：架空電力線的一種支撐方式，即使在不平衡時（例如在最終點或是線路方向改變的時候）也能抵抗導線拉力。

電弧 arc/flashover：突破兩個電極之間空氣，使電流可以流通的現象，通常可以看到很明亮

的放電。

屏蔽線 shield wire：沿著傳輸線上方延伸的接地導體，用來保護帶電導線免受雷擊。

接地電極 grounding electrode：用來和地面進行接地的導電元件。

轉置塔 transposition tower：一種改變輸電線路中各相位相對位置的輸電塔。

1-5 輸電線路組成　19

股 strand：組成電纜的許多元件裡的單一元件。

集膚效應 skin effect：交流電電流沿著導體表面流動，而不是在整個橫截面流動的傾向。

電量放電 corona discharge：在帶有高電壓的導體四周的空氣所產生的游離現象。

分隔器 spacer：在高壓輸電線路上，把一組導線的多根同相導線固定住的裝置。

束 bundle：一組具有相同電位的平行導線，和單條大導線相比，可以減少電量放電並增加輸電容量。

電量環 corona ring：用來分散高壓導線上的電場梯度以減少電量放電的導電環。

減震器 damper (vibrations)：用來減少機械震動的裝置。

架空線減震器 stockbridge damper：一種用短鋼纜懸掛兩個重物組成的裝置，用來減少架空導線因為風吹造成的機械性震動。

航空警示球 warning marker：連接到傳輸線導線的球形裝置，讓飛機和其他人類活動更容易看到。

高壓直流 high-voltage direct current (HVDC)：一種電力傳輸類型，會在輸電線路起始處把電網的標準交流電轉換為直流電，並在線路末端將其轉換回交流電。

1-6 變電站　23

降壓 step-down：使用變壓器把高壓電降低到較低電壓的程度。

變電站 substation：包含了用來連接與控制電網各部分的開關、變壓器以及其他設備的設施。

輸電線路 transmission line：用來大量傳輸電力的導線系統。

母線 bus：一種導電元件，用來在變電站內的各種設備之間的電氣連接。

電力變壓器 power transformer：通常在電壓較高或較低的情況下，不改變頻率把電能從一個電路轉移到另一個電路的一種裝置。

饋線 feeder：配電線路裡，變電站連接到配電變壓器的線路。

斷路器 ccircuit breaker：一種中斷電流的保護裝置。

控制大樓 control building：變電站內裝有繼電器、控制器、電瓶、通訊設備和其他低電壓設備的建築物。

固定電極 static pole：變電站裡的一種獨立式結構，可保護設備不受雷擊。

避雷針 lightning rod：安裝在高處，可以為雷擊建立優先的導電路徑，以保護結構物或靈敏的設備的導電元件。

避雷器 arrester：一種在電湧期間把電流傳送到地面的保護裝置。

等電位 equipotential：在每個點都有相同的電壓。

接地網 ground grid：用來在設備和地面之間建立等電位的一組導電元件陣列。

空氣絕緣開關 air insulated switchgear：依靠戶外做為絕緣體的電力站和變電站裡所使用的開關、保險絲、斷路器和其他設備。

氣體絕緣開關 gas insulated switchgear：在發

詞彙表　215

電廠和變電站裡所使用，以六氟化硫氣體包覆封裝做絕緣的開關、保險絲、斷路器和其他開關設備。

六氟化硫 sulfur hexafluoride (SF$_6$)：在電氣開關設備裡做為絕緣體之用的一種緻密氣體。

1-7 變電設備　27

真空斷路器 vacuum breaker：一種斷路器，其接點安裝在真空室內，讓形成電弧的可能性減到最小。

電磁作用 electromagnetism：帶電粒子和磁場之間的交互作用。

疊片鐵芯 laminated core：在變壓器內部，做為磁路的主要路徑的導電元件。

絕緣套 bushing：一種中空的絕緣子，可以讓帶電導線穿過金屬外殼。

散熱器 radiator：用來把熱量散發到周圍空氣以冷卻流體或設備的裝置。

油枕 conservator：為變壓器內的油升溫膨脹時，提供容納空間的儲油槽。

分段開關 disconnect switch：在通常不打算中斷承載大量電流的線路，進行維修或保養時用來使設備或導線斷電的裝置。

集電弓 pantograph：電力機車上用來從架空接觸線收集電流的裝置。

繼電器 relay：偵測到故障時用來讓斷路器跳脫的保護裝置。

互感器 instrument transformer：用來把靈敏的監控電路和電網的高電壓或電流隔離的裝置。

電壓互感器 voltage transformer：一種儀器變壓器，可以把大電壓值縮放為可使用儀器和繼電器測量的小電壓值。

電流互感器 current transformer：一種儀器變壓器，可將大電流值縮小為可使用儀器和繼電器測量的小電流值。

功率因數 power factor：在交流電電路裡，電壓與電流波形之間同步性的衡量標準。

電容 capacitance：導體在受到電勢差時儲存電荷的傾向。

1-8 制式電線桿　31

電線桿 utility pole：用來支撐架空配電線路、電信線路及相關設備的柱子。

配電 power distribution：電力輸送的最後階段，把電力從輸電系統輸送到各個終端用戶。

防腐劑 preservative：藉由防止微生物、昆蟲和真菌造成的自然分解，來延長木材使用壽命的化學物質。

接地線 earth wire：用來把電線桿或設備連接到地面的電線；用來做為防止觸電的安全措施。

電極 electrode：連接到像是土壤或空氣這類非金屬介質的導電導體。

斜索、牽索 guy：用來穩定獨立式天線塔或電線桿的鋼索。

應變絕緣子 strain insulator：一種電力絕緣子，用來承受懸吊電線或電纜的拉力。

初級配電導線 primary distribution conductor：請參照1-6的「饋線」。

初級配電線路 primary electrical distribution：配電變壓器高壓端的配電線路。

配電變壓器 distribution transformer：把配電線路中使用的電壓降低至終端用戶所需的最終電壓等級的變壓器。

接入線 drop：電信網路和終端用戶之間的連接。

橫杆 cross arm：以直角固定在電線桿上的桿件，用來支撐電力線、公用設施管線或其他設備。

中性線 neutral：在電路中做為電流返回路徑而

且通常處於接地電位的導線。

穩壓器 voltage regulator：對配電饋線進行小幅調整，把電壓維持在規定範圍內的一種電力變壓器。

1-9 配電設備　35

分相式 split-phase：一種電力服務，提供兩條互為180度異相的交流線路和一條共用的中性線。

額定功率 power rating：特定設備設計的最大功率。

千伏安 kilo-Volt-Ampere (kVA)：交流電電路裡用來計算功率的單位。

千瓦 kilowatt (kW)：在純粹為電阻負載的直流電路或交流電電路裡用來表示功率的單位。

保險絲熔斷開關 fused cutout：一種可以做為主電線上的開關和保險絲，用來保護和隔離配電變壓器的裝置。

自動繼電器 recloser：一種斷路器，可以在短暫延遲後自動重新給電路通電，以保護設備免受短暫故障的影響。

隔離開關 isolation switch：請參照分段開關。

導管立管 conduit riser：用來保護沿著電線桿延伸的電線的垂直管。

電纜頭／電纜終端 pothead/cable termination：架空線路中使用的裸露電纜與地下應用中使用的絕緣電纜之間的電導線轉換交接處。

基座安裝式配電變壓器 pad-mounted transformer：和地下配電線路一起使用，安裝在地面鋼製外殼內的配電變壓器。

2 通訊　39

電信 telecommunications：使用各種技術進行長距離資訊傳輸。

2-1 高架電信通訊　41

高架電信通訊 overhead telecommunication：安裝在地面上方用電線桿支撐的電話、光纖或同軸電纜。

共用電桿 joint pole：由多個公用事業業者共用的電線桿。

初級配電線路 primary electrical distribution：配電變壓器高壓端的配電線路。

次級電線線路 secondary electrical line：配電變壓器低壓側的配電線。

安全區 safety space：電線桿上通電電源線下方的區域，提供電信技術人員防電擊保護。

通訊線路區 communication space：在共用電桿上連接到電信線路的最低空間。

電話 telephone：可以進行長距離通話的設備。

有線電視 cable TV (CATV)：使用同軸電纜或光纖電纜提供個人客戶電視與網路服務的電信網路。

同軸電纜 coaxial cable：一種用來傳輸高頻訊號的電纜線，其內部導線由外層屏蔽導體包覆著。

光纖纜線 fiber-optic cable：一種柔性、透明的纜線，用來傳輸光線做為數位通訊的一種方式。

承力吊索 messenger wire：在高空用途所採用，用來支撐訊號傳輸電纜的結構性纜索。

8字形電纜線 figure-8 cable：一種應用在戶外架空線路的電纜，在單一的電纜外皮裡包含了電信線路和承力吊索。

外皮 outer jacket：導線周圍的保護層。

普通老式電話服務 plain-old telephone service (POTS)：傳統式透過雙絞線導線傳輸類比訊號的語音級電話系統。

雙絞線 twisted pair：電路中的兩條一組的電線，絞合在一起以減少電磁干涉。

本地電話交換機 local telephone exchange：連接電話線路讓用戶之間能建立連線的設施。

光化交接箱 splice enclosure：保護電纜拼接處以免受到天氣損壞的外箱。

頭端 head-end：在CATV網路裡用來接收訊號分配到在地用戶的設施。

放大器／線路延長器 amplifier/line extender：一種增強訊號強度的設備。

有線電視電源供應器 CATV power supply：提供有線電視網路上遠端放大器的電源。

次級電壓 secondary voltage/mains voltage：提供給最終用戶的供電電壓（在美國通常為120V 和 240V）。

接入線 drop：電信網路和終端用戶之間的連接。

延長迴路 expansion loop：有線電視線路裡的未拉緊的纜線段，以容許電纜受熱造成的移動。

標記（電信線路）marker (telecommunications lines)：在電信線路周圍加上的塑膠包覆，用來識別線路類型或是來源。

光纖接線車 splicing truck：配置了用來熔接光纖電纜的設備的車輛。

預留光纜圈 slack loop：架空光纖纜線為了拼接或維修之用，所預留多出來的長度。

纜線架 storage bracket：一種用來收納架空光纖纜線多餘的長度，或是改變光纖纜線方向同時保持足夠的彎曲半徑的裝置。

2-2 地下的電信通訊　45

纜線管道 duct：安裝在地下的管道或導管，電信線路就沿這些管道佈線。

挖溝 trenching：挖掘出線狀區域，通常用來安裝地下公用設施。

定向鑽孔 directional boring：一種不需要挖溝即可沿規定路徑安裝地下公用設施的方法。

挖土機 excavator：一種營建機械，由機械臂、挖斗和可轉動的駕駛座組成。

溝 trench：一種線狀的開挖區域，通常用來安裝地下公用設施。

警示膠帶 warning tape：用來標示地下公共設施位置的軟性帶子。

定向鑽孔機 directional drill rig：一種能進行水平導向鑽孔來安裝地下公用設施的機器。

入口坑 entrance pit：要進行水平鑽孔時，做為起點的開挖區域。

鑽杆 drill string：把扭力傳遞到鑽頭的管路或轉軸的組合件。

絞刀 reamer：用來把鑽孔擴孔的工具。

捲線盤 spool：讓電纜捲繞在上面的圓柱形裝置。

天線 antenna：充當無線電波和電子訊號之間連接介面的裝置。

電纜窨 cable vault：提供可進入接觸到地下電纜的封閉區域。

地下電信設備 underground telecommunications：安裝在地下的電話、光纖或同軸纜線。

通信機櫃 communications cabinet：保護通訊設備免受天氣影響和人為破壞的外殼。

跨接器 jumper：用來連接進線和出線的短導線。

百葉窗 louvers：有著有斜度條狀板片的水平開口，可以讓封閉的機櫃通風。

光節點 optical node：把光纖纜線訊號轉換成無線電頻率，並透過同軸電纜線路發給訂閱戶的設備。

遠程數據集中器 remote concentrator：把多條

電話線連接到較少交換路徑的設備。

基座 pedestal：可連接到地下電信線路的一種小型保護性機箱。

分接頭 tap：為有線電視饋線提供多個連接點，給個別客戶接入線使用的裝置。

中繼器 repeater：接收訊號並重新傳輸以擴大傳輸範圍的設備。

T1：一種讓數位資料能夠經由電話線傳輸的通訊技術。

DSL／數位用戶線路 digital subscriber line：一種可以透過電話線路傳輸數位資料的通訊技術。

2-3 無線電天線塔　49

無線電天線塔 radio antenna tower：用來延伸安裝天線的視線一種直立結構物。

警示燈 warning light：電塔塔頂的閃爍燈，用來對飛機增加可見度。

自承重（天線塔）self-supporting tower：一種不依賴牽索支撐的垂直結構。

牽索式（天線塔）guyed tower：依靠牽索支撐的直立結構物。

地錨 anchorage：安裝錨的岩石或混凝土結構。

發射台機房 transmitter building：容納無線電天線塔附近的發射機和其他設備。

調幅廣播 AM radio：以訊號強度與訊息強度成正比變化的無線電波來傳播訊息。

調頻廣播 FM radio：訊號頻率與訊息頻率成正比變化的一種無線電波傳輸資訊的方式。

天線饋線 feed line：連接無線電發射器到天線的電纜。

冰橋 ice bridge：保護天線饋線不會有降冰的結構。

主機代管 colocation：數個服務營運商共用同一個無線電天線塔或天線架設結構。

全向天線 omnidirectional antenna：在所有方向發射或接收相同強度訊號的天線。

單極天線 monopole antenna：由安裝在稱為接地面的導電表面上方的單一導電元件所組成的天線。

偶極天線 dipole antenna：由兩個相同的導電元件，每個元件連接到饋線的一側而組成的天線。

定向天線 directional antenna：在特定方向以更大強度發送或接收訊號的天線。

拋物面天線 parabolic antenna：使用反射式天線來引導和集中無線電訊號的的天線。

八木天線 Yagi antenna：一種高度引向性設計的多單元天線。

偶極子 dipole：指兩個相隔一段距離、電量相等、正負相反的電荷。

對數週期天線 log-periodic antenna：具有專門設計以寬廣的無線電頻率運作的多個元件的定向天線。

天線陣列 antenna array：一組相互連接的天線，協同作用以定向發送或接收訊號。

火花間隙 spark gap：兩個電極排列成能讓電火花通過它們之間的間隙。

電壓突波 voltage surge/spike：指快速且為時短暫的大電壓。

2-4 衛星通訊　53

降頻 downconversion：為了簡化傳輸與處理而將高頻訊號轉換為較低頻率的做法。

低地軌道 low-Earth orbit：繞地球運行的軌道，通常定義為在地表以上地球三分之一半徑範圍內。

衛星星座 constellation：為了增加涵蓋面積而

排列在軌道上的一組衛星。

都卜勒頻移 Doppler shift：當觀察者相對於波源移動時所發生的頻率變化。

軌道週期 orbital period：衛星繞行另一個天體完整一圈所需的時間。

赤道 equator：一條把地球分為南北兩個半球的假想線。

同步衛星 geostationary satellite：一種繞地物體，其繞地週期等於地球自轉週期，因此總是出現在天空中的固定位置。

兩極 poles：地球自轉軸與地表相交的兩點。

克拉克帶 Clarke Belt：在地球赤道正上方的虛擬線，是同步衛星繞行地球的路線。

衛星天線 satellite dish：用來收集人造衛星無線電訊號的天線。

反射器 reflector：天線的一部分，用來重新定向和集中無線電波的裝置。

饋電喇叭 feedhorn：用來聚焦高頻訊號的漏斗形天線。

低雜訊降頻器 low-noise block (LNB)：安裝在衛星天線接收器上的設備，用來從衛星天線收集無線電波並將其轉換供電路使用。

桅杆／天線杆 mast：塔式起重機或衛星天線的直立支撐結構。

黃昏／黎明楔形區 twilight wedge：在即將日出之前或剛剛日落之後還可看見的地影。

2-5 行動電話通訊　57

蜂巢 cell：基地台發射的單一頻率所涵蓋的地理區域。

蜂巢式通訊網路 cellular communication：讓無線電話與網際網路能夠使用基地台的電信網路。

基地台 base station：在行動通信網路中，一個放置天線和通訊設備以建立一個或多個蜂巢基地台的站點。

行動通訊基地台 cell site：參照基地台。

備用發電機 backup generator：一種在電網斷電時提供電力的裝置，通常由汽油或柴油引擎供電。

單桿塔 monopole tower：由單獨一根固定在地面上的塔柱組成的塔。

遠程無線頭端 remote radio head：無線網路中包含無線電頻率和訊號轉換電路的設備。

設備箱 equipment cabinet：保護設備以免受到天氣和人為破壞而毀損的外殼。

鳥類假體 bird decoy：一種掠食性鳥類的仿製品，用來阻止真鳥在附近棲息。

防鳥刺 bird spikes：阻止鳥類停在不希望牠們逗留的地點的一種阻礙裝置。

天線層 antenna level：單一服務業者的天線所安裝的行動通信基地塔台，沿著塔台的垂直位置。

隱形行動通訊基地台 stealth cell site：經過偽裝或設計來融入周圍環境的蜂巢式基地台。

扇形天線 sector antenna：蜂巢式通訊基地台常用的定向微波天線。

平台 platform：一種可以安裝天線到單極天線塔的結構支撐。

輻射方向圖 radiation pattern：天線的方向與強度之間的關係圖。

行動網路回傳 backhaul：行動電話網路中把個別基地台連接到網路核心的部分。

微波天線 microwave antenna：用來發射或接收微波無線電訊號的天線。

物聯網 Internet of Things (IoT)：嵌入感測器並能夠透過網際網路交換資料實體對象。

行動通訊基地台車 cell on wheels (COW)：一

種行動基地台，用在大型活動或緊急事件時，增加網路容量。

3 道路 61

3-1 城市主幹道和集散道路　63
集散道路 collector road：把個人住家及商家連接到主幹道的最低交通容納量的城市道路。
主幹道 arterial roadway：連接高速公路和連絡道路的高容量城市道路。
交通標誌控制 sign-controlled：使用標誌向駕駛員傳達訊息或規則。
標誌控制交叉路口 sign-controlled intersection：用交通標誌控制交通流量的交叉路口。
號誌控制交叉路口 signal-controlled intersection：用交通號誌控制車輛交通的交叉路口。
圓環 roundabout：車輛繞著環形道路單向行駛的交叉路口。
行車車道 travel lane：指定供單線車輛行駛的道路區域。
自行車道 bicycle lane：道路上給自行車通行的專用車道。
停車道 parking lane：道路上與行車道相鄰的區域；用來讓車輛停放。
排水溝 gutter：用來輸送逕流的較淺的水道。
路緣帶 curb strip：參照路緣。
護道 berm：參照路緣。
路緣 curb/verge：車道和人行道之間的區域，通常會做成排水溝來輸送排水。
路陷 pothole：一種路面上不必要的凹陷。
路基 subgrade/base：在道路磨耗層下方的一層壓實材料，提供結構上的支撐。
冰透鏡 ice lens：當地表下的水結凍時會形成隆起的冰的結構。

直通街道 through street：兩端相連的街道，其交通優先於交叉道路。
袋狀路尾 cul-de-sac：死巷的一種，通常會有一塊圓形區域，讓車輛可以在路底迴轉。

3-2 行人和自行車基礎設施　67
橡膠填縫料 rubber joint filler：用來填充混凝土結構的伸縮縫的材料。
完整街道 complete street：能讓所有交通模式與使用者能力都能安全使用的城市道路設計。
人行道 sidewalk：通常與道路平行，鋪設好的人行路徑。
控制接縫 control joint：用人為方式弱化混凝土板以控制裂縫形成位置的接縫。
誘導裂縫 induced crack：沿著弱化的控制接縫形成的裂縫，用來減少混凝土結構裡隨機裂縫的發生機會。
伸縮縫 expansion joint：受限制的結構構件之間留的間隙，目的是在容納膨脹或收縮的空間。
無障礙 accessibility：為了殘疾人士使用而設計的結構和環境。
路緣切口 curb cut：經過路緣讓人行道和路面連接的坡道。
導盲磚 tactile pavement：裝設在樓梯、人行道坡道和其他有危險性的地點，用來警告視覺障礙行人的一種有紋路的指示型路面。
凸點導盲磚 truncated dome：用在導盲磚的一種路面紋路，可以提供視障行人可察覺的警告。
行人穿越道 crosswalk：供行人穿越道路的指定與標記區域。
倒數計時器 countdown timer：用來顯示在交通號誌變化之前還有多少時間可以過馬路的行人穿越道顯示幕。
呼叫按鈕 call button：在行人穿越道上用來啟

詞彙表　221

動號誌，告知有行人正等待通行的按鈕。

安慰劑 placebo：一種無實際作用但是可能提供感知上的幫助的裝置。

共用車道標線 sharrow：一種路面標線，用以指示哪部分的道路可供自行車騎士共用。

一致性 uniformity：藉由讓交通控制裝置達到一致且易於判讀來提高安全性的設計理念。

漆面自行車道 painted bike lane：僅由路面標線來劃分的自行車道。

緩衝區 buffer：在自行車道和機動車道之間的空間，為騎乘者提供額外的舒適度和安全性。

交通寧靜（化）traffic calming：為降低交通速度或交通量所採取的措施。

縮減路寬 neckdown：把道路寬度縮窄做為交通寧靜化措施的做法。

減速彎 chicane：在道路上加進去的人工彎道，是交通寧靜化的一種做法。

減速丘 speed hump：道路上的隆起區域，比減速帶更寬，街道上採用的交通寧靜化措施之一。

減速帶（條）speed bump：道路上用作交通寧靜化措施的隆起區域，通常用在停車場和車庫。

減速塊（緩衝墊）speed lump：道路上的隆起區域，是街道上採用的交通寧靜化做法，其中間會有供緊急車輛輪胎通過的間隙。

3-3 交通號誌　71

通行權／路權 right of way：車輛能繼續行駛進入交叉路口的權利。

尖峰時刻 rush hour：一天裡市區交通最繁忙的時間。

飽和 saturated：滿載運轉。

行車起步（時間）startup：從交通號誌變成綠燈與路口交通變成飽和的中間這段時間。

路口淨空 clearance：交通號誌為黃燈且交叉路口完全無車的這段時間。

感應式號誌控制 actuated signal control：一種交通號誌控制方法，使用車輛偵測器來設定每個時相的時間。

影像攝影機 video camera：用來拍攝車行狀況的照相設備。

雷達偵測器 radar detector：在啟動交通號誌控制器的零件裡，一種使用雷達進行偵測的車輛感測器。

感應線圈感應器 inductive loop senso：使用嵌入道路中的線圈的一種交通偵測感應器。

交通號誌控制器 traffic signal controller：控制交通號誌的電腦。

優先號誌裝置 preemption device：可以和救急車輛通訊以改變交通號誌的裝置。

交通堵塞 gridlock：影響交通路網內多個交叉路口，導致大面積交通癱瘓的交通堵塞。

號誌連鎖 signal coordination：沿著同一條道路的複數個交通號誌，以同時運作的方式來控制交通流量的一種配置。

車隊 platoon：一群朝同方向行駛的相臨近車輛。

自適應號誌控制技術 adaptive signal control technologies (ASCT)：一種交通號誌控制方案，根據較大範圍交通網路內的情況，使用感測器來設定各個號誌的時序。

行人保護時相 pedestrian scramble：在號誌受控的十字路口的一種移動方式，所有車輛都停止通行，而行人可以由任何方向通過，包括對角線。

3-4 交通標誌和標線　75

交通控制裝置 traffic control devices：用來引導和控制交通的標線、標誌和號誌。

管制標誌 regulatory sign：指示交通規則或交

222　Engineering in Plain Sight

通法規的交通標誌。

障礙物標示 object marker：在道路內或道路旁標明永久障礙物的標示。

指示標誌 guide signs：協助駕駛人行駛到目的地的標誌。

路標 route marker：指示道路或公路的識別名稱或編號的交通標誌。

標誌門架 sign bridge：跨越整個道路並在兩端由垂直元件支撐的交通標誌支撐結構。

防撞（性）crashworthy：交通控制設備能承受碰撞而不對車輛乘客造成不當危險的能力。

脫離 breakaway：路標桿或其他障礙物的一種特性，用意是在撞擊時屈服以減少受傷的機會。

滑動式底座 slip base：一種用在交通標誌桿的接頭，使誌桿能夠在發生車輛碰撞事故時脫離。

護欄 barrier：用來分隔交通車流並保護施工區域不讓車輛誤入的警告裝置。

護欄（道路）guardrail (roadways)：在像是懸崖這類危險地點，為了防止誤判的車輛撞上路邊的障礙物或是駛離道路的安全柵欄。

熱塑性塑膠 thermoplastic：在高溫下會變得容易彎曲，在常溫下會變硬的塑膠。

突起路標 raised pavement marker：附著在路面上用來劃分行車道的安全裝置。

跳動路面 rumble strip：公路上的一種觸覺警告裝置，當車輛駛過時會發出跳動聲響。

玻璃珠 glass beads：用來製造逆反光路面的透明球體。

貓眼 cat's eye：參照玻璃珠。

亮面元件 prismatic elements：以稜鏡配置排列形成逆向反射表面的反射元件。

3-5 公路土方工程和擋土牆　79

截面 cross section：一個結構物沿著一個平面切開形成的形狀。

土方工程 earthwork：在營建工程的部分裡，開挖和用泥土填地來重塑景觀的做法。

自然坡度 natural grade：施工前地面的原始表面。

挖方 cut：土方工程中開挖的區域。

填方 fill：在土方工程，填入建材的區域。

路堤、堤 embankment：用來承載道路或是用來蓄水的線形填土區域。

填土 earthfill：由沙子、淤泥或黏土的任意組合組成，供建築所用的材料。

休止角 angle of repose：堆成堆的顆粒材料靜止而不坍塌的最陡角度。

擋土牆 retaining wall：為土坡提供側向支撐力的結構。

側向土壓力 lateral earth pressure：留下的土壤重量施加在擋土牆上造成的壓力。

牆基 footing：一種結構性基礎，通常是特地用來把牆的垂直力轉移到地下。

懸臂式擋土牆 cantilever wall：以懸臂和水平底版組成的鋼筋混凝土牆。

地錨 anchorage：安裝錨的岩石或混凝土結構。

背拉 tieback：參照「地錨」。

支承塊 bearing block：將錨桿的力分布到擋土牆或飾板上的結構物。

鋼筋混凝土立柱 concreted shaft：用許多箍繫筋緊密圍束住一根大號主筋後，灌入混凝土所形成的支柱。

板樁 sheet pile：一種細長、面寬的樁，用來和相鄰的樁互相卡住，形成地下壁。

機械穩定土 mechanically stabilized earth：用人工強化建造的土壤層，通常做為擋土牆的一部分。

地工布 geotextile：在建築和土方工程中用來過濾、分離或加固土壤層的織物。

地工格網 geogrid：用來加固土壤結構的膠條或纖維網。

土釘 soil nail：安裝在土質斜坡上的結構元件，用來加固斜坡以防止斜坡破壞或是做為擋土牆的一部分。

噴漿混凝土 shotcrete：一種使用加壓空氣把混凝土施作在垂直表面或頭頂表面的方法。

3-6 典型的高速公路斷面　83

路基 subgrade/base：在道路磨耗層下方的一層壓實材料，提供結構上的支撐。

磨耗層 wearing course：道路的表層。

骨材 aggregate：由粗到中等大小的石頭顆粒，包括沙子和礫石所組成的材料。

瀝青混凝土 asphalt：由骨材和瀝青製成的耐用路面材料。

瀝青 bitumen：在瀝青混凝土裡用來當做黏合劑的黏性碳氫化合物混合物。

滾筒壓路機 roller compactor：用來壓實土壤、礫石、混凝土和其他顆粒材料層的機器。

路肩 shoulder：高速公路邊緣的車道，通常是預留為緊急車輛或故障車輛之用。

拱頂 crown：一種道路橫斷面形狀，中央最高，兩側向下傾斜。

溝渠 ditch：用來排水的小型渠道。

中央分隔帶 median：對向的行車車道之間的狹長地帶。

淨空區 clear zone：高速公路沿線的無障礙物區域，可提供失控車輛安全的停車空間。

鋼製護欄 steel guardrail：防止車輛撞上路邊的障礙物或駛離道路的安全柵欄。

紐澤西護欄 Jersey barrier：用來分隔交通車道的模組化混凝土護欄。

撞擊頭 impact head：在道路鋼製護欄末端的裝置，可沿著護欄滑動來吸收碰撞的衝擊力並將護欄引導遠離車輛。

防撞緩衝護欄 crash cushion：吸收車輛的衝擊力以降低撞車嚴重程度的裝置。

鋪面 pavement：道路的耐久性路面，通常由瀝青或混凝土製成。

3-7 典型的高速公路布局　87

高速公路 highway：請參照下一條「出入口控制道路」。

出入口控制道路 controlled-access roadway：一種高容量道路，只能在選定的位置進出，以盡量減少交通流的中斷。

道路布局 layout：一條道路的水平和垂直配置。

設計速度 design speed：用來設計道路幾何特徵的最優選速度。

速度限制 speed limit：在道路特定路段所規定車輛可以行駛的最高速度。

定線 alignment：從上方觀察時，道路的水平面布局。

彎道 curve：道路上用來改變方向的彎曲處。

向心力 centripetal force：使一個物體做圓周運動所需的外力。

超高 superelevation：道路的水平曲線路段中，加高的道路外緣和其內緣之間的高程差。

正向力 normal force：兩個表面之間的接觸力。

視距 sight distance：駕駛人所能看到車輛前方不受遮擋的距離。

視野 field of view：一個人的當下環境可見到的區域。

縱斷面 profile：道路的縱向配置設計。

坡度 grade：地面或道路的傾斜度。

凸曲線 crest curve：向上凸的曲線。

凹曲線 sag curve：向上彎曲的曲線。

3-8 交流道　91

交流道 interchange：為了減少車流中斷而以立體化方式交會的兩條道路交會之處。

鑽石型交流道 diamond interchange：高速公路和次要道路之間的一種分離式立體交流道。

次要道路 minor road：十字路口處交通容納量較低的道路。

出口匝道 off-ramp：離開受控道路的單向道路。

入口匝道 on-ramp：通往受控通道的單向道路。

梁（結構）beam (structure)：跨越一定距離的線狀結構元件。

橋面 deck：橋梁上部結構供車輛行駛的路面。

橋臺 abutment：組成橋梁的結構物或地質構造。

橋墩 pier：支撐橋梁的柱狀結構。

蓋梁 cap：把橋梁上部結構荷重傳遞到一個或多個橋墩的結構構件。

軸承／支承 bearing：橋梁上部結構和下部結構之間的支撐面。

引道 approach：橋梁和道路之間的銜接區域。

斜坡 slope：一端比另一端高的非水平表面。

斜坡鋪面／護坡 slope paving：放置在斜坡上以保護斜坡避免侵蝕的耐久性鋪面，通常是用混凝土製成。

苜蓿葉型立體交流道 cloverleaf interchange：一種立體式高速公路交流道，所有轉彎均使用右側匝道。

堆疊式（立體）交流道 stack interchange：一種多層、分層的高速公路交流道，每個轉彎處都使用坡道來提供相對直接的路線連接到欲轉彎的方向。

跨線橋 flyover：在交流道連接兩條高速公路的公路橋梁。

義大利麵式交流道 spaghetti junction：一種有多層道路與匝道交會的高速公路立體交流道的俗名。

預拉應力（混凝土）pre-stressed concrete：一種混凝土結構，其鋼筋在混凝土固化之前經過拉伸，以增加固化後的混凝土剛性。

4 橋梁與隧道　95

4-1 橋梁的種類　97

梁橋 beam bridge：採用水平結構構件跨越兩個橋墩或基台之間的間隙的橋梁

橋臺 abutment：組成橋梁的結構物或地質構造。

大梁 girder：水平的結構梁。

桁架 truss：一種由結構構件組合，可形成堅固、輕量的框架。

桁架橋 truss bridge：使用桁架支撐橋面重量的橋梁。

下承式桁架橋 through truss：在桁架橋上，有延伸經過橋面上方和下方的桁架。

牆面板 facing panels：連接在擋土牆表面的外部元件，可防止侵蝕，做為地錨的連接點，以及改善擋土牆的外觀。

上承式桁架橋 deck truss：在桁架橋上，位於路面下方的桁架。

拱 arch：一種彎曲的結構構件，用來支撐溝渠上的載重。

彎力 bending force：垂直於結構元件長軸施加的力。

拱橋 arch bridge：使用彎曲狀結構把荷重傳遞到橋臺的橋梁。

上承式拱橋 deck arch bridge：橋面支撐位在橋拱上面的拱橋。

下承式拱橋 through arch bridge：橋面由橋拱下方支撐的拱橋。

推力 thrust：拱結構支撐垂直載重時所產生的水平力。

繫索拱橋 tied arch bridge：在拱的兩端之間有一個拉力構件來平衡推力的一種拱橋。

懸臂橋 cantilever bridge：一種採用水平伸出的結構或構件來跨越間隙，而僅在一端有支撐的橋梁。

懸臂 cantilever：僅一端有支撐的懸垂的結構元件。

斜張橋 cable-stayed bridge：一種使用來自一個或多個垂直橋塔的斜索來支撐橋面板重量的橋梁。

斜索 stay：斜張橋上連接橋面和橋塔的斜拉鋼纜。

懸索橋／吊橋 suspension bridge：使用懸掛在塔之間的兩條主纜來支撐橋面重量的橋梁。

主懸索 main cable：在懸索橋上，橫跨塔架之間並為橋面提供主要支撐的纜索。

懸索 hanger：從上方支撐橋梁橋面的垂直鋼纜。

地錨 anchorage：安裝錨的岩石或混凝土結構。

低水橋／浸水橋 low water crossing：一種跨越河流的道路，這種設計為在水流水位高時會被淹過路面而無法通行。

水壩 dam：為了蓄水與形成水庫而建造的結構物。

4-2 典型的橋梁斷面　　101

上部結構 superstructure：跨越一定距離的橋梁中的部分結構，包括大梁和橋面。

下部結構 substructure：在橋梁結構裡，把荷載傳遞到地面的部分，包括橋墩、橋臺和地基。

拱頂 crown：一種道路橫斷面形狀，中央最高，兩側向下傾斜。

磨耗層 wearing course：道路的表層。

安全護欄 safety barrier：橋梁上人行道和行車車道之間的護欄。

排水管 drain：收集水並把水轉移到他處的裝置。

人行道 walkway：橋上供行人行走的指定區域。

梁翼緣 flange：在梁裡用來抵抗彎曲應力的元件，通常由梁腹連接。

梁腹 web：大梁當中抵抗剪力並連接梁翼緣的部分。

箱梁 box girder：一種會形成封閉管狀的結構梁。

軸承／支承 bearing：橋梁上部結構和下部結構之間的支撐面。

彈性軸承墊 elastomeric bearing pad：連接橋梁上部結構與下部結構，同時容許兩者之間有一定靈活性的一種柔韌的橡膠材料。

盤式支承 pot bearing：一種橋梁支承，用彈性支承墊安裝在鋼製外殼內組成。

滾軸支承 roller bearing：一種橋梁支承，包括滾軸元件，可以提供熱脹冷縮所需的移動自由度。

搖軸支承 rocker bearing：一種橋梁支承，包括一個搖軸元件，可以提供熱脹冷縮所需的移動自由度。

橋柱 column：橋梁中用來支撐來自上方荷重的垂直結構元件。

蓋梁 cap：把橋梁上部結構荷重傳遞到一個或多個橋墩的結構構件。

橋架 bent：用作橋梁中間支撐的剛性框架。

墩帽 pile cap：把荷重分散到一支或多支樁的結構構件。

4-3 隧道概述　　105

山地隧道 mountain tunnel：穿過山地以避免沿地面興築道路路線的隧道。

隧道口 portal：進入或離開隧道的出入口。

水下隧道 underwater tunnel：經過湖泊或河流等水體底下的隧道。

捷運隧道 rapid transit tunnel：像是地鐵這類捷運列車系統所用的隧道。

溝 trench：一種線狀的開挖區域，通常用來安裝地下公用設施。

公用設施路線 utility line：任何以線狀安裝的管道、電纜或電線。

降水井 dewatering well：「降水」是一種把水攔住、引到別處或抽乾的做法，降水井是用來疏放積水的結構。

地層凍結法 ground freezing：藉由凍結飽和土層形成不透水屏障的一種降水開挖的方法。

隧道頂 roof：隧道這類結構物最上面的遮蓋層。

沉管施工法 immersed tube construction：一種水下隧道興建方法，會將預鑄的隧道段沉入水下進行連接。

爆破孔 blasting hole：在岩石上用來放置炸藥的鑽孔。

盾殼 shield：隧道挖掘過程中用來保護工人和設備的臨時結構。

全斷面隧道鑽掘機／潛盾機：tunnel boring machine (TBM)：一種在土層裡以圓形鑿削方式來挖出隧道的機器。

刀盤 cutterhead：隧道鑽掘機前端的裝置，藉由旋轉來研磨和挖除材料。

襯砌環片 lining segment：參見下一條「隧道襯砌」。

隧道襯砌 tunnel lining：一種結構支撐系統，用來抵抗土壓維持隧道開口，並減少地下水滲透。

黑洞效應 black hole effect：在隧道入口處光線的急遽轉變。

4-4 隧道橫斷面　109

手動挖掘式隧道 manually bored tunnel：使用炸藥或挖掘，而不是用隧道鑽掘機鑽掘的隧道。

噴漿混凝土 shotcrete：一種使用加壓空氣把混凝土施作在垂直表面或頭頂表面的方法。

明挖回填式隧道 cut-and-cover tunnel：一種從地表開挖溝槽再置入回填的隧道。

機器鑽掘式隧道 machine-bored tunnel：使用隧道鑽掘機建造的隧道。

墊片 gasket：一種柔性材料，用在兩個零件或物體壓合在一起時密封其間隙。

內牆 interior wall：在隧道內不屬於隧道襯砌部分的分隔牆。

渠道 channel：在地景中運水的天然或人工挖掘的線狀溝槽。

縱向通風 longitudinal ventilation：空氣從隧道的一端流動到另一端的一種隧道通風方式。

噴射風扇 jet fan：安裝在隧道內來帶起周圍氣流的風扇。

薩卡度噴嘴 Saccardo nozzle：一種用來在隧道內輸送新鮮空氣並帶動縱向氣流的結構。

橫向通風 transverse ventilation：一種隧道通風方法，空氣在管道中流動，並在沿著隧道走向裡分散的位置供應空氣或排出廢氣。

風量調節閥 damper：調節管路中空氣流量的裝置。

供氣 supply air：輸送到建築物或隧道的新鮮空氣。

緊急出口 emergency exit：建築物或隧道在發生火災或其他危險時，可以用來迅速疏散的路線。

疏散走道 evacuation corridor：隧道的一部分，可用來做為緊急出口。

光譜法 spectroscopy：一種透過測量化學物質

對不同頻率光線的吸收來確定其成分的方法。

5 鐵路 113

5-1 鐵軌　115

耦合器 coupler：將一列火車車廂連接在一起的裝置。
軌腹 rail web：鐵軌的鋼軌頭部和鋼軌底部之間的垂直部分。
鋼軌 rail：放置在地面上組成鐵路的鋼條。
軌頭 head：鋼輪所行駛的軌道上面部分。
軌底 foot：鋼軌的底部水平部分。
軌枕：鐵路中鐵軌的垂直支撐。
魚尾板 fishplate：用來把兩段鐵軌連接在一起的托架。
機車車輛 rolling stock：在鐵路上使用的任何車輛。
中性溫度 neutral temperature：鋼軌不會受到熱應力的溫度。
挫屈／鐵軌變形 sun kink：過熱和熱膨脹引起的鐵軌彎曲。
道釘 spike：用來將鐵軌固定在枕木上的大釘子。
扣夾 clip：把鐵軌固定在軌枕上的裝置。
軌距 gauge：鐵路中兩道鋼軌之間的距離。
軌枕墊板 tie plate：把鋼軌的重量轉移和分配到枕木上的托架。
差速器 differential：讓驅動輪可以用不同速度轉動的齒輪系統。
車輪的凸緣／輪緣 flange：車輪的突出邊緣，用來防止車廂從鐵軌上滑落。
路基 subgrade/base：在道路磨耗層下方的一層壓實材料，提供結構上的支撐。
道碴／石碴 ballast：把鐵軌上的荷載傳送到路基的骨材材料。

超高／斜切 superelevation：道路的水平曲線路段中，加高的道路外緣和其內緣之間的高程差。
側線 siding：與主鐵路平行的一小段鐵軌，用來讓列車通行、裝卸物品。
待避 passing loop：請參照側線。
高架橋 viaduct：一種長跨距橋梁，用來承載公路或鐵路越過地景裡的廣闊窪地或其他障礙物。
伸縮縫 expansion joint：受限制的結構構件之間留的間隙，目的是在容納膨脹或收縮的空間。
通氣道岔 breather switch：用在鐵路鐵軌上的對角線伸縮縫。

5-2 轉轍器和信號　119

閉塞 block：一次只能由一列火車使用的一段軌道。
授權令 warrant：發給列車授權進行特定移動的一組指令。
號誌燈 signal：使用彩色燈控制道路或鐵路上交通流量的裝置。
號誌燈座 signal head：號誌燈裡裝有號誌燈的部分。
軌道電路 track circuit：在鐵軌上用來感測特定鐵路段上是否有火車的電路。
轉轍器 switch：讓列車從主方向改道至次要鐵路的組件。
道岔 turnout：請參照轉轍器。
分岔點 point：鐵軌轉轍時會移動的軌道機構。
基本軌 stock rails：鐵路道岔中不移動的軌道。
連接桿 connecting rod：將軌道點連接到轉轍器閘座的桿件。
轉轍閘柄（人工扳道器）switchstand：用來手動操作鐵路道岔的裝置。

轉轍機 switch machine：代替手動操作員操作鐵路道岔的機電設備。

岔心 frog：一種讓火車車輪能夠跨越到另一條軌道的裝置。

封閉軌 closure rail：軌道轉轍器裡分岔點和岔心之間的軌道。

護軌 guard rail：與主軌平行的短軌，有助於防止在道岔和急轉彎處脫軌。

鐵路步道 rail trail：已經改建為人行道的鐵路路權。

5-3 平交道路口　123

平交道（路口）grade crossing：公路與鐵路在同一個平面交會的交叉路口。

平交道編號 grade crossing number：每個鐵路平交道獨一無二的識別號碼。

被動示警裝置 passive warning device：一種交通號誌或路面標誌，用來警告駕駛人注意鐵路平交道的危險。

平交道警告標誌 crossbuck：指示鐵路平交道的交通標誌。

路面標線 pavement marking：施作在路面上以警告或指示駕駛者的油漆或熱塑性塑膠標線。

主動示警裝置 active warning device：提供提前通知火車進站的功能的裝置。

號誌室 signal bungalow：用來容納鐵路號誌和警告裝置控制設備的機箱。

道口鐘 crossing bell：鐵路平交道口的一種裝置，會發出聲音警告火車駛近。

柵欄 gate：在鐵路平交道處橫跨道路的細長遮斷桿，用來警告火車駛近。

中央分隔帶 median：對向的行車車道之間的狹長地帶。

出口閘 exit gate：鐵路平交道出口側的閘門，用來阻止駕駛者繞過警示裝置。

管制閘門 barrier gate：在關閉時用來阻擋車輛進入的裝置。

車列 queue：在交通號誌前停止的一列車輛。

預警時間 warning time：主動警告裝置開始作動和列車到達平交道之間的時間長度。

配重 counterweight：在結構物系統中，用來平衡另一個施力或重量的重量。

頭燈 headlight：車輛前方的一盞或多盞大燈。

照地燈 ditch lights：火車引擎上主頭燈下方的燈，用來增加平交道的能見度。

汽笛 horn：安裝在火車引擎上用來警告人和動物的聲音警告裝置。

鳴笛標 whistle post：鐵路沿線的標示牌，指示列車在平交道之前應該要何時鳴笛。

寧靜區 quiet zone：列車受到指示不要鳴笛的一段指定的鐵路。

5-4 電氣化鐵路　127

電氣化鐵路 electrified railway：用電能提供列車外部動力的鐵路。

牽引馬達 traction motor：用來帶動車輛的電動馬達。

電動馬達 electric motor：把電能轉換為轉動運動的裝置。

再生電能 regenerative energy：當馬達減速或高度下降時，返回到能量來源或是儲存起來的能量。

第三軌 third rail：鐵路中的增加的鐵軌，用來向機車頭供應電流。

集電靴 shoe：一種接觸塊，從帶電的第三軌或接觸線收集電流。

集電弓 pantograph：電力機車上用來從架空接觸線收集電流的裝置。

懸鏈線 catenary：兩個支撐之間的鋼索或繩索的彎曲形狀，或是某些電氣化鐵路中使用的架空電線系統。

懸索（電氣化鐵路）drop (electric railways)：將接觸線連接到架空懸鏈線的支撐鋼索。

接觸線 contact wire：在架空電力接觸網系統裡，為火車集電靴（pantograph shoe）供電的電線。

滑輪 pulley：用來改變電纜或繩索施力方向的滾輪。

張力重錘 weight：一種利用重力來維持系統張力的設備，通常與鋼索、導線或其他張力結構配合使用。

限位器 registration arm：懸鏈線電氣化鐵路系統的一部分，用來讓架空接觸線保持在正確的水平位置。

正軌 running rail：火車鋼輪行走的軌道。

6 水壩、防洪堤和海岸防護結構‥131

6-1 海岸防護結構　133

海岸防護結構 shore protection structure：用意在於抵擋海岸侵蝕的任何結構。

船閘 lock：透過升高或降低水位來升高或降低運河船隻的一種封閉結構。

堤壩 embankment dam：使用泥土填土或堆石建造的水壩。

護岸 revetment：用來保護海岸或堤防免受侵蝕的防護面。

海堤 seawall：沿著海岸用來保護沿海地區免受風暴潮和巨浪的影響的結構。

反曲 recurve：建造海堤所用的一種向後彎的曲線，用來把波浪反彈回大海，把漫溢的可能降到最小。

防波堤 breakwater：為了消散近海波浪能量以保護港口而安裝的屏障。

港口 harbor：用來停泊船隻的靜水深水區。

堤心／壩心 core：堤壩的中心部分，通常使用低滲透性材料（例如黏土）來建造。

折流壩 groin：一種用來保護海灘免受侵蝕、垂直於海岸的結構。

沿岸漂沙 longshore drift：沉積物沿著與海岸平行的海岸轉移的現象。

沖積 accretion：河岸或海岸經由沉積物的逐漸累積而形成的過程。

突堤 jetty：突出到海洋裡來保護港口或運河的一種結構物。

紅樹林 mangrove forest：一種生長在沼澤和海岸線沿線的樹木，具有茂密、交織的根部。

人工魚礁 artificial reef：促進海洋生物生長而安裝的人工結構。

海灘營養 beach nourishment：替換海灘上的沉積物以抵抗侵蝕並增加海灘面積的過程。

挖泥船 dredge：用來清除在河流、湖泊或海洋底部泥土的機器。

退縮 retreat：遷離洪水風險較高地點的開發策略。

6-2 港口　137

貨運 shipping：運送和配送商品的行為。

散裝貨船 bulk carrier：載運例如煤或穀物這類散裝貨物的船舶。

油輪 tanker：運載液體貨物的船舶。

港口 port：船舶裝卸貨物的區域，比 harbor 大得多。

貨櫃 container：在貨運運輸上可重複使用的大型櫃。

船到岸起重機 ship-to-shore crane：用來從船

上裝卸貨物的大型起重機。

堆場 yard：航站貨運設施的臨時儲存區。

碼頭拖車 terminal tractor：用來在貨物堆積場內移動拖車和貨櫃的卡車。

場內拖車 hustler：請參照碼頭拖車。

自動導引車 automated guided vehicle (AGV)：在堆場或工業設施周圍，用來運輸貨物的一種無人駕駛機器人。

貨櫃正面起重機 reach stacker：貨櫃碼頭使用的一種車輛，可以運送和堆疊貨櫃。

跨載機 straddle carrier：在移動式門式起重機門架下方運輸貨物的一種運載車輛。

門式起重機 gantry crane：一種跨越一個區域的起重機，而且通常是以輪胎移動。

吊架 spreader：起重機和車輛用來吊舉貨櫃的裝置。

貨櫃角件 corner casting：運輸貨櫃每個角落的一個零件，上面有用來固定和保持定位的孔。

繫固鎖扣 twist lock：配合貨櫃角件用來吊舉、移動和固定貨櫃的裝置。

繫船柱 bollard：碼頭或船塢上供停泊船隻繫泊的柱子。

繫泊繩 mooring line：用來把船舶繫泊到船塢或碼頭的繩索或鏈條。

絞盤 winch：一種曳引或吊升裝置，由纏繞在滾筒上的纜繩或鏈條組成，並且以曲柄轉動。

護板 fender：用在船隻與碼頭或是與另一艘船之間的保護裝置。

設計船型 design vessel：用來選擇海事設施尺寸和特徵的最大船隻尺寸。

船寬（造船設計）beam (naval architecture)：船隻的寬或是最寬處的寬度。

吊臂 boom：起重機、挖土機或其他建築機械的起重臂。

吃水 draft：在水線以下到船體最低部分的深度。

運河 canal：用來航行或輸水的人造渠道。

填方區 fill：在土方工程，填入建材的區域。

樁 pile：鑽入或打入地下的垂直結構元件；用在地基和擋土牆。

浮標 buoy：用來向船舶提供導航資訊或是警告的漂浮裝置。

沉子 sinker：用來把浮標固定在水路適當位置的重物。

載重吃水線 plimsoll line：船體上標示船隻可以安全裝載的最大深度的參考標記。

6-3 船閘　141

閘室 chamber：見船閘。

人字閘門 miter gate：在運河或船閘使用的一種成對的閘門，鉸接處在外側並且在中線的一點相交。

扇形閘門 sector gate：用來運河或水閘的一對閘門之一，形狀像扇形，中心鉸鏈連接處在水道中間。

滾輪閘門 rolling gate：在運河或船閘使用的閘門，沿著閘門底部滾動來開啟或關閉。

升降高度 rise：在船閘中，進入運河和離開運河處之間水位的垂直距離。

梯段 flight：一段連續緊密間隔的航運船閘。

閘門水閥 paddle：用來讓閘門進水或放水的小型水流控制閘門。

閥門 valve：控制一個管道裡的流體流量的裝置。

浮動繫船柱 floating bitt：船隻在船閘內繫泊的裝置，可以隨水位高低而上升下降。

側池／節水池 side pond/water-saving basin：船閘旁的一個小水庫，用來儲存部分排出的水，以便在需要時可以用來為船閘注水。

6-4 堤壩和防洪牆　145

主深槽 main channel：通常指河流、湖泊、運河或其他水體中的主要流動通道。

洪氾區 floodplain：洪水期間極易被淹沒的土地區域。

防洪堤 levee：沿著河岸或海岸設置，用來阻擋洪水的護堤。

護岸 revetment：用來保護海岸或堤防免受侵蝕的防護面。

防洪牆 floodwall：用來阻擋河川流或海岸洪水的線性建築物。

壩頂堤頂 crest：大壩或堤防的頂部。

百年洪水 100-year flood：在任意年份裡，只有百分之一機率的洪水會等於或是超過的洪水規模。

出水高 freeboard：水位與擋水結構壩頂之間的垂直距離。

閉合閘門 closure：在防洪牆或防洪堤容許道路、鐵路或小路通過，但是在洪水發生前必須關閉的開口。

箱涵 culvert：在道路或人行道下方輸送排水的管道。

翻板式閘門 flap gate：一種讓水只能往一個方向流動的閘門。

6-5 混凝土壩　149

混凝土壩 concrete dam：以混凝土為主要材料建造的水壩。

溢洪道 spillway：用來排放水以維持水庫水位的一個或是一組結構。

水池 pool：在水庫內具有專門用途的儲存區域。

壓力鋼管 penstock：把水從水庫輸送到水力發電渦輪機的管路。

壩基 foundation：支撐大壩結構並且將大壩的負荷傳遞到地基的底部材料或地層。

浮托力 uplift：沿著結構物底部的向上壓力。

重力壩 gravity dam：利用自身重量來抵抗不穩定外力的水壩。

支墩壩 buttress dam：以下游面的一整排支墩來支撐壩體的一種水壩。

支墩 buttress：沿著牆面或水壩壩體突出的一種支撐構件。

拱壩 arch dam：一種把自體水庫壓力轉移到其基台的弧形壩。

壩座 abutment：組成水壩末端的結構物或地質構造。

多拱壩 multiple arch dam：沿著其全長使用連續的幾座用支墩支撐的拱壩組成的水壩。

單體 monolith：單獨一塊而且可以接續的石頭或混凝土塊。

接縫 joint：結構物或結構元件裡刻意不連接的地方。

壩內廊道 gallery：設置在大壩內的水平隧道，以供檢修和排水之用。

低位差堰 low-head dam：在河流上游用來升高並穩定水位的小型攔水堰。

水舌 nappe：水流過堰的形成的水幕。

看守水流 keeper：一種危險的水力現象，往往會把物體困在水流中。

6-6 堤壩　153

土壩 earthfill：用土壤、砂、黏土、碎石等天然材料修築而成的壩體。

堆石 rockfill：包含任何由礫石、岩石或大石的組合，用來建築的材料。

堆石壩 rockfill：由礫石、岩石或大石塊等天然材料修築而成的壩體。

邊坡 side slop：從河岸到河道底部或該區斜坡

底部的區域。

坡腳護堤 toe berm：沿著路堤下游坡腳的回填區域，以提高其穩定性。

填築層 lift：土方工程中，每一層一層壓實後的回填土層。

滲水 seepage：地下水在建築物下方或是沿著建築物流動。

壩心 core：堤壩的中心部分，通常使用低滲透性材料（例如黏土）來建造。

壩殼層 shell：護堤的外層部分。

截水牆 cutoff wall：安裝在大壩下方，用來減少地基滲漏量和壓力的地下設施。

拋石護坡 riprap：用來防止侵蝕的一層石頭保護層。

土壤水泥 soil-cement：土壤、水泥和水的混合物，通常用在堤壩的防護層。

防護層 armoring：請參照護岸。

墊層 bedding：鋪裝在護岸下方的一層礫石，用來防止防護層下方受到侵蝕。

過濾層 filter：地下排水功能的一部分，可防止土壤顆粒通過排水管流動。

集水管 collector pipe：地下排水系統裡用來收集和排出滲水的管道。

離槽水庫 off-channel reservoir：在高地地區使用大部分或完全封閉的水壩來儲水的方式。

魚道／魚梯 fishway/fish ladder：一種讓魚群能夠繞過水壩向上游的結構。

6-7 溢洪道和排水工程　157

抽水站 pumping station：由抽水機、管道和其他用來提升或輸送水源的設備組成的結構。

排水工程 outlet works：一個或一組用來從水庫放水或排水供下游使用的結構物。

水處理廠 water treatment plant：對原水進行清潔和消毒，好讓人類可以安全飲用的設施。

攔汙柵 trash rack：用來排除溢洪道或出口碎片的篩網。

滑動閘門 slide gate：一種控水閘門，可在導軌內滑動來開啟和關閉。

門片 leaf：水流控制閘門的主要構件，用來擋水或是放水流出。

轉柄 stem：在滑動閘門中把門片連接到操作台的零件。

操作台 operator：開啟或關閉閘門的設備。

主溢洪道 principal spillway/service spillway：在水壩上正常洩洪，以維持水庫滿水時的水位的較小型溢洪道。

輔助溢洪道 auxiliary spillway：設計為不常使用且僅在極端洪水條件下使用的次級溢洪道。

緊急溢洪道 emergency spillway：請參照輔助溢洪道。

漫溢防護 overtopping protection：在堤防上添加防護，以防止漫過結構物的水流造成侵蝕。

臥箕狀 ogee：攔河堰所採用的一種可以提高水力效率的曲線形狀。

喇叭形溢洪道 morning glory spillway：一種從水庫突出形成圓形堰的漏斗狀溢洪道。

扇形閘門 tainter gate：一種徑向控水閘門，每側都有鉸鏈，可使用起重機進行升降。

耳軸 trunnion：一種用做支撐點和樞軸的圓柱形突起。

捲揚機 hoist：用來吊升或降低重物的機器。

堰頂閘門 crest gate：一種控制水流的閘門，其鉸鍊位在底部，這樣閘門的頂部才可以改變高度。

橡膠囊 bladder：用水或空氣充脹的彈性囊袋。

疊梁閘門槽 stoplog slots：可以把槽梁放入其中，來調節上游水位或是洩水到下游結構的溝槽。

降水 dewatering：把水攔住、引到別處或抽乾的做法，以便在乾燥的情況下進行施工或維護。

滑槽 chute：輸送水的傾斜渠道，通常由混凝土製成。

明渠 open canal：開放的水體通道，通常結構簡單且適用多種環境。

導流牆 training wall：沿著溢洪道滑槽一側的牆，用來控制水流。

衝擊池 impact basin：用來消散管道裡流動的水的水力能的結構。

擋板滑槽 baffled chute：設有一組消力墩的滑槽或溢洪道，用來限制運轉時的流速。

水墊塘 plunge pool：一種水力消能結構，由一個有防護層的凹洞構成，排放的水會流入該凹洞內造成動能消散。

挑坎 flip bucket：一種水力消能結構，可以把一道水流轉向散射到空氣裡。

靜水池 stilling basin：溢洪道底部用來消散水流能量的結構。

水躍 hydraulic jump：當高速水流轉變為較慢的速度時形成的一種水力現象，會產生湍流駐波。

擋板塊 baffle block：用來分散流動的水的水流動能的結構。

鋸齒堰 labyrinth weir：一種彎折成連續的梯形或三角形循環的溢流結構，可以讓整個固定水流的寬度有較長的流動路徑。

琴鍵堰 piano key weir：一種溢流結構，彎折成一連串的連續矩形，讓整個水流寬度有更長的流動長度。

7 城市供水與廢水 161

7-1 取水口和抽水站　163

取水口 intake：用來從河流、湖泊或海洋收集水的結構。

地表水 surface water：地球表面可接觸到的任何水，包括溪流、河流、湖泊和海洋。

渡槽 aqueduct：設計用來長距離（有時用來專門指輸送水跨越山谷的橋梁）輸送水的結構物。

嬰兒床取水口 crib intake：從湖裡集水，並透過隧道將其輸送到岸邊的一種大型離岸結構物。

原水 raw water：直接取自河流或湖泊等水源的非飲用水。

微生物 microorganism：太小而無法用肉眼看到的生物體，包括細菌、原生動物和一些真菌。

河岸取水口 bank intake：設置在河岸上的進水結構物。

深泓線 thalweg：在一條渠道沿著其長度連接其最低底點的線。

導管 conduit：讓水可以流過的管道或其他管狀結構。

篩網 screen：可以攔下碎片同時容許液體通過的條狀或線狀網柵。

閘門（水）gate (water)：用來調節水流的可移動柵欄。

抽水機 pump：增加流體壓力或流量的裝置。

抽水機房 pump house：在抽水機周圍豎立的結構，用來保護設備且方便維護設備。

門式起重機 gantry crane：一種跨越一個區域的起重機，而且通常是以輪胎移動。

集液池 sump：用來儲存輸送的水的窪地或蓄水池。

端口 port：取水結構中的一個開口，水可以經由該開口進入。

濕井 wet well：升水站的部分設施，用來暫時儲存廢水的地下封閉區域。

渦流 vortex：一種會讓空氣沒入正常水面底下的旋轉水力現象。

抽水機管柱 pump column：抽水馬達和葉輪之間的管路，用來從集液池或井裡抽水。

防渦流擋板 vortex breaker：抽水站裡一種用來改變水流方向以防止形成渦流的裝置。

浮動水柵 boom：一串漂浮裝置，用來警告或排除人員與船隻進入危險區域。

護岸結構 armoring：保護海岸或堤防免受侵蝕的防護構造。

拋石堆 rock riprap：用來防止侵蝕的一層石頭保護層。

清管器 pig：用來清潔管道內部的設備。

生物汙垢 biofouling：在結構物或車輛上所聚積的一些不想要的水生生物。

7-2 井　　167

井 well：用來抽取地下水的挖掘工程。

弱透水層 aquitard：能減緩或阻擋地下水流動的地質構造。

含水層 aquifer：相當於地下蓄水庫。

地質構造 formation：由土壤或岩石構成的獨特地質層。

鑽孔 borehole：用鑽的方式在土地上造成的圓形開口。

鑽屑 cuttings：從鑽孔中挖出的碎屑。

套管 casing：用在井裡防止鑽孔坍塌的外側支撐管。

環狀空隙 annular space：兩個套在一起的圓柱形結構之間的空間。

礫石充填 gravel pack：填入鑽孔和水井篩網之間的岩石層，有助於讓水流進入井裡。

皂土 bentonite clay：一種顆粒極細的土壤，常用做鑽井液以及地下施工中的地下水擋水層。

水泥砂漿 cement grout：由水泥和水組成的材料，用來密封或填補空隙。

井口 wellhead：井的地上部分。

建井 well development：清潔水井過濾器，建立水井到含水層形成水力連結的過程。

噴射幫浦 jet pump：使用高速水流把流體往上吸的抽水機。

立式渦輪幫浦 vertical turbine pump：一種使用垂直軸驅動浸沒式葉輪，把水推升到抽水管柱的抽水機。

驅動軸 shaft：把馬達輸出的扭矩傳遞到泵浦葉輪的裝置。

抽水管柱 column pipe：把水從水井或集液池輸送到地面的直立水管。

葉輪 impeller：離心式抽水機裡的旋轉元件。

洩水管線 discharge line：抽水機下游側的管道。

沉水幫浦 submersible pump：一種在液面以下運轉的抽水機。

逆止閥 check valve：一種只允許單方向流動的閥門。

7-3 輸水管路和渡槽　　171

明渠 open canal：開放的水體通道，通常結構簡單且適用多種環境。

地下渡槽 underground aqueduct：用來長距離輸送水的地下管道或隧道。

豎井 shaft：在地下或地表垂直或接近垂直建造的通道，常用於水利、採礦、隧道、電力傳輸、排水系統等各種工程。

倒虹吸 inverted siphon：一種隧道或管道配置，其中的一部分管道深入到地下並完全靠壓力來流動。

加壓管路 pressurized pipeline：輸送高於管外環境壓力的流體的管路。

回填 backfill：把土壤或岩石填入開挖的區域。

插口 spigot：管路末端有塑形的區域，可插入另

一根管路的承接口以連接兩根管路。

承口 bell：管子末端的塑形區域，另一根管子的插口可插入該區域以連接兩根管子。

增壓幫浦 booster pump：用來增加管路中流體壓力的機器。

水錘 water hammer：因為管路中流體速度的快速變化而造成管內壓力急速升高。

調壓箱 surge tank：吸收壓力變化來保護管道和設備免受損壞的水箱。

氣鎖 air lock：因為滯留的蒸氣氣泡造成的管道內液體流動受阻受限的狀況。

排氣閥 air release valve：從液體管路釋放空氣的閥門。

7-4 水處理廠　175

混濁度 turbidity：水中的混濁度，通常是因為懸浮的固體顆粒。

沉澱 sedimentation：利用重力從廢水流中去除固體的過程。

化學混凝劑 coagulant：一種可以中和懸浮顆粒的電荷，使它們能夠聚集在一起的化學物質。

化學絮凝劑 flocculant：使個別懸浮粒子聚集成團塊的化學物質。

絮凝物 floc：固體顆粒形成的鬆散團塊。

沉澱池 clarifier：用來沉澱懸浮液中的固體的圓形池，通常會包含汙泥收集系統。

汙泥 sludge：廢水處理場中的沉澱的固態物。

刮泥機（沉澱池）scraper (clarifier)：沿著沉澱池底部移動，把汙泥推入池中央漏斗的裝置。

料斗 hopper：通常呈圓錐狀，用來收集或儲存固體的裝置或凹槽。

過濾 filtration：讓原水通過介質把水與不需要的顆粒分離的過程。

砂子 sand：顆粒比礫石細、比淤泥粗的土壤。

煤 coal：由碳化的植物物質組成的礦物。

礫石 gravel：一種由小顆石頭組成的土質材料。

反沖洗 backwash：使流體反向流過過濾器以清潔介質的過程。

膜 membrane：一種半透材質製成的薄片。

過濾模組 filter module：單獨的、可更換的過濾器單元。

消毒 disinfection：把可能引起疾病的細菌和其他微生物的滅活過程。

鋼瓶 cylinder：用來儲存氣體的鋼製罐。

注射系統 injection system：用來把氯消毒劑導入飲用水流的設備。

餘氯 residual：在水龍頭處殘留在水中的消毒劑。

7-5 配水系統　179

配水系統 water distribution system：由管道、水槽和抽水機組成的網路，用來將飲用水分配到服務區域。

高效能抽水機 high-service pump：配水系統裡用來加壓的抽水機。

水塔 water tower：高架的儲水槽。

自來水總管 water main：配水系統內的主要水管，是供水服務必須連接的管路。

下水道 sewer：把不要的水排出去的管道。

網格狀 gridded：一種自來水總管的配置方式，飲用水可以藉此經由多種路徑到達同一個目的地。

封閉端 dead-end：僅一端有連通的管道。

接管 service connection：把單一客戶連接到配水系統的管道。

分水鞍座 saddle：在自來水總管上用來接管到用戶端的裝置。

水表 water meter：一種測量水管裡隨時間累積的水量的裝置。

截流閥 shutoff valve：用來把管道與配水系統切斷連結以進行維修保養的閥門。

閥門扳手 valve key：用來開啟或關閉地下截流閥的工具。

消防栓 fire hydrant：供消防員使用的配水系統的連接點。

噴嘴蓋 nozzle cap：用在消防栓噴嘴上的保護蓋。

標記（消防栓）marker (fire hydrants)：突出到雪面上用來指示消防栓位置的標記。

7-6 水塔和水箱　183

地面蓄水槽 ground-level tank：安裝在地面上或接近地面的蓄水槽。

液位指示器 level indicator：儲存槽外部用來顯示槽內液位高度的裝置。

清水池 finished water reservoir：用來儲存飲用水的露天水池。

清水井 clearwell：在水處理廠用來儲存處理完的水的地面蓄水槽。

高位蓄水 elevated storage：把水儲存在高於地面的地方以維持配水系統內的壓力並提供緊急供水 的做法。

配水塔 standpipe：一種高而細長的地面儲水槽。

水力坡降線 hydraulic grade line：明渠或是有開口的滿水立管連接到加壓管路時的水面或是高度。

通風口 vent：用來防止封閉區域內壓力累積或允許新鮮空氣流動的開口。

溢流裝置 overflow：用來在水箱滿溢時讓水從水箱排出的管子。

檢修入口 access hatch：進入限制區域的門。

單基座水塔 single-pedestal tank：使用單一鋼柱支撐鋼製高位蓄水槽的水塔。

多支柱水塔 multicolumn tank：有多支支腳來撐起蓄水槽的水塔。

凹槽柱水塔 fluted-column tank：一種高位蓄水槽，其水塔由凹槽鋼板製成的基座支撐。

複合式水塔 composite tank：使用混凝土基座和鋼製高位蓄水槽的水塔。

7-7 汙水下水道和升水站　187

壓力幹管 force main：從升水站把廢水輸送出去的加壓管道。

汙水下水道 sanitary sewer：輸送家庭廢水的管道。

樹枝狀 dendritic：分岔或會合形成的形狀。

橫向汙水管 lateral sewer：從個人家庭和企業收集廢水並流入分支汙水管的下水道管線。

汙水支管 branch sewer：從橫向下水道收集廢水並流入汙水總管的下水道管線

汙水總管 main sewer：從數個汙水分支管道集合廢水並流入汙水幹管的下水道管路。

汙水幹管 trunk sewer：從主下水道收集廢水並流入攔汙下水道的下水道管線。

攔汙下水道 interceptor sewer：最大的下水道類別，從汙水總管收集廢水並流至廢水處理廠。

汙水管人孔 sanitary manhole：容許工作人員進入雨水或生活汙水系統的結構。

人孔蓋 cover：人孔上方的鋼板，用來把人和雜物擋在外面，同時讓車輛能夠從上面經過。

升水站 lift station：用來把排放水或廢水泵送到較高的水位的結構物。

漿液 slurry：固體和液體的混合物，其行為類似液體。

辮子 pigtail：在下水道裡因為碎布和抹布累積而形成的大型纖維球，很容易堵塞抽水機或管道。

油脂塊 fatberg：由脂肪、油、油脂、抹布和破

布任意組合累積所形成的下水道堵塞物。

籃式篩網 basket screen：形成箱型或籃子形狀的條狀篩網。

研磨機 grinder：將固體切割或研磨成小塊的機器。

雨水下水道 storm sewer：帶走逕流的管道。

進水和入滲 inflow and infiltration (I&I)：沒有必要進入生活汙水下水道系統的雨水與地下水。

7-8 廢水處理廠　191

廢水處理廠 wastewater treatment plant：對廢水進行清潔消毒，使其能安全排放到環境中的設施。

廢水 effluent：水處理過程中的液體產物。

初級處理 primary treatment：在廢水處理第一步，從廢水中去除固體的過程。

條形篩網 bar screen：由金屬棒組成的粗目篩網，用來攔截水流中的垃圾和碎片。

耙子 rake：用來清除攔汙柵或篩網上的碎屑的裝置。

砂礫 grit：廢水流裡能找到的重固體，例如沙子和土壤。

沉砂池 grit chamber：廢水初級處理中用來從廢水流去除砂礫的水池。

集液池 sump：用來儲存輸送的水的窪地或蓄水池。

浮渣 scum：廢水中的漂浮固體。

初級沉澱池 primary clarifier：廢水處理廠所使用的圓形池，在未溶解的營養物質去除之前，用來讓懸浮固體沉澱。

撇渣器 skimmer：一種收集和清除廢水流裡的浮渣的裝置。

二級處理 secondary treatment：去除營養物質後，去除廢水處理廠汙水中的可沉澱固體。

好氧／有氧 aerobic：在有氧氣的條件下。

厭氧／缺氧 anaerobic：在沒有氧氣的情況下。

曝氣池 aeration basin：在廢水處理廠裡，用來把溶氧打進汙水的儲水結構。

曝氣機 diffuser：用來把氣泡打進液體池的一種有孔裝置。

混合液 mixed liquor：廢水處理廠中原廢水和活性汙泥的混合物。

二次沉澱池 secondary clarifier：廢水處理廠初級處理後所使用的沉澱池，用來把汙水與活性汙泥分離。

紫外光 ultraviolet light：一種使用紫外射線來殺死微生物的裝置。

活性汙泥 activated sludge：用來去除廢水裡營養物質的曝氣微生物。

消化池 digester：在廢水處理過程中用來促進汙泥厭氧分解的裝置。

沼氣 biogas：厭氧分解所產生的含有甲烷與其他氣體的易燃性副產物。

消化物 digestate：參照生物固體。

生物固體 biosolid：廢水處理過程中汙泥經過厭氧消化後的固態副產物。

燃燒塔 flare：用來把不需要的氣體燒掉的明火設備。

直接飲用水再利用 direct potable reuse：把廢水處理到飲用水品質標準，並直接引入到飲用水供應的過程。

廁所到水龍頭 toilet-to-tap：請參照「直接飲用水再利用」。

7-9 雨水收集　195

逕流 runoff：沿地面流動的水，通常來自降水。

路緣入口 curb inlet：沿著路緣的開口，用來讓

路面排水流入雨水收集系統。

路凹 sag：在低點連接道路兩個傾斜路段的縱向曲線。

排汙口 outfall：將集中水流轉入天然水道的結構。

擋板塊 baffle block：用來分散流動的水的水流動能的結構。

拋石堆 rock riprap：用來防止侵蝕的一層石頭保護層。

渠道化 channelization：把天然溪流或河川截彎取直、拓寬和設置襯砌以增加其水力容量的處理方式。

調節池 retention pond：通常是潮濕的人工池塘，用來暫時儲存雨水逕流以減少洪水。

滯洪池 detention pond：一種人造水池，基本上是乾的，是為了暫時儲存雨水徑流以減少洪水發生。

端牆 headwall：支撐涵洞兩端且能引導水流進入管路的牆。

翼牆 wingwall：分隔路堤與涵洞末端，並引導水流進入管道的牆面。

低影響開發 low impact development (LID)：使用仿照自然流域的處理方式來減少雨水逕流的流量並提高其品質。

8 營建 199

8-1 典型的施工現場　201

控制點 control point：建築工地上用作水平面和垂直面參考點的標記點。

測站 stationing：在工程和建築中所使用，用來定位沿著中心線或水平軸距離的一種測量系統。

工程告示牌 project sign：放置在建築工地外的告示牌，用來表列工程名稱、業主、設計師以及和民眾相關的其他詳細資訊。

臨時道路 temporary roa：做為建築工地一部分而建造的道路，工程完成後就會拆除。

個人防護裝備 personal protective equipment：任何用來增加個人安全性或是把受傷機會減到最小的裝備。

物料暫存區 staging area：建築工地上存放材料和設備的區域。

工地安全帽 hard hat：建築工地所使用的頭盔，能把碰撞和墜落物造成的傷害降到最小。

高能見度服裝 high-visibility clothing：配有鮮豔顏色和反光條紋的服裝，建築工地可提高對工人的能見度。

鷹架 scaffolding：施工期間用來支撐工人和建材的臨時平台。

防墜落設備 fall protection equipment：用意在墜落事件時把傷害降到最小的個人防護裝備。

交通錐 cone：施工期間用來標示臨時交通管制區的警告裝置。

安全桶 barrel：一種在道路上用來把建築區域與行車道分開的警告裝置。

護欄 barrier：用來分隔交通車流並保護施工區域不讓車輛誤入的警告裝置。

路障 barricade：一種用來阻止車輛進入的警告裝置。

警告牌 warning sign：用來提醒人們注意潛在危險或異常情況的標誌。

臨時工務所 construction office：在建築工地中，用來辦公和舉行會議的建築物或拖車。

淤泥圍欄 silt fence：通常沿著建築工地週邊安裝的控制侵蝕的短圍欄，以減少暴雨逕流的速度和沈積物負荷。

過濾套 filter sock：沿著地表安裝，用來降低雨

水徑流的流速與沉積物負荷的一種管狀控制侵蝕裝置。

穩定入口 stabilized entrance：在建築工地入口處使用的石塊或其他硬質材料，以減少車輛輪胎上夾帶的泥土量。

攔水壩 check dam：在水道中用石頭建造的構造物，用來減慢逕流速度並減少沉積物負荷。

沉箱 cofferdam：施工期間用來臨時蓄水的建築物。

板樁 sheet pile：一種細長、面寬的樁，用來和相鄰的樁互相卡住，形成地下壁。

8-2 起重機　205

前進後退 travel：起重機吊運車沿著水平旋臂向內或向外移動的動作。

伸長 extend：增加起重機伸縮臂長度的行為。

固定式起重機 fixed crane：安裝在營建工地特定位置且無法移動的起重機。

履帶式起重機 crawler crane：底盤是用一組履帶來行駛的起重機。

履帶 tracks：用編織物或板材製成的連續環狀帶，用來取代輪胎帶動工程車輛前進。

吊臂 boom：起重機、挖土機或其他建築機械的起重臂。

旋臂 jib：起重機吊臂延伸出去的部分。

越野起重機 rough terrain crane：一種輪式起重機，可以移動到建築工地上的各個位置，但是不能在公路上行駛。

伸縮臂 telescoping boom：一種由多個部件組成，可以伸縮長度的起重機臂。

支腳 outrigger：起重機上用來增加其穩定性的橫向支架。

全地形起重機 all-terrain crane：可以在公路上行駛到達道路上或非道路的工地的移動式起重機。

塔式起重機 tower crane：由桅杆和旋臂組成的固定式起重機。

桅杆 mast：塔式起重機的直立支撐結構。

轉盤 turntable：起重機的一部分，讓吊臂或旋臂得以旋轉。

吊運車 trolley：在塔式起重機上沿著水平旋臂定位吊鉤位置的一種機構。

駕駛室 cab：在建築機械裡操作員乘坐的地方。

吊鉤 hook：起重機纜索末端的裝置，用來懸掛索具和吊掛的重物。

爬升架 climbing frame：塔式起重機上使用的裝置，用來連接桅杆的上部和下部，以便添加新的桅杆段。

俯仰 luff：讓起重機吊臂往上或往下傾斜的動作。

穩定索 tag line：一段鋼纜或繩索，用來穩定起重機吊掛的重物，防止其旋轉或移動。

起重機墊 crane mat：用來將車輛重量分散到地面的木材結構。

力矩 moment：施力和旋轉軸垂直距離的乘積。

移動式起重機 mobile crane：可以在建築工地上移動位置的起重機。

隨風擺動 weathervane：讓起重機旋轉擺動，使得結構物所承受的風力減到最小的做法。

上索具 rigging：把負載連接到起重機或捲揚機，或是用來執行這類操作的設備的行為。

吊索 sling：用來把荷重載連接到起重機或捲揚機上的一段繩索、鋼纜、鏈條或織帶。

吊掛法 hitch：把重物固定到起重機或捲揚機上的吊索的繁複操作方式。

8-3 施工機械　209

挖斗 bucket：在建築工程機械裡用來鏟起和傾倒材料的零部件。

挖溝機 trencher：一種設計用來挖掘狹窄的線狀溝槽來安裝地下管道或公用設施的機器。

推土機 dozer：配備大型鏟刀用來推料的機器。

推土刀 blade：推土機前方的金屬板，用於推動、平整、移動土壤、沙石或其他材料。

平地機 grader：一種配有小型鏟刀的輪式機器，在土方工程期間用來進行精細整地。

鏟土機 loader：配備大型鏟斗，可以用來挖土、運土和裝載建材的機器。

多功能鏟土機 skid-steer：一種小型施工車輛，通常被當做有挖斗的鏟土機使用。

鏟運機 scraper：一種土方機械，使用水平鏟刀和鏟盤來挖掘與運送土壤。

鋪路機 paving machine：一種可準確鋪設瀝青或混凝土以便將其壓實到位的建築機械。

滑模 slipforming：一種將混凝土放入模具，把模具不斷移動以形成路緣石和障礙物等線性結構物的施工方法。

控制桿 wand：鋪路機上的一個組件，沿著弦索行進來控制轉向和鋪面形狀。

弦線 stringline：用來標記樁之間的結構或土方的精確位置的繩線。

滾筒壓路機 roller compactor：用來壓實土壤、礫石、混凝土和其他顆粒材料層的機器。

羊腳滾筒 sheepsfoot drum：用在壓路機的壓路滾筒，有許多凸耳或凸塊，以增加細粒土壤的壓實度。

打樁機 pile driver：用來把樁錘打或震動進土裡的機器。

樁錘 hammer：打樁機的核心部件，用於將樁打入地基。

螺旋鑽 auger：以螺旋狀鑽頭為主要工作部件的鑽具，用於挖掘土壤或岩石。

鑽孔機 drill rig：用來鑽土的機器。

混凝土預拌車 concrete mixer truck：配有大型預拌桶可用來攪拌和泵送混凝土的卡車。

混凝土泵送車 concrete pump：在預拌混凝土車無法到達的工地現場泵送混凝土的裝置。

高空升降機 aerial lift：用來把工人輸送到高處或難以到達的位置的機器。

剪刀式升降機 scissor lift：使用一連串相互連接、縱橫交錯的支撐件的高空升降機，可以把工人升到高處或難以到達的位置。

搖臂式升降機 boom lift：一種使用搖臂讓工人固定在高處或是難接近位置的通用型升降機。

空氣壓縮機 air compressor：一種增加環境空氣壓力的機器，通常是用來給施工工具或設備提供動力。

水泥破碎機 jackhammer：一種用來鑿碎岩石、混凝土、瀝青和其他硬質材料的振動工具。

GRAFIC 4

基礎建設全圖解
秒懂STEM！160張精緻彩圖、50組關鍵詞，
掌握超厲害人造設施的運作原理

ENGINEERING IN PLAIN SIGHT
An Illustrated Field Guide to the Constructed Environment

作　　者	格雷迪・希爾豪斯（Grady Hillhouse）
譯　　者	林東翰
總 編 輯	林慧雯
美術編輯	黃暐鵬

出　　版	行路／遠足文化事業股份有限公司
發　　行	遠足文化事業股份有限公司（讀書共和國出版集團）
	地址　231新北市新店區民權路108之2號9樓
	電話　（02）2218-1417；客服專線　0800-221-029
	客服信箱　service@bookrep.com.tw
郵撥帳號	19504465　遠足文化事業股份有限公司

法律顧問	華洋法律事務所　蘇文生律師
印　　製	韋懋實業有限公司
出版日期	2025年7月　初版一刷
定　　價	1299元

I S B N	978-626-7244-81-4（紙本）
	978-626-7244-76-0（PDF）
	978-626-7244-77-7（EPUB）

有著作權，侵害必究。缺頁或破損請寄回更換。
特別聲明　本書中的言論內容不代表本公司／出版集團的立場及意見，由作者自行承擔文責。

行路Facebook
www.facebook.com/
WalkingPublishing

儲值「閱讀護照」，
購書便捷又優惠。

線上填寫
讀者回函

國家圖書館預行編目資料

基礎建設全圖解：秒懂STEM！160張精緻彩圖、
50組關鍵詞，掌握超厲害人造設施的運作原理
格雷迪・希爾豪斯（Grady Hillhouse）著；林東翰譯
一初版一新北市：行路出版，
遠足文化事業股份有限公司發行，2025.07
面；公分（Grafic；4）
譯自：Engineering in Plain Sight: An Illustrated Field Guide
　　　to the Constructed Environment
ISBN 978-626-7244-81-4（平裝）
1.CST：土木工程　2.CST：公共設施　3.CST：施工管理
441　　　　　　　　　　　　　　　114000436

Copyright © 2022 by Grady Hillhouse. Title of English-language original:
Engineering in Plain Sight: An Illustrated Field Guide to the Constructed Environment,
ISBN 9781718502321, published by No Starch Press Inc. 245 8th Street, San Francisco,
California United States 94103.
The Traditional Chinese-language 1st edition Copyright
© 2025 by The Walk Publishing under license by No Starch Press Inc.
ALL RIGHTS RESERVED.